高等院校信息技术规划教材

计算机科学导论

徐志伟 孙晓明 著

清华大学出版社

北京

内 容 简 介

　　本书从计算思维角度讲解计算机科学最基础的概念和入门知识,讨论计算思维的四种具体表现形式:计算逻辑思维、算法思维、网络思维、计算系统思维。为了足够精准地描述信息变换过程,必须用信息的方式定义并推导信息变换过程涉及的"对"与"错",哪些能计算,哪些不能计算。这是计算逻辑思维,它往往需要精确地定义计算模型。我们还需要从信息的角度发现和发明解决各类问题的精确方法,并评价什么是有效的方法。这是算法思维。有很多问题不是由单个算法解决,而是由多个算法形成网络来描述和解决。研究有效的网络需要网络思维。信息变换过程往往通过具体的计算设备与系统得以体现。如何设计、评价并使用计算抽象和实用的计算系统涉及计算系统思维。

　　本书适合作为高等院校计算机及相关专业的教材,也可以作为计算机爱好者的参考书。

图书在版编目(CIP)数据

　　计算机科学导论/徐志伟,孙晓明著. —北京:清华大学出版社,2018(2023.7重印)
　(高等院校信息技术规划教材)
　　ISBN 978-7-302-48963-4

　　Ⅰ. ①计… 　Ⅱ. ①徐… ②孙… 　Ⅲ. ①计算机科学－高等学校－教材 　Ⅳ. ①TP3

　　中国版本图书馆 CIP 数据核字(2017)第 293490 号

责任编辑:白立军　张爱华
封面设计:常雪影
责任校对:李建庄
责任印制:刘海龙

出版发行:清华大学出版社
　　　网　　　址:http://www.tup.com.cn,http://www.wqbook.com
　　　地　　　址:北京清华大学学研大厦 A 座　　　　　邮　　编:100084
　　　社 总 机:010-83470000　　　　　　　　　　　邮　　购:010-62786544
　　　投稿与读者服务:010-62776969,c-service@tup.tsinghua.edu.cn
　　　质量反馈:010-62772015,zhiliang@tup.tsinghua.edu.cn
　　　课件下载:http://www.tup.com.cn,010-83470236
印 装 者:三河市铭诚印务有限公司
经　　销:全国新华书店
开　　本:185mm×260mm　　　印　　张:18.25　　　字　　数:408 千字
版　　次:2018 年 3 月第 1 版　　　　　　　　　　印　　次:2023 年 7 月第 8 次印刷
定　　价:45.00 元

产品编号:064181-01

献给我的母亲：教书育人四十余年的彭老师。

徐志伟

献给我爱人 Tracy 和女儿 Lulu，感谢你们的支持！

孙晓明

前言 foreword

大学计算机基础课程,往往称为"计算机科学导论",正在经历一场变革,主要体现在三个方面。第一,课程的受众正在扩大。例如,美国著名大学的"计算机科学导论"课程每学期的学生数过去10年增长了50%,一门课程的学生数往往超过700人。第二,课程的内容正在从传统的讲历史发展、讲入门工具使用、讲初阶编程,过渡到讲计算思维。第三,课程的形式正在变得更加丰富,包括课堂讲授、动手动脑实践、慕课、翻转课堂等各种组合。

本书是为中国大学的"计算机科学导论"课程设计的,考虑了全球发展趋势与中国的实际情况,具备下述四个特点。

(1) **强调计算思维**。本书试图突出计算机科学最本质的特征:计算机科学是研究计算过程的科学,计算过程是通过操作数字符号变换信息的过程。最本质的解决问题方法是计算思维,包括逻辑思维、算法思维、网络思维和系统思维。

(2) **强调基础知识**。本书并不追求覆盖众多的时髦名词或新概念,而是突出计算机科学不过时的最基础的知识点,并将它们组织成对计算思维的10个理解:自动执行、正确性、通用性、构造性、复杂度、连通性、协议栈、抽象化、模块化、无缝衔接。

(3) **鼓励主动学习**。本书的设计鼓励同学们自学,但教师讲解与课堂互动有利于揭示要点、提高学习效率。本书还提供了一些动手动脑的大作业和编程练习,对应于逻辑、算法、网络和系统四大内容。

(4) **鼓励扩展眼界**。除了理论内容外,本书提供了较多的实例,涵盖计算机科学及其应用和社会影响。本书花了大约三分之一的篇幅讲解计算机领域的真实的创新故事,让同学们了解前人如何通过计算思维认识世界、提出问题、解决问题。这些创新故事对同学们形成计算机科学领域的学术道德和职业精神也有裨益。

本书的构思与写作持续了五年时间,主要的难点是如何体现计算思维。作者要感谢北京大学李晓明教授,他多年来一直鼓励和敦促我们写一本计算机科学导论教科书。感谢时任美国国家科学基金会副主任的周以真(Jeannette M. Wing)博士,她多次与我们讨论计算思维的要点。感谢中国科技大学陈国良教授与合肥工业大学李廉教授,以及他们领导的教育部大学计算机基础课程教学指导委员会。这些老师花了很多精力在中国推动计算思维改革,为本书提供了很多经验。特别感谢中国科学院大学的同学们,他们是本书的第一批读者,也是本书作为教科书的"计算机科学导论"课程的第一批实践者。感谢中国科学院计算技术研究所的博士生朝鲁和李春典,他们担任了课程的助教并撰写了课程实践部分的内容。

本书引用了业界的大量素材,在此一并致谢。我们要感谢开源社区,尤其是 LAMP (Linux、Apache、MySQL、Python)社区。感谢学术社区,尤其是 ACM(Association for Computing Machinery)、IEEE Computer Society、CCF(中国计算机学会)。ACM 与 IEEE Computer Society 是全球最大的计算机科学技术领域的国际学术社区,分别有 10 万与 6 万多名会员。CCF 有 3 万多名会员,是全球第三大计算机学会。

我们还要感谢众多的公司,本书合理使用了它们的素材(例如公司名称、技术和产品名称、logo 标志),这些名称和标志都是这些公司的知识产权。这些公司包括曙光、联想、龙芯、华为、腾讯、百度、IBM、英特尔、谷歌、脸谱网、领英、AT&T、思科、红帽、通用电气、微软、甲骨文、乐高等。免责声明:除了已经公开发表的材料外,本书使用这些公司的例子都做了抽象加工,没有泄露这些公司的隐私。

孙晓明　徐志伟
2017 年夏于北京中关村

目录

contents

第 1 章

计算机科学概貌

谁是 20 世纪最伟大的科学家？

由于科学的分支很多，这是一个很难回答的问题。我们可以问更具体的问题。

谁是 20 世纪最伟大的数学家？一个答案是大卫·希尔伯特(David Hilbert)。除了众多的具体数学贡献(如希尔伯特空间)外，希尔伯特还发起和领导了宏伟的希尔伯特计划(Hilbert's program)，试图为数学奠定坚实完备的基础。希尔伯特计划改变了数学学科，对当代数学发展产生了深远影响。

谁是 20 世纪最伟大的物理学家？一个答案是阿尔伯特·爱因斯坦(Albert Einstein)。他提出了光电效应公式、狭义相对论、广义相对论等重要物理理论。最近探测到的引力波，也是爱因斯坦等人最先推测到的。著名的爱因斯坦质能公式 $E=mc^2$ 更是广为流传，影响了原子能的研究和利用。

谁是 20 世纪最伟大的农学家？一个答案是袁隆平。他领导研究推出的杂交水稻育种理论和技术，不仅成倍地提高了中国的水稻亩产量，破解了"谁来养活中国"的诘难，还推广到了世界多个国家。

这些伟大的科学工作体现了数学思维、物理思维、生物学中的遗传思维，这些科学思维方式同学们在高中阶段就比较熟悉了。

但是，从本课程角度看，上述问题和答案有一个共性特点：它们并没有体现另外一种日益重要的科学思维方式，即计算思维(computational thinking)。

计算机科学(computer science)是 20 世纪产生的一门相对年轻而又影响广泛的科学。它的最基础、最本质的精髓是一种独特的思维方式，有别于同学们熟悉的数学思维、物理思维、遗传思维方式。随着移动互联网的普及，同学们可能每天都在使用着计算机科学的产品和服务。尽管如此，很多每天使用计算机或手机的同学，对计算机科学的基本思维方式还是会感到陌生。

计算机科学导论这门课程就是介绍计算思维的课程。

1.1　什么是计算机科学

计算机科学是研究计算过程的科学。计算过程是**信息变换过程**(a process of information transformation)①。同学们从中学物理就已经知道了物质与能量的运动过程。20 世纪中叶以来的一个新发展是：人们已经越来越清晰地认识到，信息变换过程（也就是信息运动过程）与物质运动过程、能量运动过程同等重要。

计算过程是**通过操作数字符号变换信息的过程**，涉及信息在时间、空间、语义层面的变化。例如一位同学登上长城，将自拍的人物照片用图片文件存档，第二天再打开观看，涉及时间的改变；把人物图片从长城传到海南岛家中给父母看，涉及空间的改变；用一个"老化软件"从人物图片计算出该同学 10 年后成熟的模样，涉及语义层面的改变。

从技术角度看，计算机科学涉及信息获取、信息存储、信息处理、信息通信、信息显示等环节。一个计算过程可以专注于某个环节，如信息存储过程，也可以覆盖多个环节。为了突出计算机科学这门学科的技术内涵和技术影响，中国业界有时使用"计算机科学技术"（而不是"计算机科学"）来称呼该学科。

术语析疑：信息技术

中国业界往往用**信息技术**一词指代"计算机科学技术与通信技术"，用**信息化**一词指代这些技术的应用。国际上则往往采用信息技术(information technology，IT)特指"计算机科学技术"，采用一个更大的术语 information and communication technology(ICT)指代"计算机科学技术与通信技术"。

在市场上，用户通过三种载体消费信息技术。这三种载体是**硬件**产品（如桌面电脑、智能手机）、**软件**产品（如操作系统软件、数据库软件）、信息**服务**（如信息系统优化服务、互联网视频服务、微信服务）。

从教育角度看，中国的高等教育体系将"计算机科学与技术"设为一级学科，包含三个二级学科："计算机系统结构""计算机软件与理论""计算机应用技术"。国际上的高等教育体系则主要提供"计算机科学"(computer science，欧洲一些学校使用 informatics 一词)的本科、硕士、博士学位教育，部分高校提供"计算机工程"(computer engineering)、"信息系统"(information systems)的学位教育。

从人力资源角度看，从事计算机科学技术相关知识、产品、服务的研究、教育、构建和应用的人员往往被称为信息技术从业人员，其中具有本科学士及以上文凭的称为信息技术专业人员(IT professionals)。他们与信息技术消费者一起所从事的生产活动称为信

---

① "计算机科学""计算"等本质概念在学术界有多种不断演化的定义。本书的"计算过程"定义主要依据 Richard Karp 教授的定义稍加修改，见 Karp R M. Understanding science through the computational lens[J]. Journal of Computer Science and Technology，2011，26(4)：569-577.

息产业(IT industry)。2014 年,中国的信息技术专业人员已接近百万人,信息技术从业人员接近千万人,有 6 亿多信息技术消费者。中国已成为全球信息技术领域用户最多的国家。

计算机科学专业并不只是培养信息技术从业人员,计算机科学毕业生也并不只是程序员,尽管优秀的程序员一直是稀缺资源。哈佛大学做了一个有趣的调查,看看 1984 年计算机科学专业毕业生从事哪些行业。答案(http://cdn. cs50. net/guide/guide-10. pdf)是:

- 计算机科学专业毕业生从事的工作覆盖 50 多个行业。
- 毕业生从事的工作最多的基本上平均分布在四个行业:教育、工程、信息、科研。
- 毕业生从事的工作第二多的分布在四个行业:金融、工商、政府、传媒。
- 毕业生的工作职务最多的是两个头衔:教授(professor)和总裁(president)。

从应用市场角度看,计算机科学推动了**信息技术市场**的飞速发展。衡量信息市场规模的一个指标是**信息技术支出**(IT expenditure,或 IT spending),含计算机与网络的硬件、软件和服务的每年支出。全球信息技术市场(即全球信息技术支出)1950 年仅为数百万美元,1960 年增长到数亿美元,2000 年达到了 1 万亿美元,50 年期间增长了数十万倍。2000 年以后增长放缓,但仍在 2013 年超过了 2 万亿美元。

中国信息技术市场起步晚于发达国家,因此增长潜力更大。2000 年,中国信息技术市场仅为 260 亿美元,按全国人口平均计算,人均信息技术支出只有 21 美元。2008 年,中国信息技术市场增长到了 1100 亿美元,人均信息技术支出提升到 89 美元。中国科学院在 2009 年发布了《中国至 2050 年信息科技发展路线图》研究报告,其中预测:中国信息技术市场将在 2040—2050 年期间达到每年 2 万亿美元的规模。这个近 20 倍增长的一个依据是:如此看似巨大的增长,也只能使中国人均信息技术支出达到 1321 美元,只是接近美国 2000 年的水平(1418 美元)。根据麦肯锡公司的统计,2013 年美国的网民人数已达到 2.77 亿人,占人口的 87%。2013 年中国的网民人数仅为 6.32 亿人,占人口的 46%,还有很大的增长空间。

从社会影响角度看,计算机科学已经渗透到人们生产生活的方方面面。学生、劳动者、企业、政府都直接或间接地关注计算机科学,从几岁的小朋友到百岁老人都在使用计算机科学的成果。越来越多的国家已经意识到,人类文明在经历了农业社会、工业社会的发展阶段之后,未来的一个大趋势是进入**信息社会**(information society)。有学者将这些发展阶段称为农业时代(the agricultural age)、工业时代(the industrial age)、信息时代(the information age)。

实例:年纪最长的计算机用户。全球年纪最大的计算机用户多少岁?答案是 113 岁。2014 年,美国一位 1900 年出生的老太太安娜·斯特尔成为脸书(Facebook)用户。她在注册脸书账户时,发现脸书账户注册系统出生时间选项一栏最早只到 1905 年,被迫谎报年龄才得以注册成功。

实例:计算机科学的社会影响。2009 年,时任中国国务院总理的温家宝在出席中国科学院建院 60 周年大会时发表讲话表示,量子力学、相对论、宇宙大爆炸模型、DNA 双螺旋结构、板块构造理论、计算机科学,这六大科学理论的突破,共同确立了现代科学体系的基本结构。

1.1.1　计算思维

作为一门专业学科,计算机科学为信息产业提供了主要的知识体系。计算机科学不仅提供一种科技工具、一套知识体系,更重要的是提供了一种从信息变换角度有效地定义问题、分析问题和解决问题的思维方式。这就是作为计算机科学主线的**计算思维**[①]。

可用一句短语概括:**计算思维的要点**是精准地描述信息变换过程的操作序列,并使用信息变换过程认识世界、构造性地解决问题。

事实上,这句短语涉及丰富的内容。中国国家自然科学基金委员会在 2010 年的一项研究报告中如此刻画计算机科学:计算机科学研究信息的整个生命周期中所有的现象和关系,包括信息的产生、采集、传输、存储、处理、显示和使用。2004 年,美国科学院和工程院设立的"计算机科学基本问题委员会"撰写了一部著作[②],试图总结过去 60 年的经验,定义计算机科学研究的基本问题。该报告的主要结论如下:"计算机科学是研究计算机以及它们能干什么的一门学科。它研究**抽象计算机**的能力与局限,**真实计算机**的构造与特征,以及用于求解问题的无数**计算机应用**。"

报告还总结了计算机科学具有的一些特点:

- 计算机科学涉及符号及其操作。
- 计算机科学关注多种抽象概念的创造和操作。
- 计算机科学创造并研究算法。
- 计算机科学创造各种人工结构,尤其是不受物理定律限制的结构。
- 计算机科学利用并应对指数增长。
- 计算机科学探索计算能力的基本极限。
- 计算机科学关注与人类智能相关的复杂的、分析的、理性的活动。

本书从计算思维这条主线出发,讲解计算机科学的最基础的概念和入门知识,讨论计算思维的四种具体表现形式:**逻辑**思维、**算法**思维、**网络**思维、**系统**思维,如图 1.1 所示。

组合性	网络思维	系统思维
有效性	算法思维	
正确性	逻辑思维	

图 1.1　计算思维的四种表现形式

---

① 见四个计算思维相关文献:Wing J M. Computational thinking[J]. Communications of the ACM,2006,49(3):33-35;Xu Z, Li G. Computing for the masses[J]. Communications of the ACM,2011,54(10):129-137;Karp R M. Understanding science through the computational lens[J]. Journal of Computer Science and Technology,2011,26(4):569-577;Xu Z W, Tu D D. Three new concepts of future computer science[J]. Journal of Computer Science and Technology,2011,26(4):616-624.

② National Research Council. Computer Science:Reflections on the Field,Reflections from the Field[M]. Washington D. C:National Academies Press,2004.

为了足够精准地描述信息变换过程,必须用信息符号的方式定义并推导信息变换过程涉及的"对"与"错";1 和 0;哪些能计算,哪些不能计算。这是**逻辑思维**,它往往需要精确地定义计算模型(见第 2 章)。**逻辑思维重点关注计算过程的正确性**。需要从信息变换过程的角度,发现和发明求解各类抽象科学问题与应用技术问题的精确方法,并评价什么是有效的方法。这是**算法思维**(见第 3 章)。**算法重点关注计算过程的有效性**。很多问题不是由单个算法解决,而是由多个算法连接组合形成网络来描述和解决。研究有效的网络需要**网络思维**(见第 4 章)。信息变换过程往往通过具体的硬件系统、软件系统、服务系统得以体现,如何设计、评价并使用抽象计算系统和真实计算系统涉及**系统思维**(见第 5 章)。**网络思维与系统思维重点关注计算过程的组合性**,即多个节点如何连接起来组合成为网络,多个模块如何组合成为一个系统。

计算思维与编程

计算思维的思想是 2006 年由时任美国国家科学基金会副主任的周以真教授正式提出的。她认为,计算思维就像语文、算术一样,是一种基本的思维能力。到 2050 年,世界上每一个年轻人都应该具备计算思维能力。也就是说,当人类文明从农业社会、工业社会走向信息社会的今天,扫除文盲意味着让每一个孩子都具备语文、算术、计算思维的能力。

计算机科学不仅提供一种科技工具,更重要的是提供了计算思维,即从信息变换角度有效地定义问题、分析问题和解决问题的思维方式。计算机科学不仅是程序设计(俗称编程,programming 或 coding)。那么,程序设计(编程)还重要吗?是否每一个大学生都应该具备基本的编程能力?答案是肯定的。语文并不只是读文章、写文章的能力,但当代青年必须具备基本的读写能力。同理,计算思维并不只是编程,但当代年轻人应该具备基本的读程序、写程序的能力。

英国在这方面走在了世界的前列。2013 年,英国教育部颁布了面向全国中小学生的"计算机程序设计教育国家课程体系"指导意见(见英国政府官方网站 www.gov.uk/government/publications/national-curriculum-in-england-computing-programmes-of-study)。意见要求,计算机程序设计课程应该教会学生们(pupils)"使用两种编程语言,其中至少一种是文本语言(即非图形界面语言),解决一系列计算问题"。剑桥大学发明的 Raspberry Pi 廉价计算机(中文翻译为树莓派计算机,售价低至数十美元一台)在这个编程普及教育运动中起到了良好的促进作用。

2016 年 1 月 30 日,时任美国总统的奥巴马公布了称为"全民计算机科学"(computer science for all)的联邦政府计划,拟投资 42 亿美元进一步推动全美的幼儿园至高中(K-12)的计算机科学课程教育。奥巴马认为,计算机科学与读、写、算术一样,是一种基本的能力。

中国政府很早就将计算机教育纳入了中小学教育,这得益于邓小平的名言:计算机教育要从娃娃抓起。今天,"算法"已成为中国中学数学课程的必修单元。

　　随着计算机科学应用对社会渗透的不断深入,一些新名词变得普遍。其中,"网络空间""信息空间""赛博空间"都涉及一个英文词:cyberspace。这是 20 世纪计算机科学创造的一个新事物。进入 21 世纪,人们进一步开始认识到,计算机科学事实上涉及人类社会(人)、信息空间(机)和物理世界(物)三者的整体,称为人机物三元世界(human-cyber-physical universe)。这种正在兴起的计算称为**三元计算**。

　　下面列出计算过程和计算思维的 10 种理解。它们各自代表计算机科学的一个本质难题,攻克这些难题成为计算机科学发展史上的里程碑。

计算过程和计算思维的 10 种理解

　　理解 1:自动执行。计算机能够自动执行由离散步骤组成的计算过程。

　　理解 2:正确性。计算机求解问题的正确性往往可以精确地定义并分析。

　　理解 3:通用性。计算机能够求解任意可计算问题。

　　理解 4:构造性。人们能够构造出聪明的方法让计算机有效地解决问题。

　　理解 5:复杂度。这些聪明的方法(称为算法)具备时间/空间复杂度。

　　理解 6:连通性。很多问题涉及用户/数据/算法的连接体,而非单体。

　　理解 7:协议栈。连接体的节点之间通过协议栈通信交互。

　　理解 8:抽象化。少数精心构造的计算抽象可产生万千应用系统。

　　理解 9:模块化。多个模块有规律地组合成为计算系统。

　　理解 10:无缝衔接。计算过程在计算系统中流畅地执行。

　　如果觉得上述 10 种理解太多了,还可以从计算机科学的发展历史中进一步提炼出更基本、更简约的目标。从计算机科学技术的发展史看,计算思维的演变大体上出现了五个主要目标体现,并一直延续下来。这五个目标是:自动、通用、算法、联网、抽象。

　　(1)**自动**。这个目标对应理解 1:自动执行。计算机科学首先解决的科技难题是将描述物理世界和数学世界的各种公式和方程离散化、数字化,并将连续时间变成离散的步骤,让求解这些公式和方程的计算过程能够自动执行,而不是像使用算盘那样,每一步都需要人工操作。自动执行有助于大幅度提升计算速度,降低计算成本。解决这个难题的历史进程中有三个里程碑:1703 年莱布尼茨发表二进制算术论文,1837 年巴贝奇提出一种称为分析机(analytic engine)的机械计算机的设计,以及 1945 年 ENIAC 问世。今天,自动执行难题只能说基本上解决了,并没有得到彻底解决。网络信息空间中业务和技术的异构性、信息孤岛、信息物理系统、人机物三元融合等都为实现自动执行带来了新挑战。

　　(2)**通用**。这个目标对应理解 2 和理解 3:正确性与通用性。在解决了某些数学方程的计算过程自动执行问题之后,人们很自然地猜测:什么样的计算过程能够自动执行?是不是所有的计算过程都能被计算机自动执行?是不是所有求解数学方程的计算过程都能被计算机自动执行?存不存在某一种计算机,它能够执行所有计算过程、解决所有计算问题?通用性难题的一个里程碑发生在 1936 年,图灵从理论上提出了一种通用计算机,能够求解任意可计算问题。而要做到这一点,必须精确地定义并分析计算机求解问题的正确性,包括定义什么是可计算问题、什么是不可计算问题。今天,通用性难题也没有得到彻底解决。例如,即使从理论上,也仍然没有针对如下问题的精确定义与答案:什么是互联网可计算的问题?什么是物联网可计算的问题?什么是众包模式(如人肉搜索)可计算的问题?什么是人机物三元计算系统能够解决的问题?

(3) **算法**。这个目标对应理解 4 和理解 5:构造性与复杂度。知道某个问题可计算还远远不够。一个问题可能通过无穷多种计算过程得到解决。我们需要找到或构造出有效的方法(称为算法),能够花费较短的计算时间、使用较少的计算资源,通过执行比较聪明的特定计算过程来解决问题。要给出算法研究的里程碑比较困难,因为有意义的进展实在太多了,第 3 章会给出一些实例。随着计算机科学对社会的渗透普及,新的问题层出不穷,针对算法的研究也仍然在蓬勃发展。

(4) **联网**。这个目标对应理解 6 和理解 7:连通性与协议栈。人们很早就注意到了,很多问题只用单点执行的算法不能解决。例如,互联网搜索问题(即搜索数以百万计的互联网网站的信息,找到相关答案),单点算法就不能解决。我们需要将多点的数据和算法连接起来、组成网络,才能解决这些问题。联网难题的进展有很多里程碑,第 4 章给出了一些例子。

(5) **抽象**。这个目标对应理解 8、理解 9 和理解 10:抽象化、模块化和无缝衔接。抽象(abstraction)贯穿计算机科学的发展史,是计算机科学最重要的研究目标和研究对象,同时又是较难掌握的计算机科学的根本方法。计算过程都是在计算系统中执行的。计算机科学并不是针对每一个问题、每一个计算过程设计一套计算系统,而是归纳出少数精心构造的计算抽象,有规律地组合起来,产生万千应用系统。也就是说,计算机科学讲究尽量用一个(或一套)通用抽象支持众多具体应用需求。自动执行、通用、算法、网络都涉及抽象。第 5 章从系统思维角度详细讨论计算抽象。

计算思维是交响乐

《太玄经·差首》说:"帝由群雍,物差其容。"

一种基本的思维方式(帝)往往是多个思想的和谐(群雍),在多样性(物差其容)中涌现出整体之美(帝),就像一首交响乐。它是由多个乐器按照一个乐谱和谐地演奏出来的动听的整体,每个乐器的演奏都发挥出独特的美妙,它们都在表达同一首音乐。

对计算思维,不同的学者有不同的理解、表达和着重点。下面是四个例子。

(1) 加州大学伯克利分校的 Riachard Karp 教授长期倡导算法透镜(algorithmic lens),又称计算透镜(computational lens)概念,强调通过算法思维的透镜观察世界、理解世界,将计算机科学融入自然科学和社会科学。

(2) 牛津大学的 Georg Gottlob 教授认为:"计算机科学是逻辑的继续"(computer science is the continuation of logic by other means),就像"战争是政治的继续"一样。

（3）澳门大学的赵伟教授认为：计算机科学的发展方向是研究多个算法的交互。也就是说，算法网络是未来计算机科学的核心。

（4）法国国家科学研究中心的 Joseph Sifakis 博士倡导：计算机科学的核心研究内容应该是计算系统。

本书吸取了这些学者的智慧，从计算逻辑思维、算法思维、网络思维、计算系统思维四个角度讨论计算思维。需要注意的是，这四者是一回事。计算思维并不是这四者的罗列，而是它们合奏形成的交响乐。前文对计算过程和计算思维的 10 种理解，也是一个统一的整体。

上海交通大学的傅育熙教授对多个计算机科学基本概念的统一，还有更具体的见解。例如，他认为：计算是交互的外观，交互是计算的内观（interaction is computation seen from within and computation is interaction seen from without，见 Fu Y，Theory of interaction[J]. Theoretical Computer Science，2016，611：1-49）。

1.1.2　步骤、符号、操作与计算过程

计算机科学与计算思维的要点如下。

- 计算机科学是研究**计算过程**（信息变换过程）的科学。计算过程是通过操作数字符号变换信息的过程，涉及信息在时间、空间、语义层面的变化。
- 计算机科学研究**抽象计算机**的能力与局限、**真实计算机**的构造与特征，以及用于求解问题的无数**计算机应用**。
- **计算思维**是一种从信息变换角度认识世界并改造世界的思维方式，其要点是精准地描述信息变换过程的操作序列，从而有效地（构造性地）定义和解决问题。

让我们聚焦到"计算过程是通过操作数字符号变换信息的过程"这句话，从计算机科学发展的历史实例中，理解"什么是数字符号""什么是操作""什么是步骤""什么是过程"。

1. 离散化与数字化

在高等数学中，我们学习了"连续"（continuous）量和"离散"（discrete）量这两个概念。实数集合是连续的：任意两个实数之间存在另一个实数。整数集合则是离散的：两个相邻的整数（例如 3 和 4）之间不存在另一个整数。自然科学与社会科学往往使用连续函数（例如 $F(t)$）来描述某种物理对象或社会对象的行为。当然，自然科学与社会科学也使用离散函数和离散数值。计算机科学也关注连续函数和连续值，但计算过程往往专注于离散计算。如果计算对应的物理过程（或社会过程）$F(t)$ 是连续的，则用一个离散过程去逼近它。这需要将时间 t 离散化，也需要将数值 F 离散化。将时间 t 离散化往往对应于采用一系列计算**步骤**（step）来逼近连续的时间。将数值 F 离散化也称**数字化**。

实例：火炮弹道计算。世界上第一台通用数字电子计算机是**埃尼阿克**（ENIAC），它是美国陆军为第二次世界大战中的火炮弹道计算设计的。火炮弹道的物理行为由下述第一个微分方程组刻画（见图 1.2），其中时间变量 t 没有显式地写出来（一阶导数 $x'=$

dx/dt）。第二个方程组显示了弹道计算使用的算法。可以看出,时间 t 被采用差分（Δt）离散化了。

$$x'' = -E(x' - w_x) + 2\Omega \cos L \sin\alpha y'$$

$$y'' = -Ey' - g - 2\Omega \cos L \sin\alpha x'$$

$$z'' = -E(z' - w_z) + 2\Omega \sin L x' + 2\Omega \cos L \cos\alpha y'$$

$$\bar{x}'_1 = x'_0 + x''_0 \Delta t$$

$$\bar{x}_1 = x_0 + x'_0 \Delta t$$

$$x'_1 = x'_0 + (x''_0 + \bar{x}''_1)\frac{\Delta t}{2}$$

$$x_1 = x_0 + (x'_0 + \bar{x}'_1)\frac{\Delta t}{2} + (x''_0 - \bar{x}''_1)\frac{(\Delta t)^2}{12}$$

图 1.2 火炮弹道计算的微分方程与算法示例

资料来源：Reed Jr HL. Firing table computations on the Eniac[C]. Proceedings of the 1952 ACM National Meeting,1952:103-106.

图 1.3 显示了在 ENIAC 上计算出来的 280mm 加农炮的弹道结果示例。可以看出,三种数值量即火炮射程（range）、目标高度（height）,以及火炮仰角（elevation）也被离散化、数字化了。给定任意一对射程和高度数值,即可在图中查到火炮仰角数值。例如,针对 10 000m 以外、100m 高度的目标,火炮的仰角应为 376.6 密位（1 密位＝0.056°）。

QUADRANT ELEVATION (MILS)

Height of Target (m)

Range (m)	-400	-300	-200	-100	0	100	200	300	400	500	600	700	800	900	1000
10000	318.3	329.9	341.5	353.2	364.9	376.6	388.4	400.1	412.0	423.8	435.7	447.7	459.6	471.7	483.7
10100	323.1	334.6	346.1	357.7	369.4	381.0	392.7	404.5	416.2	428.0	439.9	451.8	463.7	476.7	487.7
10200	327.8	339.3	350.8	362.3	373.9	385.5	397.1	408.8	420.5	432.3	444.1	455.9	467.8	479.7	491.7
10300	332.6	344.0	355.5	366.9	378.4	390.0	401.6	413.2	424.9	436.6	445.4	460.2	472.0	483.9	495.8
10400	337.5	348.8	360.2	371.6	383.1	394.6	406.1	417.7	429.3	441.0	452.7	464.4	476.2	488.1	500.0
10500	342.3	353.6	364.9	376.3	387.7	399.2	410.6	422.2	433.8	445.4	457.1	468.8	480.5	492.4	504.2
10600	347.2	358.4	369.7	381.0	392.4	403.8	415.2	426.7	438.3	449.9	461.5	473.2	484.9	496.7	508.6
10700	352.1	363.3	374.5	385.8	397.1	408.5	419.9	431.4	442.9	454.4	466.0	477.7	489.4	501.2	513.0
10800	357.1	368.2	379.4	390.6	401.9	413.2	424.6	436.0	447.5	459.0	470.6	482.2	493.9	506.7	517.5
10900	362.1	373.2	384.3	395.5	406.7	418.0	429.4	440.8	452.2	463.7	475.3	486.9	498.5	510.3	522.1
11000	367.1	378.1	389.2	400.4	411.6	422.9	434.2	445.5	457.0	468.4	480.0	491.6	503.2	515.0	526.8
11100	372.2	383.2	394.2	405.4	416.5	427.8	439.0	450.4	461.8	473.3	484.8	496.4	508.0	519.8	531.6
11200	377.3	388.2	399.3	410.4	421.5	432.7	444.0	455.3	466.7	478.1	489.7	501.2	512.9	524.6	536.5

图 1.3 ENIAC 火炮弹道计算结果示例

资料来源：Army Research Laboratory. 50 Years of Army Computing：From ENIAC to MSRC[M]. Military Bookshop, 2000:153-157.特别感谢美国陆军研究实验室的 Charles Nietubicz 博士送给作者此书并讲解了在 ENIAC 上的火炮弹道计算情况。

同学们不用去深究上述微分方程和算法的细节。上述实例的目的是显示离散化和数字化。它说明,炮弹的飞行过程这种连续的物理过程可以被转换成为离散化、数字化的计算过程,即一个操作数字符号变换信息的过程。

2. 数字符号

既然计算过程是通过操作数字符号变换信息的过程,如何足够精准地表示数字符号就是一个基本的问题。那么什么是数字符号(digital symbol)呢?

数字(digit)是某种离散(即非连续的)计数方法中的基本数值,也是最简单的一类符号。例如,在小学算术中的 6+9=15 这个加法运算中,6、9、1、5 都是数字。人类文明历程中的一个里程碑就是**进位制计数方法**(也称**位值计数法**,positional notation 或 place-value notation)的发明,其中的一个例子是我们熟知的小学算术中的十进制计数法。该方法设定个、十、百、千、万等**位**(position 或 place),每个位可有**值**(value),即 0、1、2、3、4、5、6、7、8、9 这 10 个数字(基本数值)。这样,任意一个数值可以通过一位或多位的数字表达出来。例如,15 这个数值可以通过个位的 5 与十位的 1 两个十进制数字表达。

实例:非进位制的计数法。历史上出现过非进位制的计数法,如罗马计数法。但是,与进位制计数法相比,罗马计数法使用起来很难(很难做加减乘除四则运算),今天的用途也就比较少了。仅仅是最简单的 6+9=15 加法运算,相应的罗马计数法运算 VI+IX=XV 就要难得多。68+93=161、68×93=6324 就更难了。

符号(symbol)是指代具体或抽象事物的特定记号,其表现形式可以是文字、数值、图像、声音等。字典中的文字是符号,二维码图像是符号,熄灯号声音也是符号。

数字符号就是能够用一个或多个数字的组合表示的符号。在 6+9=15 这个简单的加法运算中,6、9、1、5 是数字符号,15、+、= 也是数字符号。

实例:八卦的二值数字符号表示。今天的计算机一般都通过二进制数字符号表示各种所需的数字符号。二进制是最简单的进位制计数法,每位只可能有两个值:0 或 1。历史上最早的二值符号体系很可能是中国的先天八卦系统,共有八个符号,后人称为"乾"☰、"坤"☷、"坎"☵、"离"☲、"兑"☱、"艮"☶、"巽"☴、"震"☳。每个符号用三个二进制符号(阴--阳—)表示。用今天的术语来说,一个二值符号对应一个二进制位(binary digit,简称 bit,中文叫**比特**)。一个八卦符号需要三个比特来表示。

相传先天八卦是伏羲氏发明的,后来周文王在先天八卦基础上发展出了后天八卦与周易六十四卦,并经孔子注解,形成了中华文化"群经之首"的《易经》一书。

西周青铜器铭文中的八卦符号如图 1.4 所示。

思考题:莱布尼茨发明二进制是否受了先天八卦系统影响?我们在上面实例中提到了八卦的二值数字符号表示。先天八卦是一个二进制数字符号体系吗?如果是,为什么不说伏羲发明了二进制,而说莱布尼茨发明了二进制?请参考莱布尼茨的论文《二进制算术阐释》,并利用互联网参阅其他有依据的资料,形成自己的思考和见解。莱布尼茨的论文原文是用法文写的,原题目及其副标题如下:Explication de l'arithmétique binaire, qui se sert des seuls caractères O et I avec des remarques sur son utilité et sur ce quélle donne le sens des anciennes figures chinoises de Fohy。

本思考题的目的不是为了历史考据,而是为了深入理解"二进制数字符号"这个学术

图 1.4 西周青铜器铭文中的八卦符号举例

资料来源：张政烺.试释周初青铜器铭文中的易卦[J].考古学报,1980(4)：403-415.其中巽卦符号"七五八"来自仲斿父鼎(北京故宫博物院藏)内壁铸铭文.张政烺老师将该鼎铭文解读为九个字：中斿父乍宝"包耳旁＋尊"彝鼎"七五八".他取奇数为阳偶数为阴,所以符号"七五八"对应为☴,即八卦的"巽"卦.鼎和铭文拓片的图片来自百度百科"西周史斿鼎"词条.该词条将铭文读为九个字：史斿父作宝尊彝鼎"七五八".

概念(二进制数字符号并不是只涉及加减乘除算术运算,也不等同于二进制算术)。

莱布尼茨的论文中二值数字符号与先天八卦的对应图如图 1.5 所示。

图 1.5 莱布尼茨的论文中二值数字符号与先天八卦的对应图

资料来源：Leibniz G. Explication de l′Arithmétique Binaire[J]. M′emoires de mathématique et de physique de l′Académie royale dessciences,1703：85-89.感谢洪堡大学 Gerd Gra hoff 教授,提供了法文原文影印件(https：//hal. archives-ouvertes. fr/ads-00104781/document).《原文阅读列表》中的英文翻译来自：Strickland L. Explanation of binary arithmetic[EB/OL]. [2017-07-01]. http：//www. leibniz-translations. com/binary. htm;中文翻译来自：李文潮.论只使用符号 0 和 1 的二进制算术,兼论其用途及它赋予伏羲所使用的古老图形的意义[J]. 中国科技史料,2002,23(1)：54-58.

实例：《太玄经》三值符号体系。历史上最早出现的三值数字符号体系很可能是西汉扬雄创造的《太玄经》系统。《太玄经》参考了《易经》。不同的是,《易经》包含六十四卦(64 个符号,称为"乾""坤""屯""蒙"等),而《太玄经》包含八十一首(81 个符号,称为"中""周""礥""闲"等)。每个太玄经符号有方、州、部、家四个位置,每个位置可取值一、二或三。例如,"遇"首䷒的四个位置取值是二方二州三部一家。

《易经》《太玄经》中这些古老的符号仍然被保留在当今的汉字体系中。在全球信息技术领域通用的 Unicode 编码标准体系中,八卦符号的 Unicode 编码是 2630～2637,《易经》六十四卦的 Unicode 编码是 4DC0～4DFF,而《太玄经》符号的 Unicode 编码是 1D300～

1D35F。第 5 章会介绍 Unicode 编码的一些细节。

历史上，人们尝试了表示数字符号的多种进位制体系，包括二进制、三进制、八进制、十进制、十六进制，等等。今天的计算机一般都采用二进制体系作为基础，表示各种数字符号。这有两个原因：第一，二进制体系是一种基本的、通用的体系，可用于表示所有的有限数字符号集。例如，我们常用的十进制符号 0、1、2、3、4、5、6、7、8、9 可用四位二进制符号（四个比特）表示，即 0000、0001、0010、0011、0100、0101、0110、0111、1000、1001。第二，对二进制符号的操作可以直接对应到最基本的逻辑运算，即二值逻辑运算，也称**布尔逻辑**运算。

3. 操作

基本的操作可分为三类，即运算操作、存储操作、输入/输出操作。

最基本的运算操作是布尔逻辑运算。布尔逻辑是一个二值逻辑系统，包含两个特殊符号：1（表示真）和 0（表示假），这是两个具有恒定值的符号，称为布尔常数。布尔逻辑也可以有变量符号（x、y 等），每个布尔变量仅仅取值 0 或 1。布尔常数可以看作特殊的布尔变量。布尔逻辑还包含三个算子：$+$（或）、$\cdot$（与）、$-$（非）。其中，"或"和"与"算子是二元算子，"非"是一元算子。有时也将 $+$ 称为"和"或者"加"运算，将 $\cdot$ 称为"积"或者"乘"运算。这三个算子的定义是：①$x+y=1$ 当且仅当 $x=1$ 或 $y=1$；②$x \cdot y=1$ 当且仅当 $x=1$ 与 $y=1$；③$\bar{x}=1$ 当且仅当 $x=0$。由二值常数、二值变量和二值算子组合而成的数学表达式称为布尔表达式。

在计算机的电路中，一个布尔表达式用一种叫门（gate）的基本电路和一些连线来实现。例如，或、与、非三种运算由三种对应的门来实现，称为或门、与门、非门，如图 1.6 所示。

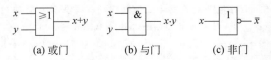

(a) 或门　　　　(b) 与门　　　　(c) 非门

图 1.6　或门、与门、非门的图示

人们很早就认识到了，布尔表达式可用来实现常见的所有基本运算，包括加减乘除算术四则运算、逻辑运算、字符运算、图像像素运算等（第 5 章给出了更多细节）。这些基本运算在文献中称为**算术逻辑运算**（arithmetic and logic operation）。当代计算机中通常都有一个 64 位（64bit）的算术逻辑部件（arithmetic and logic unit，ALU），可执行加减乘除四则运算、与或非逻辑运算，以及移位等其他运算。

存储操作是涉及计算机的记忆体（即存储器，memory）的操作，主要包括自动地从存储器读出特定数据的读操作，以及将数据写入存储器的写操作。

输入/输出操作是指将数据传输进入计算机的输入操作（例如从键盘输入字符）和将数据传输出计算机的输出操作（例如，将字符在屏幕上显示，将某个文件输出到硬盘，或将该文件在打印机输出）。

4. 计算过程

既然二进制体系可表达各种符号,二值逻辑又可以对这些符号做所有的基本运算,好像我们已经解决了计算问题。其实没有。我们只是初步解决了计算过程中单个步骤的运算问题,而一个计算过程可以有许多步骤。例如,比较两幅分辨率为 1024×1024 的图片是否一样,需要对图片的 100 多万个像素逐一比较,即需要执行 100 多万个步骤,每个步骤执行一个像素比较运算。这就引入了计算过程(与计算思维)的一个基本概念,即**步骤**概念。理解步骤概念的要点是:①单个步骤是什么?②多个步骤能否组合成计算过程,如何组合成计算过程?

最简单的计算过程只含一个步骤,该步骤只有一个算术逻辑运算。

更复杂一些的计算过程包含 $n(n>1)$ 个步骤,这些步骤逐次执行(这种逐次顺序执行也称 n 个步骤**串行执行**),即首先执行步骤 1,再执行步骤 2……最终执行步骤 n。例如,求 $3+2+4=?$ 可由两个步骤完成,即:步骤 1 先算出 $3+2=5$,步骤 2 再用前一步的中间结果求出 $5+4=9$。这个两步骤计算过程也可以直接用布尔逻辑电路实现,如图 1.7 所示。

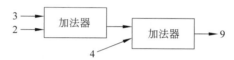

图 1.7　三个数相加的布尔逻辑电路示意图

如果不是求三个数之和,而是求 30 亿个数之和怎么办? 显然不应该直接用布尔逻辑电路实现,因为那需要 30 亿－1 个加法器,硬件成本太高了。一个成本较低的方法如图 1.8 所示,这是我们看到的第一个计算机,包括处理器、存储器和网络。先将 30 亿个数存放在一个存储器(例如计算机的内存芯片)里。这个存储器共有 30 亿＋1 个单元,每个单元可存放一个数,并有一个地址。步骤 1 将存储器地址 0 里的数(0)取到一个寄存器中(寄存器可以看成靠近 ALU 的一个特殊的存储器单元)。步骤 2 将存储器地址 1 里的数(3)取到第二个寄存器中。步骤 3 将两个寄存器的数送到 ALU 相加,并将结果送到第一个寄存器中。从步骤 4 开始,重复执行步骤 2 与步骤 3,只是从存储器取数的地址变成了地址 2、地址 3……地址 30 亿(见图 1.8 中虚线所示)。最后一个步骤将第一个存储器的结果(也就是 30 亿个数之和)存入存储器地址 0。这个计算过程可以简洁地描述如下。

步骤 1:将存储器地址 0 里的数取到第一个寄存器。
步骤 2:将存储器地址 1 里的数取到第二个寄存器。
步骤 3:将两个寄存器的数送到 ALU 相加,结果送到第一个寄存器。
步骤 4:如果步骤 2 里的地址<30 亿,将地址增 1,回到步骤 2。
步骤 5:将第一个寄存器的数存入存储器地址 0。

上述步骤所涉及的全部操作由控制器掌控,使得这 90 亿余个步骤组成的计算过程可以自动执行,不需要人工干预。ALU、寄存器、控制器一起组成了基本的中央处理器

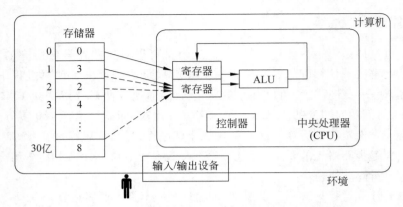

图 1.8　用计算机实现 30 亿个数求和的计算过程示意

（central processing unit，CPU）。ALU 有时也称**运算器**。图 1.8 展示的只是一个简单粗陋的处理器示意，真实的处理器要优美得多。

为了将多个步骤组合成为一个计算过程，人们发明了**下一步骤**概念：在执行当前步骤时，应该有一种机制确定下一步骤是什么。第 5 章将详细讨论这种机制。简言之，计算机的各种寄存器中有一个特殊的寄存器，称为程序计数器（program counter，PC），它告诉计算机下一个步骤是哪个步骤。

上述计算过程显示，除了算术逻辑运算外，至少还需要两类操作：一类是 CPU 访问存储器的取数存数操作（统称访存操作）；另一类是步骤 4 中的跳转操作。步骤 4 执行完毕后，计算过程并不总是执行下一个顺序步骤（步骤 5），而是可能跳转到步骤 2（称为跳转操作的**目的步骤**）。所以，步骤 4 的下一个步骤可能是步骤 2，也可能是步骤 5。步骤 4 中的跳转操作取决于一个条件"地址＜30 亿"，因此也被称为条件跳转操作。

我们还需要另一类操作，即计算过程与环境的交互操作。一个计算过程在执行过程中有可能是完全自动的，不需要与环境交互。但至少在计算过程执行前和执行后，需要与环境交互。以上述求和计算过程为例，在执行前需要从环境将 30 亿个数放入存储器中，在执行完成后需要将 30 亿个数之和这个结果数从存储器地址 0 返回给环境。这类操作称为**输入/输出**操作（input/output operations），简称 I/O 操作。**环境**包括人（用户）和输入/输出设备（如键盘、鼠标、显示器、硬盘、U 盘等）。中央处理器、存储器、输入/输出设备一起构成了计算机。

5. 计算过程的流程图描述

计算过程体现为计算步骤的执行序列，可用流程图表示。求 30 亿个数之和的流程图如图 1.9 所示。每个步骤是一个符号操作。确定下一个步骤的执行顺序包括串行顺序与跳转顺序。

6. ASCII 码：通过约定标准表示英文字符

任意有限的符号集合可以通过一个或多个比特表示。一种最基本的简单方法就是，

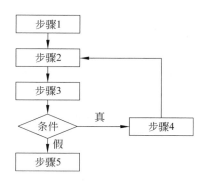

图 1.9　求 30 亿个数之和的流程图

使用 n 个比特（即 n 个二进制位）表示具备多于 2^{n-1} 但不多于 2^n 个元素的符号集合，每个 n 位组合对应于一个不同的符号。

实例：英文字符的 ASCII 编码（见图 1.10）。当代计算机使用 ASCII（American Standard Code for Information Interchange，美国信息交换标准代码）表示英文字符。每个字符用一个**字节**（byte，八个比特，或八位）表示，其中的七位表示英文字符，剩余的一位用于纠错。七位字长有 128 个组合，可表示 128 个符号。这 128 个组合中的 32 个组合用于表示回车、换行等控制符，另外 96 个组合用于表示 26 个字母的大小写（A～Z，a～z）、10 个数字（0～9）、各种标点符号（！@＃＄％，. 等）。

$D_3D_2D_1D_0$	$D_6D_5D_4$							
	000	**001**	**010**	**011**	**100**	**101**	**110**	**111**
0000	NUL	DLE	SP	0	@	P	`	p
0001	SOH	DC1	!	1	A	Q	a	q
0010	STX	DC2	"	2	B	R	b	r
0011	ETX	DC3	#	3	C	S	c	s
0100	EOT	DC4	$	4	D	T	d	t
0101	ENQ	NAK	%	5	E	U	e	u
0110	ACK	SYN	&	6	F	V	f	v
0111	BEL	ETB	'	7	G	W	g	w
1000	BS	CAN	(	8	H	X	h	x
1001	HT	EM	)	9	I	Y	i	y
1010	LF	SUB	*	:	J	Z	j	z
1011	VT	ESC	+	;	K	[	k	{
1100	FF	FS	,	<	L	\	l		
1101	CR	GS	–	=	M	]	m	}
1110	SO	RS	.	>	N	^	n	~
1111	SI	US	/	?	O	_	o	DEL

图 1.10　英文字符的 ASCII 编码

同学们可通过按"Alt＋小键盘数字"组合键看到对应的 ASCII 码对应的字符显示。例如，按 Alt＋64 组合键将看到@，按 Alt＋65 组合键将看到 A。也就是说，字符'A'的 ASCII 码是二进制 $D_6D_5D_4D_3D_2D_1D_0 = 1000001$，也就是十进制 65。

7. 通过巧妙的"补码"表示自然数

上述英文字符的 ASCII 编码表示可以说是直截了当的。勉强说得上的"诀窍"是用一个字节共八位,而不是七位,表示 128 个符号,包括控制符号。多余出来的一位用于纠错。

有很多种符号的表示则需要更加细心巧妙的设计。下面这个例子表示零与有限范围的正负整数。它的表示只用直截了当的方式就不够了。

实例: 有限范围整数的补码表示。考虑$-127\sim127$的整数加法。应该如何表示这些整数呢? 一个直截了当的方法是用最高的一位表示正负,0 为正,1 为负,其他七位表示绝对值。例如,$63 = 00111111$,$64 = 01000000$。$(-63) = 10111111$,$(-64) = 11000000$。那么

$$63 + 64 = 00111111 + 01000000 = 01111111 = 127$$
$$(-63) + (-64) = 10111111 + 11000000 = 11111111 = (-127)$$

但是,这种表示有两个缺点。第一,零(0)有两种表示,即 00000000 和 100000000。零这个数值应该只有唯一的表示,最直观的是 00000000。第二,当一个正整数与一个负整数相加时会遇到麻烦。例如,$63 + (-63) = 00111111 + 10111111 = 11111110 = (-126)$,明显错了。$X + (-X) = 0$ 应该成立。

为了克服这两个缺点,人们发明了一种更加巧妙的表示方法,称为**补码**。它有三个要点: ①零的唯一二进制表示是全零 00000000; ②正整数的二进制表示如上不变; ③负整数的二进制表示是其绝对值的逐位取反,然后加 00000001,即从最低一位加 1。

采用补码,(-63)的正确表示是 63 逐位取反,然后最低一位加 1,即

$$(-63) = 00111111 \text{ 逐位取反} + 00000001 = 11000000 + 00000001 = 11000001$$

这样,$63 + (-63) = 00111111 + 11000001 = 00000000 = 0$,结果正确。

1.1.3　能够自动执行的抽象

现在可以小结一下对计算过程和计算思维的理解 1 了。

计算过程和计算思维理解 1: 自动执行

计算过程刻画:

(1) 一个计算过程是解决某个问题的**有限个计算步骤**的执行序列。

(2) 计算过程有一个**起始步骤**(步骤 1)。

(3) 每个步骤执行一个操作,然后进行到下一步骤。

① 每个操作可以是一个算术逻辑运算操作,也可以是一个访存操作、一个跳转操作或是一个输入/输出操作。它们都是数字符号操作。

② 下一步骤可以是顺序下一步骤,也可以是跳转操作的目的步骤。

(4) 当不存在下一步骤时,计算过程**终止**。

> **计算思维要点**："**精准地**描述信息变换过程的操作序列,并**构造地**解决问题"是如何体现的?
> 精准性在于:①精确地定义该问题涉及的数字符号、操作和步骤;②每个符号、操作、步骤要足够**能行**,即人用纸和笔在较短时间能够实现。
> 构造性体现于:除了输入/输出操作之外,计算过程的所有步骤和操作能够在一个计算机中**自动执行**。
> **精准构造性**意味着:精确到比特级别且能够在计算机中自动执行。
> 解决"30 亿个数的求和问题"的计算过程共需要执行 90 亿余个步骤。假设 30 亿个数已经载入存储器,每个步骤费时 1ns,则自动执行的求和计算仅需费时大约 90 亿纳秒＝9s。

计算机科学的一个重大进展是基本解决了计算过程的自动执行问题。**自动执行**(automatic execution)也称**机械执行**(mechanical execution)。它的含义如下。

- 任何计算过程都是在计算系统(也称计算机)中执行的。
- 一个计算过程在计算系统中自动执行,是指从计算过程的第一个步骤到最后一个步骤的整个执行过程中,计算系统自动地(机械地)执行所有步骤,不需要人工干预。

自动执行是计算机科学区别于数学、自然科学、社会科学的一个主要特点。

数学、自然科学、社会科学中也要强调正确性、通用性,它们也有各自的抽象。但是,计算机科学特别强调能够自动执行的正确性、通用性,以及能够自动执行的抽象。在后续章节中,我们将详细讨论对计算过程和计算思维的理解 2～理解 10,它们都可以通过"能够自动执行"得到更深刻的体现。例如,通用性的含义"计算机能够求解任意可计算问题"实际上意味着"计算机能够通过自动执行求解任意可计算问题"。这与数学中本质上依赖数学家的智慧求解计算问题,虽然有联系,但却是不一样的。

在第 5 章,我们会讨论抽象(abstraction)在计算机科学中的核心作用。这里的计算机科学抽象是能够自动执行的抽象,而不是数学中的依赖人的智慧、需要人来执行的抽象。因此,计算机科学有别于其他科学的一个主要特点是自动执行的抽象(automatically executed abstractions)。

既然自动执行如此重要,那么,什么是"计算机能够自动执行计算过程"的充分必要条件呢? 这是计算机科学的一个基本问题。在第 5 章讨论系统思维时我们会更加细致地讨论。下面通过一个实例给出一些直观的结果,以展示计算思维的特点。

实例:求 30 亿个数之和的计算过程之指令自动执行(见图 1.11)。如上所述,解决"30 亿个数的求和问题"的计算过程共需要执行 90 亿余个步骤。这些步骤都比较简单,可以用一个**指令**来抽象表示。指令是计算机硬件能够理解和执行的基本步骤。这样,求 30 亿个数之和的计算过程可以表示如下。其中,指令 2、指令 3、指令 4 被重复执行了 30 亿次。

指令 1:将存储器地址 0 里的数取到第一个寄存器。

指令 2:将存储器地址 1 里的数取到第二个寄存器。

图 1.11　求 30 亿个数之和的计算过程之指令自动执行

指令 3：将两个寄存器的数送到 ALU 相加，结果送到第一个寄存器。

指令 4：如果指令 2 里的地址<30 亿，将指令 2 里的地址增 1，跳转到指令 2。

指令 5：将第一个寄存器的数存入存储器地址 0。

计算机如何保证这 90 亿余条指令能够被自动执行呢？当代计算机必须回答三类问题。

（1）计算机是用一种机制、五种机制还是 90 亿余种机制来正常执行这 90 亿余条指令？

（2）如何保证错误不会累积，即第一条指令中的错误和误差不会传递到第二条指令中，与第二条指令中的错误和误差累积起来，使得系统出错？

（3）计算机如何保证其自动执行机制考虑周全，没有遗漏？

在第 5 章中，我们会详细讨论当代计算机的三个原理，分别回答了上述问题。

（1）扬雄周期原理。当代计算机采用一种机制来正常地执行这 90 亿余条指令。这也是指令抽象的体现。该机制称为指令流水线。它保证：尽管指令有多种类别，任何一条指令的正常执行都能被计算机硬件自动地正确实施。当前指令执行完毕，计算机硬件会周而复始，开始执行下一条指令。

（2）波斯特尔健壮性原理。当代计算机实现了波斯特尔健壮性原理，也称宽进严出原理，以保证错误不会累积。一条指令的错误和误差不会传递到下一条指令中。

（3）冯·诺依曼穷举原理。这条原理穷举所有可能性，保证计算机的自动执行机制是考虑周全的。

扬雄周期原理保证了一条指令的正常自动执行是正确的。波斯特尔健壮性原理保证了一条指令中的错误和误差不会传递到下一条指令中。这样一来，两条相邻指令可以"级联"，即两条相邻指令可以正确地正常自动执行。同理，90 亿余条指令也可以级联起来，正确地正常自动执行。

还有一些因素没有被前两个原理覆盖。例如，如何让计算机硬件知道计算过程的第一条指令是哪条？计算机开机以后执行的第一条指令是什么指令？如何让计算机硬件知道当前指令的下一条指令是哪条？指令执行中会出现哪些异常？出现异常怎么办？当代计算机实现了冯·诺依曼穷举原理，回答了这些问题。

1.2　计算机科学的发展实例

现代计算机科学只有不到 100 年的历史。我们可将计算机科学发展历史大致定为三个阶段：当代、现代、近代。**当代**是指 20 世纪 60 年代至今。今天使用的很多计算机科学成果都是 20 世纪 60 年代产生的，如计算机体系结构、操作系统、高级语言、算法复杂度、个人计算机、平板电脑、计算机网络等。严格意义的**现代**是指 1936 年图灵机的提出至 1962 年世界上第一个计算机科学系(Department of Computer Science)在美国普度大学(Purdue University)建立。广义的现代是指 1936 年至今。**近代**是指从 1703 年莱布尼茨发明二进制算术至 1945 年 ENIAC 的发明。

计算机科学的发展离不开对一些基础性问题的探索。詹姆斯·格雷(James Gray)在 1999 年的图灵奖获奖演说中指出,计算机科学的研究与应用发展历史有三个主要的脉络,我们将其归纳为三个问题①,即**巴贝奇问题**(如何构造有效的计算机系统)、**布什问题**(人机之间有什么关系、如何使用计算机),以及**图灵问题**(计算机与智能有什么关系、计算机能否逼近人的智能)。这三个问题并不是孤立的,它们相互交叉、相互影响,但各自仍有自己的发展脉络。James Gray 认为,今后 50 年,计算机科学的发展将仍然围绕这三个问题,他还把它们细化为 12 个技术难题与研究目标。

(1) **巴贝奇问题**:什么是有效的计算机? 如何构造有效的计算系统? 是不是自动执行的计算机就是有效的计算机? 这里的巴贝奇是 19 世纪剑桥大学教授查尔斯·巴贝奇(Charles Babbage),他提出了差分机和分析机概念,是计算机系统研究的先驱。

(2) **布什问题**:如何有效地使用计算系统,包括如何将信息互连成为易于大众使用的知识库? 这里的布什是 20 世纪麻省理工学院教授范内瓦·布什(Vannevar Bush),他发明了微分分析机(一种模拟计算机),提出了 Memex 个人计算机概念,是后来的超链接概念与万维网技术的先驱。布什问题也可以重新表述为信息互联问题:两条(或多条)信息之间如何互联交互? 人(用户)与信息之间如何互联交互? 后者也就是计算机的使用模式问题。

(3) **图灵问题**:如何通过计算产生智能? 这里的图灵是 20 世纪英国计算机科学家艾伦·图灵(Alan Turing),他提出了图灵机与图灵测试,是计算机科学理论的奠基人与人工智能先驱。

下面围绕上述三个问题,从计算思维角度,讨论计算机科学发展历史中的一些经典实例,目的是获得一些对计算思维的直观认识。

1.2.1　巴贝奇问题——计算机系统实例

一类古老而又使用广泛的计算机器是算盘,已有大约数千年的历史。在中国,算盘的普及使用至少可以追溯到宋代,因为《清明上河图》中已出现了算盘,与今天常见的算盘一模一样。即使到了 20 世纪,算盘还被广泛使用,不仅用于记账、会计,甚至用于密码和核武器研究等国防计算。从计算思维角度看,算盘具备精准性,但有效性不佳,不能实现多个步骤和操作的自动执行。事实上,用算盘实现一个计算过程时,每一步都需要人工操作。

实例:巴贝奇分析机。近代计算机发展的一个里程碑是巴贝奇分析机。大约在 1837 年,巴贝奇提出了称为分析机(Analytic Engine)的一种机械计算机的设计描述。巴

---

① 　James Gray 后来将他的讲演整理成了一篇文章,见 Gray J. What next:A dozen information-technology research goals[J]. Journal of the ACM,1999,50(1):41-57. 本书作者对 James Gray 的思想做了语言表述整理,这三个问题并不是 James Gray 的原话。

贝奇分析机采用 40 个十进制位的数字符号,包括一个算术逻辑部件,一个能容纳 1000 个数字符号的存储器,支持条件跳转操作的控制器,以及穿孔卡等输入/输出设备。尽管只是一台机械计算机的设计,又没有构建出来,巴贝奇分析机的两个特点使得它成为一个里程碑:它是历史上第一台**自动执行**的**通用**计算机。当针对某个计算过程配置好分析机后,该计算过程的步骤能够被自动执行。说它通用,是指人们后来证明:巴贝奇分析机**具备图灵完全**的计算能力。

第 2 章将进一步讨论计算能力和图灵完全的概念。第 5 章提供了更多的计算机发展里程碑实例。今天,全球有数十亿台计算机,它们大体上分为三类。

(1) **客户端计算机**(client-side computer):人们最熟悉的计算机,因为它们直接被人使用。这些客户端计算机包括各种桌面电脑、笔记本电脑、平板电脑、智能手机等。

(2) **服务端计算机**(server-side computer):在机房里边的计算机。用户通过客户端计算机间接地使用服务端计算机,如各种服务器、超级计算机,见图 1.12 所示的例子。

图 1.12 服务端计算机实例:曙光星云服务器

(3) **嵌入式计算机**(embeded computer):人们看不见的计算机。之所以看不见,是因为这些计算机是装在嵌入式系统里边。**嵌入式系统**是指内部含有计算机控制的自动或半自动系统,如数码相机、微波炉、收款机、电视机等。一台汽车里至少有几十个嵌入式计算机。之所以称之为嵌入式计算机,是因为这些嵌入式系统看起来不是计算机,计算机是隐藏(或嵌入)在系统内部的。

实例:贝尔定律。美国科学院院士郭登·贝尔(Gordon Bell)从历史发展规律角度提出了另一种计算机分类法。这个分类基于数十年的观察,称为**贝尔定律**:信息产业中的计算机设备按照三种方式发展,大约每 10 年会产生一种新的计算机类型。这三种方式是:①"不计成本地"发展能力最强的计算机;②保持价格不变,提升计算机能力;③保持能力不变,甚至适当减弱一些能力,但显著地降低价格,从而扩大市场。从 1945 年第一台通用数字电子计算机诞生至今,市场上已经出现了大约 10 种计算机类型。

(1) 多用户服务端计算机,放在机房里。

① 超级计算机(supercomputer),计算速度最快的计算机。

② 大型机(mainframe),如 IBM 大型机。

③ 小型机(minicomputer),如 DEC 小型机。

④ 机群(cluster),多个计算机互连而成的一套计算机系统。

（2）单用户客户端计算机，放在用户身边。

① 工作站（workstation），如图形工作站。

② 个人计算机（personal computer），简称 PC，又称微型机（microcomputer）。

③ 便携计算机（portable computer），如笔记本电脑。

④ 个人专用终端（dedicated device），如游戏机、计算器、数码相机等。

⑤ 智能手机（smart phone），如苹果公司的 iPhone，以及各种安卓平台智能手机。平板电脑（pad）也算在此类。

⑥ 可穿戴计算机（wearable computer），如智能手环、智能手表等。

尽管世界上已有数十亿台计算机，很快就达到人均一台的水平，业界研究普遍认为这才是开始。到 2030 年，全球可能会装备上千亿台计算机，甚至上万亿台计算机。也就是说，大部分计算机还没有在市场上出现，正有待同学们发明出来。

1.2.2　布什问题——计算机使用模式实例

1945 年，范内瓦·布什在美国著名刊物《亚特兰大月刊》发表了一篇题为 *As We May Think* 的文章，提出了影响深远的 Memex 个人计算机思想。1967 年，他又发表了题为 *Memex Revisited* 的文章，进一步阐述了他的思想。

实例：布什诘难。布什提出 Memex 个人计算机思想，是为了解决一个人类文明发展的中心难题，我们称之为**"布什诘难"**或**"孟德尔-布什诘难"**（见图 1.13）。这里孟德尔是指遗传学奠基人格里哥·孟德尔（Gregor Mendel）。人类进步的一个基石是知识积累与传承，即产生知识并加以消化。"消化"包括对知识的存储、读懂、利用和扩展。布什诘难是：人类消化知识的能力远低于人类产生知识的能力，其原因是很难在知识库中找到所需的答案。

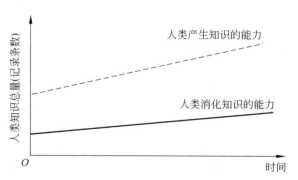

图 1.13　布什诘难（孟德尔-布什诘难）示意

布什举例说，1865 年孟德尔发表了重要的遗传学研究成果，即他通过多年豌豆实验发现的遗传规律，后来被称为孟德尔定律（包括显性原则、分离定律、自由组合定律）。但是，孟德尔的论文长期无人理睬，甚至无人知晓。直到 30 年以后，才有人读懂了他的论文，并加以利用和发展，建立了遗传学这门重要的生物学子学科。

布什进一步强调说，到 1965 年，100 年过去了，这个诘难依然存在。人类生产的大量知识都无人知道,更不用说消化利用了。很多知识几十年以后也没人知道,甚至最终彻底消失了。人们不断重复着重新发现、重新发明的工作。其后果是科学研究的效率很低。

布什认为,存在布什诘难的根本原因,不是人们不想利用已有的知识,也不是缺乏知音用户(即懂行且感兴趣的同行读者),而是缺乏一种技术手段(更具体地说,缺乏一种个人计算机),让知音用户能够方便快捷地找到他需要的知识并加以利用扩展。

实例:Memex个人计算机思想。为解决布什诘难,布什提出了一种个人计算机设想,他称之为Memex。这种计算机是为个人用户(例如一位科学家)服务的,大约一张桌子大小,存放着该用户所需的所有知识。从个人用户角度看,Memex个人计算机具有如下使用模式和组成特点。

- Memex具备一个存储器,可以永久地存储用户一生所需的所有知识。知识的基本单位是一条研究成果记录,其形式可以是论文、图像、声音、视频、标注等。因此,存储器也可被称为知识库。
- Memex具备输入/输出设备,使得用户可以方便地操作存储器。重要的操作包括:选择(selection),即从存储器的众多知识中选中感兴趣的一条知识;显示操作,将选中的知识在屏幕上显示出来;生产操作:产生一条知识记录并插入知识库。
- Memex是一台交互式个人计算机,所有操作即刻完成。例如,选中一条记录,相应的知识在屏幕上即刻显示出来。
- 知识库的组织方式不仅是常见的索引模式(如今天的文件目录或数据库索引),最重要的组织方式是关联(association),即一条记录与另一条记录的关联关系。因此,在选择知识的过程中,不仅可以通过索引,更主要的是通过跟踪记录之间的关联关系找到所需的记录。今天,我们称这类技术为超链接技术,是万维网的核心技术。

实例:美国国防部高级研究计划局(DARPA)Memex研究计划。今天,我们已有多种技术来找到所需的知识和信息了,例如,文件目录、数据库索引、数据库查询、搜索引擎、推荐、转发等。那么,布什诘难已经得到解决了吗? 事实上,布什诘难并没有得到解决。例如,互联网搜索引擎已经普及使用了。但是,这些搜索引擎往往返回数万个结果,需要用户从这些数以万计的条目中进一步人工查找。而且,搜索引擎只能搜索到5%的互联网信息,其余95%的信息埋藏在所谓的深网(deep Web,又称暗网,即dark Web)中,包括各种组织的内部业务网。相应地,常用搜索引擎能够搜索到的信息范围可被称为浅网。

2014年,DARPA启动了一个称为Memex的研究计划,其目的是开发出比现有搜索引擎更加先进的技术,能够按照用户的特定领域需求,搜索出相关的浅网信息和深网信息,并组合出所需要的结果知识。第一个目标应用是打击人口贩卖。2015年,也就是布什发表Memex思想70年之后,Memex研究计划取得了暗网搜索引擎成果,并被用于帮助警方成功地破获一起发生在纽约市的绑架案件。

布什问题关注计算机的使用模式。那么,什么是计算机的使用模式呢? 我们从布什的两篇 Memex 论文中可以归纳出一些要点。首先,一个使用模式不是凭空产生的,而是为了解决人类社会发展的某个本质问题。布什的 Memex 思想是为了解决孟德尔-布什诘难。其次,使用模式关注下列问题。

- 用户群:主要的目标用户群是什么? Memex 的用户群是个人用户,其首要的目标用户群是科学家个人用户。
- 信息组织方式:信息的主要组织方式是什么? 在 Memex 中,信息的主要组织方式是知识记录以及记录间的关联。
- 人机交互方式:用户与计算机之间的主要交互方式是什么? 用户与 Memex 的主要交互方式是通过 I/O 设备即刻操作,包括跟踪记录之间的关联关系选择知识记录、将选中的知识在屏幕上显示、产生一条知识记录并插入知识库等。

因此,可以将其简写为**使用模式＝用户群＋信息组织方式＋人机交互方式**。

使用模式和网络思维密切相关。用户群往往意味着一个用户网络。信息组织方式也往往就是信息互联方式。人机交互方式是人和计算机之间的互联方式。因此,布什问题关注信息的广义互联问题。我们将在第 4 章讨论网络思维。

计算机的使用模式直接影响计算机市场。每一种使用模式的普及,都意味着新市场的诞生。同时,每一种使用模式都需要相应的技术支撑,包括硬件、软件、算法等方面的技术进步。使用模式的生命力也比较强,生命周期长。事实上,50 年以前诞生的使用模式,往往今天仍被使用着。以人机交互方式为例,历史上出现了下列使用模式,它们都还被使用着。

- **批处理**模式。用户将计算任务(包括计算程序与输入数据)提交给计算机。计算机花几秒、几小时、几天甚至几个月的时间执行计算任务。完成计算任务后,计算机将输出结果返回给用户。
- **交互式计算**模式。用户与计算机即刻交互。例如,用计算机生成一个 3000 个字符的文本文件,用户一边用键盘输入字符,一边就马上看到屏幕上的字符显示。并不是首先输入 3000 个字符,然后等待计算机处理,最后再一并输出全部字符。
- **个人计算**模式。早期的计算机,不论采用批处理(batch)还是交互式(interactive)模式,都是被多人共享使用的。个人计算模式则让每个用户独占一台计算机,不受他人干扰。典型的例子是个人计算机。
- **图形用户界面**模式。早期的计算机,包括个人计算机,仅仅支持字符界面(character interface)。现在很多计算机都支持图形用户界面(graphic user interface,GUI),大幅度扩展了计算机的应用面。
- **多媒体计算**模式。后期的计算机不仅支持图形,还支持图像(如照片)、声音、视频等,称为多媒体(multimedia)计算模式。
- **便携式计算**模式。用户可以带着计算机(如笔记本电脑)到处走了。
- **互联网计算**模式。用户可以通过客户端计算机上网了。开始主要是通过桌面电脑、笔记本电脑和工作站上网。一类特殊的互联网计算模式是**云计算**模式,即将大部分资源放在服务器端(云端),客户端通过互联网使用,包括硬件资源、软件资源、数据资源。

- **移动互联网计算**模式。这是我们今天熟知的通过智能手机以及后端的移动互联网,打开微信等应用的使用模式。

实例:倪光南发明联想式汉卡。使用模式需要相应的技术支撑,汉字的输入与显示也是如此。1981 年 8 月,IBM 公司推出了个人计算机产品 IBM PC,风靡全球。IBM PC 采用了 4.77MHz 主频、16 位字长的英特尔 8088 处理器,16~256KB 内存,以及 DOS 操作系统。两年后的 IBM PC XT 将内存扩展到 256~640KB。这些 PC 的资源,即使全部用作汉字处理,也难以实现最简单的汉字交互式计算(即从键盘输入汉字编码,立即就在屏幕上看见相应的汉字)。这为个人计算机在中国的普及造成了巨大障碍。

中科院计算所的倪光南研究员从 1968 年就开始研究汉字显示器技术。1983 年,计算所推出了他主持研发的 LX-80 汉字图形微型机。随后,倪光南进行了将 LX-80 的成果通过扩展卡的方式移植到 IBM PC 的开发工作。1985 年,第一型联想式汉卡诞生并走向市场。它支持 20 多种中文字体,用汉卡硬件配上专用软件处理汉字,基本不占 PC 资源,实现了中文文字的交互式处理。它具备我们今天熟知的联想功能:用户打出一个"记"字,屏幕上会自动出现"记者""记录"等联想出的词组。联想式汉卡中的"联想",也是今天全球 PC 第一品牌的联想集团的来源。随着计算机能力的提升,今天的个人计算机已经不需要专门的汉卡处理中文了。但是,使用加速卡处理特定任务的思路并没有过时。今天的计算机中,加速卡仍被用于图形处理、加密解密、压缩解压缩甚至机器学习等任务。

1.2.3 图灵问题——智能应用实例

布什的 Memex 思想聚焦于科学研究领域的计算使用模式,这并不是一个偶然现象。在计算机科学技术的发展史中,科学计算,即计算在科学研究领域的应用,往往是整个计算机科学技术领域的先锋,引领整个产业。很多计算机科学技术的知识点首先在科学研究领域产生成长、得到实践检验,然后扩散到包括企业计算和消费者计算的整个信息技术产业。

这个现象称为**滴漏效应**(trickle down effect),即在科学研究高端领域产生的研究成果,会滴漏到更加量大面广的企业计算乃至消费者计算领域,如图 1.14 所示。这是因为科学研究领域对计算的需求比较大,对计算的投入也比较高,而且强调自由探索和受控试验,很多创新成果会首先在科学研究领域出现并得到验证。

术语析疑:科学计算、企业计算、消费者计算

科学计算本质上是面向科学家的计算,主要用户是科学家和工程师,主要计算负载(workload)是求解方程,包括代数方程、常微分方程、偏微分方程。

企业计算是面向企业的计算,主要用户是企业的员工、管理者、上下游合作伙伴和客户,主要计算负载是工作流、事务处理、数据分析、决策支持等。有时政府部门也被看成企业,电子政务(e-Government)是企业电子业务(e-Business)的一个特例。还有一类特殊的企业计算称为**嵌入式计算**,包括企业生产现场的计算机实时控制、工控系统、机器人等。

　　消费者计算的主要用户是消费者个人（consumer）或家庭（household），应用类别多，涵盖生活、娱乐、学习、工作等。

　　进入 21 世纪，计算机科学技术领域出现了一个新的现象。这个现象有时称为**反向滴漏效应**（trickle up effect），即创新成果首先在量大面广的个人消费者计算领域出现，然后扩散到企业计算与科学研究领域，如图 1.14 所示。面向个人消费者需求的计算机科学研究与应用称为**普惠计算**。

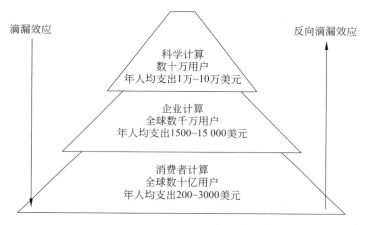

图 1.14　计算机科学技术应用的滴漏效应与反向滴漏效应示意图

数据来源：Xu Z，Li G. Computing for the Masses[J]. Communications of the ACM，2011，54(10)：129-137. 中文内容见：徐志伟，李国杰. 普惠计算之十二要点[J]. 集成技术，2012(1)：20-25.

　　现代计算机科学可从 1936 年艾伦·图灵发表抽象计算机模型论文算起。这种历史断代有一个重要的原因。用通俗的话来说，图灵提出了一种抽象计算机（后人称为图灵机），它是**通用**的（general-purpose，或 universal），能够支持各种计算应用，包括科学计算、企业计算、消费者计算任务。第 2 章详细讨论图灵机和通用性。

　　有一类计算应用特别吸引人们的好奇心和热情，那就是智能应用。用通俗的话来说，人们很想知道：计算机能够像人一样聪明吗？如果不能，计算机能够逼近人的智能吗？这类问题统称图灵问题。研究图灵问题的这个领域称为**人工智能**（artificial intelligence，AI）或机器智能（machine intelligence）。

　　实例：图灵测试。什么是智能？拿什么客观的可度量的标准来判断"计算机像人一样聪明"？1950 年，图灵发表了题为《计算机与智能》的论文[①]，建议人们不应该如此提问题，并提出了图灵测试来判断机器智能。

　　图灵认为："什么是智能""计算机有没有智能""计算机能否思考"这类问题很难没有歧义地确切定义，更不用说回答了。我们应该改变问题本身，使问题相对来讲更加确切。我们应该问：有没有客观的实验方法，回答"计算机与人能否被区分开？"这个问题。

为此,图灵设计了一个三人"模仿游戏"[①]:提问者(C)在一个房间中,向看不见的一个男人(A)和一个女人(B)通过电传设备提问并得到回答。提问者的目的是在一系列问答之后,正确地分辨出男女。A(B)在回答每个提问时,则尽量模仿 B(A),使得提问者误判。图灵测试则是在模仿游戏中用一台计算机取代女人(B)。如果计算机能够与提问者问答对话,使得提问者误判其为人,那么计算机就通过了图灵测试。

图灵认为:在 50 年后(即到了 2000 年),计算机技术将会取得显著进步(计算机存储信息的能力将达到 10^9),使得在图灵测试中,普通提问者通过 5min 的问答,正确辨别计算机与人的概率将小于 70%,即不能区分人和计算机的概率大于 30%。

实例:中文屋实验。图灵测试影响深远,学术界争议至今不断。批评图灵测试的一个著名例子是美国哲学家约翰·希尔勒(John Searle)在 1980 年提出的**中文屋**(Chinese Room)心智实验。假设人工智能研究取得了很大进步,研究出了一台能够理解中文的计算机,即向计算机输入一段中文,计算机会输出相应的中文,其效果足以通过图灵测试。

那么,这台计算机真的理解中文吗? 希尔勒将"计算机真的理解中文"这种能力称为**强人工智能**(strong AI),而将"计算机只是模仿理解中文"称为**弱人工智能**(weak AI)。

希尔勒随之做了如下推理。他本人是根本不懂中文的。但他可以将上述计算机的程序带到一个封闭房间中,然后手工执行程序,接收中文输入并产生对应的中文输出,通过图灵测试。在这个实验中,希尔勒与计算机没有本质区别,都是一步一步执行程序而已。希尔勒不懂(不理解)中文,计算机也不理解中文,因此,即使计算机通过了图灵测试,它也不具备强人工智能的能力。

从 1950 年图灵测试论文发表算起,人工智能的研究和应用已经有了近 70 年的历史,取得了明显的进步,但仍有很大的增长空间。下面我们讨论几个智能应用实例。

实例:物体识别。一类已经进入实用的智能应用是识别物体。例如,今天的数码相机一般都具备了人脸轮廓识别的功能,便于对准聚焦。图像识别也进入了实用阶段。一个典型的例子是用智能手机的相框对准一段中文标记图像,可以立即获得相应的英文翻译。微信应用中还有语音识别功能。我们说一段话,微信可以识别这段语音,并输出相应的文字记录。当然,今天的智能手机本身还做不到这点,需要智能手机将语音通过网络传送到后端的微信云计算系统,由那儿的机器学习语音识别系统完成智能处理,再将文字记录传回手机。

实例:计算机在智力竞赛中超过人类。计算机研究者发展计算机智能过程中的一类目标是让计算机在智力竞技活动中超过人类。这方面最常见的例子是棋牌类活动。今天已有很多计算机程序下五子棋、中国象棋、国际象棋胜过一般水平的人类。1997 年 5 月,IBM 公司的"深蓝"计算机在国际象棋对弈中战胜了世界冠军卡斯帕罗夫。2016 年,谷歌公司的 Alpha Go 计算机系统在围棋比赛中战胜了世界冠军李世石。

2011 年 2 月,IBM 的"华生"(Watson)超级计算机在美国智力竞猜电视节目《危险边缘》中战胜了两位前冠军人类选手。《危险边缘》是知识性问题抢答节目,不同难度的题目得分不同。最后计算机"华生"累计得分最高获胜。

---

① 这也是为什么讲述图灵生平的 2014 年奥斯卡获奖影片被命名为《模仿游戏》。

　　《危险边缘》的形式有点怪,每次题目抢答由主持人先给出答案,再由选手提出问题。例如,主持人给出 While Maltese borrows many words from Italian, it developed from a dialect of this Semitic language(尽管马耳他语从意大利语中引入大量单词,但它是从这个闪米特语族的一个方言发展而来的)。正确的抢答是"What is Arabic?"(什么是阿拉伯语?)。这道题"华生"计算机抢答成功。

　　同样是语言类题目,Dialects of this language include Wu, Yue & Hakka(这个语言的方言包括吴语、粤语和客家话),正确抢答是"What is Chinese?"(什么是汉语?),"华生"计算机却答错了,它选择了"什么是广东话?"(What is Cantonese?)。

　　实例:无人驾驶汽车竞赛。2004 年 3 月,DARPA 在美国西南部的莫哈维沙漠主办了第一届无人驾驶汽车竞赛,要求无人车自动驾驶跑完 240km 越野路段。15 辆车参加了竞赛,但无一辆跑完 240km。不过,DARPA 认为竞赛还是部分成功的,因为它促进了创新研究。

　　2005 年 10 月,DARPA 在美国西南部的加州-内华达州边界主办了第二届无人驾驶汽车竞赛。这次竞赛要求无人车自动驾驶,在 10h 之内跑完 212km 的沙漠地形越野路段。选择的小路很有挑战性,包括很陡的上坡下坡、三个很窄的隧道、100 多个急弯。23 辆车参加了竞赛,斯坦福大学团队获得了冠军。他们的无人赛车在 6h54min 跑完了全部 212km 路程,平均时速超过 30km。自动驾驶需要解决两个难题:快速及时地识别出路况,以及快速及时地根据路况驾驶汽车。汽车根据前面看到的图像,判断哪些部分是"路",哪些是"非路",以及坡度多少。

　　2007 年 11 月,DARPA 在美国加利福尼亚州一个小镇废弃的空军基地主办了第三届无人驾驶汽车竞赛。这次竞赛称为 Urban Challenge,要求无人车在 6h 之内自动跑完 96km 的城镇路段。难题包括遵守交通规则、避让其他车辆、并道转弯等。11 辆车参加了竞赛,卡内基·梅隆大学团队获得了冠军。他们的无人赛车在 4h10min 跑完了 96km 路程,平均时速超过 22km。

　　实例:中文到英文的"神翻译"。过去 60 年来,机器翻译取得了很大的进步。例如,当代搜索引擎获得的文字内容可以翻译成另一种语言,其结果在很大程度上用户基本看得懂。例如,百度翻译将"计算机科学导论"译为 Introduction to computer science,还是很恰当的。但是,机器翻译尚没有到值得信赖的地步。

　　在全球化的浪潮中,中国各地为了与国际接轨,将很多中文提示翻译成英文。这个工作经常由计算机通过"机器翻译软件"自动完成。目前机器翻译尚不令人满意,出现了一些"神翻译"笑话。例如,某著名银行将"对公服务"翻译成 To Male Service。某著名城市的一条街名"美政路"被翻译成 The United States Government Road。微软公司的必应词典将"美政路"翻译成 United States political road,更不靠谱。

　　实例:机器人写文章。假如我们攻克了图灵问题,是不是就是一个大好事呢?有没有副作用?计算机足够聪明就一定好吗?不见得。特别需要警惕的是,在某些情况下人们已经不知道是计算机在代替人干活。一类例子是:很多文章是计算机写的并公开发表出来,人们并不知道作者是计算机。

　　《纽约时报》2011 年 9 月报道,有 20 多家媒体公司采用一个名为 Narrative Science

的计算机软件,从收集的数据素材中自动生成新闻报道文章,内容涵盖体育新闻、金融报道、房地产分析、社区动态、选举调查、市场研究报告,等等。这些文章有三个优点:一是生产快,可以在事件发生后(如某场体育赛事结束后)的不到一分钟内发表文章;另一个优点是文章读起来不生硬,很像人(记者)写的;第三个优点是便宜,一篇500字的文章仅收费10美元,远低于传统记者的成本。Narrative Science技术的发明人是美国西北大学的两名教授Kris Hammond与Larry Birnbaum。有人预测,20年之内,将会出现某个计算机软件获得普利策新闻奖的事件。Hammond教授更加乐观,认为5年之内(即2016年)就会有计算机软件获得普利策新闻奖。

但是,这些技术及其应用涉及一个伦理问题。是不是应该让读者知道这些文章是计算机写的呢?媒体公司是否应该显式地标注文章作者是计算机软件?这并不是一个无意义的伪问题,事实上已经在考验学术界了。2005年,三名麻省理工学院的研究生开发了一个称为SCIgen的计算机软件,能够自动生成虚假的"论文",而且居然被一个在美国召开的国际学术会议接受了。任何人都可以通过SCIgen网站(http://pdos.csail.mit.edu/scigen/#about)在一分钟内生成一篇假论文。根据《自然》期刊2014年的一篇报道,SCIgen已经生产了上百篇虚假论文并被一些学术期刊和国际会议发表(后被举报撤销了)。

在计算机科学技术领域,尤其是在信息技术应用领域,"智能"这个词的热度在近70年来起起伏伏,近些年又变得时髦,已经出现了使用过度的迹象,其含义也变得模糊。从计算机科学的本源看,今天说一个系统是智能的(对应的英文是smart、intelligent,名词是intelligence)大体上有三类含义。

(1) **计算机化**。系统已经具备计算机的基本特点,即自动执行程序,并且可编程、可演化,不是一个固定的、僵硬的系统。手机从功能手机(feature phone)到智能手机(smart phone)的发展就是计算机化的一个典型例子,它促成了移动互联网产业的大发展。智能手机之所以称为智能,是因为它不只是具备事先固定的功能,更不只是一个电话。它可以从数十万个第三方应用软件下载自己需要的App,变成一个手电筒、音乐播放器、电视机、电子书、游戏机、社交网络终端,等等。

(2) **密集计算**。系统执行大量复杂计算,产生非平凡的结果,而不是简单地采集数据并对原始数据做简单处理。这方面的一个典型例子是装备制造业中正在兴起的智能装备(smart equipment),它通过执行大量计算实现更高的精度、速度、灵活度。正在出现的智能硬件(smart hardware)或智能设备(smart devices)也是如此。它们与其前身(即"非智能"的硬件)相比,计算能力大幅度提升。出于这个原因,信息技术市场研究公司IDC在2011年定义了一个"智能系统"(intelligent systems)的市场大类,与传统嵌入式系统的主要区别就是更高的计算能力(至少32位的处理器、高级操作系统等)。据IDC当年预测,2015年智能系统将出货40亿套,市场销售额超过2万亿美元。反之,传统嵌入式系统将成为一个衰退的市场,市场销售额将从2010年的7400亿美元降到2015年的5782亿美元。

(3) **人工智能**。系统具备传统人工智能(artificial intelligence)特征,如呈现感知计算与认知计算能力。这方面的研究例子包括美国国防部的城市无人车竞赛(DARPA

Urban Challenge)、IBM 公司的"华生"计算机赢得《危险边缘》电视节目竞赛、接近实用的人脸识别系统、机器翻译系统等。与第三种智能含义对应的英文是 intelligent 或 intelligence，不是前两种对应的 smart。

1.2.4　计算机科学的三个奇妙之处

尽管只有 80 余年的历史，现代计算机科学技术已经渗透到了人类社会生产生活的各个方面。全球的计算机科学技术用户已有数十亿人。智能手机已有数百万个不同的应用程序。为什么计算机科学发展这么迅速？渗透性这么强？一个重要的原因是计算机科学具备其他学科所没有的特点，其中包括三个奇妙之处：指数之妙、模拟之妙、虚拟之妙。

1. 指数之妙

计算机科学领域有别于其他学科的一个重要特征是利用并应对指数增长（如摩尔定律，即集成在一个芯片上的晶体管数随时间指数增长），即假设产业（问题、需求、技术能力）会指数增长，充满信心地、面向未来做研究和创新，而不是局限于今天的问题，被今天的技术和需求框框所限制住。这种研究方法也简称为**生活在未来**（living in the future）。这种方法有很多成功的例子，如操作系统、微机、图形界面、数据库、因特网的发明和普及使用。

指数之妙首先是指计算机科学技术领域的一个现象，即很多理论问题和实际问题的运算量随问题规模指数增长，为科学研究与技术开发带来令人激动的挑战。例如，蛋白质折叠是生物中的一种奇妙现象：蛋白质的多肽链在数微秒到数毫秒的时间内折叠成为特定的三维结构，从而体现其特定功能。生物学家们需要知道蛋白质是如何折叠的，以及折叠成什么样的三维结构。他们借助计算机来模拟蛋白质折叠过程。但是，人们并不知道蛋白质折叠过程是什么过程。如果用穷举的办法，所需的运算数大约是 3^n，n 是问题规模（一般情况下 n 介于 $300 \sim 600$），而 $3^{300} \approx 10^{143}$。这为计算机科学家提出了一个挑战：能否发明更妙的蛋白质折叠算法，将所需的运算数降低到 1.6^n、1.2^n 甚至 n^k（其中 k 是一个小的常数）？

指数之妙还指计算机科学技术领域的另一个现象，即计算速度随时间指数增长。这方面有许多实际的历史证据。我们举几个例子。

实例：诺德豪斯定律（Nordhaus's law）。美国经济学家威廉·诺德豪斯（William Nordhaus）从生产率历史学的角度收集了 1850—2006 年的数据，研究了计算机速度的增长情况。他的主要结果是[①]：

- 2006 年的计算机的速度比 1850 年的手工计算增长了大约 1.7 万亿倍～76 万亿倍，平均每年大约增长 18%。
- 计算机速度增长趋势大体上可分为慢速增长（1850—1944）和快速增长（1944—

---

① Nordhaus W D. Two Centuries of Productivity Growth in Computing[J]. Journal of Economic History，2007，67(1)：128-159.

2006）两个阶段。

1850 年以前主要是手工计算（manual computing），即人用笔和纸做计算，以及借助于算盘等工具做计算。随后市场上出现机械计算机和机电计算机等模拟计算机产品，出现了半自动计算方式，使得计算速度在第一阶段的 95 年间相对手工计算增长了数百倍。

快速增长阶段始于第二次世界大战后期的 1944 年，60 余年间计算机速度增长了上千亿倍，平均每年大约增长 50％。一个主要原因是出现了自动计算方式，以及摩尔定律等现象，这些使得自动计算方式得以不断改进，计算速度实现了快速增长。

诺德豪斯的数据拟合分析将拐点选在 1944 年。从技术发展看，更合理的拐点选择是 1945 年：ENIAC 的诞生启动了自动计算方式，以及计算速度快速增长的阶段。

实例：高性能计算机速度增长趋势。图 1.15 显示，1950—2010 年期间，全球速度最快的计算机的速度增长了 10^{11} 倍，即平均每年增长 43.6％，或每 1.64 年翻一番。图中还显示了中科院计算所开发的高性能计算机的速度、系统软件复杂度、系统功耗的增长趋势。

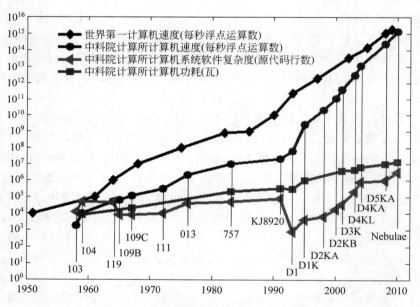

图 1.15　高性能计算机速度增长历史趋势

数据来源：Xu Z，Li G J. Computing for the Masses[J]. Communications of the ACM，2011,54(10)：129-137.

实例：摩尔定律。不仅是计算机整机系统，计算机的部件也有随时间指数改善的规律，其中最著名的是**摩尔定律**（Moore's law），由英特尔公司创始人戈登·摩尔（Gordon Moore）在 1976 年总结出来。摩尔定律有不同的说法：

- 一块半导体芯片上的晶体管数目每隔 18 个月到 2 年就会翻一番。
- 假定价格不变的话，一个微处理器的速度每隔 18 个月到 2 年就会翻一番。
- 假定性能不变的话，半导体芯片的价格每隔 18 个月到 2 年就会降低 48％。

不管具体的说法如何，摩尔定律断言计算机的半导体芯片硬件的"性能价格比"会以指数规律改善。人们后来发现,不仅是半导体芯片(处理器和内存),硬盘容量、网络带宽等指标也遵循类似的指数规律改善。因此,我们在做规划时,可以假定硬件部件会越来越便宜、速度越来越高,或者容量越来越大。

由于摩尔定律的重要性,人们开始探索"为什么摩尔定律成立?"这个问题。摩尔定律是一种经验观察,并不是像牛顿定律一样的物理规律。它反映了市场需求,同时也是芯片厂商的响应。它有一种自我加强性:摩尔定律意味着不懈的竞争,芯片厂商为了在市场上站住脚,必须不断改进技术;这种竞争又反过来加强了摩尔定律。

人们发现,这种自我改进的能力是摩尔定律之所以成立的重要原因。半导体芯片技术的研究开发工作本身,也不断用到它所产生的新型半导体芯片产品,从而进一步改进半导体芯片技术。人们甚至还提出了一种数学公式来反映这种自我加强性:如果一项技术的改进速率与该技术效能成正比,即用微分方程表示为 **d 技术/dt = k × 技术**,该技术的效能将随时间指数性地改进,因为上述微分方程通过积分得到的解就是**技术 = e^{kt}**。

这个探索告诉我们,计算机的技术创新工作应该利用其创新产出。这样,该技术就有可能通过自我加强而快速改善。计算机的创新者们,一定要直接或间接地使用自己的创新成果。

摩尔定律还意味着,在计算机硬件方面,人们对如何持续创新已有了很多经验,在2025 年以前这种创新趋势很可能会继续下去。但是,在计算机整机、计算机软件、互联通信、可靠性、安全性等方面,人类的创新活动需要利用摩尔定律同步进步,不然计算机软件、互联通信、可靠性、安全性将会变成瓶颈,整个计算机系统效率会变得很低。

实例:光纤通信技术的指数增长趋势。在光纤通信领域,也可以观察到类似摩尔定律的趋势。这个观察被称为科克定律(Keck's law):单根光纤的数据传输速率(bit per second,或 b/s)随时间指数增长,大约每 10 年增长 100 倍。Donald Keck 观察了近 40 年的光纤数据传输的破纪录实验,表 1.1 显示了部分代表性结果。

表 1.1 近 40 年光纤数据传输的破纪录实验情况

时间/年	数据传输速率/b·s^{-1}	
1975	4.50E+07	45M
1984	1.00E+09	1G
1993	1.53E+11	153G
2002	1.00E+13	10T
2013	8.18E+14	818T

数据来源:Hecht J. Great leaps of light[J]. IEEE Spectrum,2016,53(2):28-53. 特别感谢 Jeff Hecht 先生提供了 Donald Keck 的原始数据。

实例:巴贝扬断言。计算速度随时间指数增长有什么意义呢? 俄罗斯科学院院士波瑞斯·巴贝扬(Boris Babayan)认为:**计算速度像黄金**。也就是说,计算速度是像黄金一样的硬通货,可以换成任何其他东西,包括新的功能、易用性、更好的产品、成本更低的服务,等等。因此,计算速度的指数增长意味着信息产业变化快,创新机会多,新的技术、产品、服务、市场、领头公司层出不穷。

表 1.2 和表 1.3 反映了这种变化。计算速度随时间指数增长意味着市场格局几年间就可能改变，20 年的变化就更明显了。排名领先的公司甚至可能消失，20 年前尚不存在的公司可能会成长到名列前茅。这种现象在传统行业（例如汽车等制造业行业和航空等服务行业）较为少见。

表 1.2　美国互联网用户最多的前 10 家公司

用户量排名	1996 年	2002 年	2008 年	2014 年
1	AOL	AOL	Google	Google
2	Web Crawler	Microsoft	Yahoo!	Yahoo!
3	Netscape	Yahoo!	Microsoft	Facebook
4	Yahoo!	Google	AOL	AOL
5	Infoseek	eBay	Fox	Amazon
6	Prodigy	About	eBay	Microsoft
7	Compuserve	Lycos	Ask	Mode Media
8	Umich. edu	Amazon	Amazon	CBS
9	Primenet	Disney	Mode Media	Comcast NBC
10	Well	Classmates	Wikimedia	Apple

表 1.3　全球市值最大的互联网公司（1995 年与 2015 年比较）

排名	1995 年数据		2015 年数据		
	公司及国家	市值/亿美元	公司及国家	市值/亿美元	2014 销售收入/亿美元
1	Netscape 美国	54	Apple 美国	7636	1998
2	Apple 美国	39	Google 美国	3734	660
3	Axel Springer 德国	23	阿里 中国	2328	114
4	RentPath 美国	16	Facebook 美国	2260	125
5	Web.com 美国	10	Amazon 美国	1991	890
6	PSINet 美国	7	腾讯 中国	1901	127
7	Netcom OnLine 美国	4	eBay 美国	725	179
8	IAC/Interactive 美国	3	百度 中国	716	79
9	Copart 美国	3	Priceline 美国	626	84
10	Wavo 美国	2	Salesforce 美国	492	54
11	iStar Internet 加拿大	2	京东 中国	477	185
12	Firefox 美国	2	Yahoo! 美国	408	46

续表

排名	1995 年数据		2015 年数据		
	公司及国家	市值 /亿美元	公司及国家	市值 /亿美元	2014 销售收入 /亿美元
13	SCC 美国	1	Netflix 美国	377	55
14	Live Micro 美国	0.9	LinkedIn 美国	247	22
15	iLive 美国	0.6	Twitter 美国	240	14
合计		168		24 159	4632

数据来源：KBCP Internet Trend 2015。

从全球视野看，这个现象就更明显了。表 1.3 显示了全球市值最大的互联网公司排名。前 15 家公司的市值从 1995 年的 168 亿美元增长到了 2015 年的 24 159 亿美元，20 年间增长了 144 倍。同时，这个互联网巨头俱乐部的组成也发生了显著变化。1995 年，互联网巨头俱乐部主要由美国公司占据。到了 2015 年，这个名单彻底变了，并已有发展中国家的成员。

也就是说，计算速度随时间指数增长，不仅在 20 年间使得行业总价值明显增长，而且产业格局也会出现明显变化，甚至出现重新洗牌的可能。

实例：库米定律（Koomy's law）。斯坦福大学的乔纳森·库米（Jonathan Koomy）博士研究了自从 1945 年 ENIAC 诞生至 2010 年的计算机性能功耗比数据，发现了一个趋势：计算机性能功耗比随时间指数增长，大约 1.57 年翻一番[1]。库米采用的性能功耗比的计量单位是每千瓦·时电执行的运算数。

但是，最近 10 余年的数据显示，库米定律好像失效了。根据库米等人最新的研究[2]，计算机性能功耗比仍然随时间指数增长，但现在大约 2.7 年才翻一番。以前大约 10 年就会改善 100 倍，现在需要 18 年才会改善 100 倍。

中科院计算所研究了高性能计算机 70 年的发展历史，观察到类似的危机。高性能计算机行业面临一个从未出现过的历史性危机：自 1945 年 ENIAC 发明以来，在迄今 70 多年的发展历史中，高性能计算机行业首次出现了一个不好的现象，计算机系统性能功耗比的提升大幅放慢，滞后于性能的提升速度。

图 1.16 显示了近 70 年来世界最快的高性能计算机的计算速度（每秒执行的运算数）、性能功耗比（每千瓦·时电执行的运算数）、系统功耗（瓦）。在 2005 年以前，性能功耗比的改善基本上与计算速度的增长保持了同步。但在 2005 年以后，这个同步被打破了，性能功耗比的改善滞后于计算速度的增长。需要研究新技术，让性能功耗比回归与计算速度同步增长的轨道。

---

[1]　Koomey J，Berard S，Sanchez M，et al. Implications of historical trends in the electrical efficiency of computing[J]. IEEE Annals of the History of Computing，2011，33(3)：46-54.

[2]　Koomey J，Naffziger S. Moore's Law might be slowing down，but not energy efficiency[J]. IEEE Spectrum，2015.

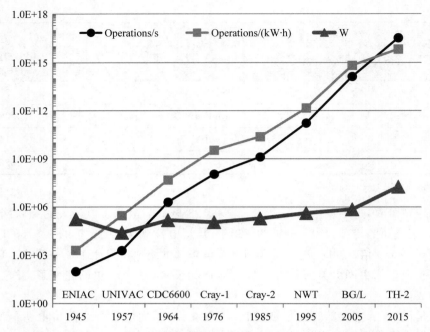

图 1.16   近 70 年来世界上最快的高性能计算机的计算速度、性能功耗比、系统功耗变化趋势

数据来源：Xu Z W，Chi X B，Xiao N. High-Performance Computing Environment：A Review of Twenty Years Experiments in China[J]. National Science Review，2016，3（1）：36-48. 特别感谢 Gordon Bell，Jonathan Koomey，Dag Spicer 与 Ed Thelen 博士提供了前三台计算机的功耗数据。

2. 模拟之妙

计算机模拟（simulation）也称仿真（simulation 或 emulation），是指使用计算机模仿现实世界（物理世界和人类社会）中的真实系统随时间演变的过程。计算机通过执行计算过程，求解表示真实系统的数学模型和其他模型，产生模拟结果。数十年的计算机应用历史表明，计算机可以模拟物理世界和人类社会当中的各种事物和过程，用较低的成本重现物理现象和社会现象，甚至让人们可以"看见"原来看不见的事物，做出原来做不到的事情。

这方面的例子很多，涵盖国民经济、社会发展、国防安全等领域。具体的例子包括经济分析、金融推荐、汽车碰撞、飞机设计、核武器仿真、新材料发现、基因测序、新药研制，等等。无怪乎物理学家将计算机称为当代的望远镜，化学家将计算机形容为高科技试管。

实例：汽车碰撞模拟。出于安全考虑，每一款新的汽车在推向市场前，必须做各种碰撞实验，以保证汽车出事故时，能够避免或降低乘车人员损伤程度。以前碰撞实验采用真实的汽车做真实的碰撞，成本高、周期长。如今首先通过计算机模拟碰撞实验，发现问题并改正，最后再用真实的汽车做碰撞实验。

实例：核武器模拟。1996 年 9 月 10 日，第 50 届联合国大会通过了《全面禁止核试验条约》，要求缔约国不进行任何核武器试验爆炸。还有少数拥有核武器的国家没有签署。

例如,印度表示,只有当美国提出了销毁其核武器库的明确进度表,它才会签署该条约。美国拒绝了这个条件。详情见 http://en.wikipedia.org/wiki/Comprehensive_Nuclear-Test-Ban_Treaty。不过,今天许多国家,包括美国和中国,已经不再进行核爆试验了。美国为了维护其核武器库的安全性和可靠性,提出并实施了一个"基于科学的核武器库管理计划"(Science Based Stockpile Stewardship Program),其中一个重要的手段就是用超级计算机做核武器模拟。

实例:从第一原理重现宏观现象。科学家们常常需要知道一些宏观现象是如何产生的。但是,人们又常常缺乏对这些现象的深刻理解,尚未总结出刻画现象的方程。在这种情况下,一种常用的科学方法是从物理学的第一原理(如牛顿力学)出发,通过计算机模拟,生成宏观现象。这使得人们能够看见原来看不见的物理过程。例如,美国能源部的科学家使用超级计算机模拟了 90 亿个原子的运动,重现出一种称为 Kelvin-Helmholtz 不稳定性的宏观现象。同学们还可以从 *Atoms in the Surf* 一文获取更多信息。

3. 虚拟之妙

计算世界是人创造的,可由设计者定义并控制。这使得人们能够在计算的虚拟世界中,不仅重现现实世界,还可以创造出与现实世界平行甚至现实世界没有的东西。这方面最突出的例子是电影特技与计算机游戏(包括今天的网络游戏、手机游戏)。我们祖先的神话传说以及从前的科学幻想,正在通过计算世界变成现实。计算世界的这种虚拟性,使得一切全在设计者和创造者的掌控之中,是吸引很多年轻人加入计算机科学领域、成为创新者的重要原因。

在这个计算的虚拟世界中,很多现实世界的元素都可以被虚拟化,包括虚拟时间(例如后发生的事件可以更早出现)、虚拟空间、虚拟主体、虚拟物体、虚拟过程甚至整个的虚拟位面和虚拟世界。

实例:数字莫高窟。人们已经可以逼真地重现千年以前的莫高窟精美塑像和壁画。

实例:第二人生。这个网站为现实世界的个人、公司、公共部门提供了一个平行的虚拟空间。

实例:线上线下。21 世纪的一大趋势是:计算的虚拟世界与现实世界相结合,为人们提供更好的价值服务。一个例子是各种线上线下(online to offline,O2O)服务,融合了计算的虚拟世界(online)和现实世界(offline)。

实例:远程呈现(telepresence)。这是詹姆斯·格雷提出的今后 50 年计算机科学的 12 个研究目标之一。远程呈现技术尚未完全实现,其目标是使得用户可以"时移"(time shift)或"空移"(space shift)去观察甚至参与到某个远程活动中,获得逼真的体验。例如,中学生可以通过远程呈现技术参加神舟飞船的科学实验,小学生可以通过远程呈现技术参加南极科考。

实例:虚拟现实。与远程呈现相关的一大类技术是虚拟现实技术。今天,虚拟现实(virtual reality,VR)技术和增强现实(augmented reality,AR)技术正在蓬勃发展。各种智能头盔、智能眼镜、全息投影等设备已经出现。

1.3　计算机科学的创新故事

本书的一个特点是用较大篇幅讲述计算机科学及产业发展历史上的一些典型创新故事。这样做有三个目的。第一,让同学们了解计算机科学历史中的重要知识是如何创造出来的。因此,本书不仅讲知识,也讲创新。第二,让同学们了解计算机科学的知识如何与科学需求、产业需求、社会需求互动。第三,这些创新故事蕴含了职业道德和职业操守。让同学们通过读故事的方式潜移默化地得到熏陶,与提供专门讲述职业道德的章节相比,可能更容易吸收,是一种新的尝试。

本书讲述的创新故事都是在计算机科学发展历史中真实发生的,唯一的例外是第一个故事"文王演周易",我们用了写意的笔法。但是,文王演周易这个事件本身有《史记》等史书为证,可能是真实的,《易经》本身也是事实。

本章讲述三个故事,试图展现计算机科学领域创新活动的特点。第一个故事"文王演周易"涉及计算机科学创新活动的远古起源。第二个故事"自由软件的故事"涉及计算机科学领域的一个重要的创新主体:志愿者社区。第三个故事涉及计算机科技工作者的社会责任。

1.3.1　文王演周易

姬昌被囚于羑里已近七年了。

在百里之外的朝歌城里,殷商的最后一个帝王商纣王还在继续他那荒淫无道的残暴统治。他造虿盆、修鹿台、设肉林酒海。不久前,姬昌的大儿子伯邑考上朝歌进贡,请求纣王释放父亲回西岐与家人团聚。哪知道,这位商纣时期中国的杰出音乐家,也被纣王残忍地杀害了。

姬昌被关在恒河和荡河之间方圆数里的羑里地面。平常,他就居住在三百尺见方、离地十五尺的一个高台上。姬昌知道,羑里之外,纣王的军队时时监视着他。他也知道,西岐的文武官员们一直在鼓噪着发兵讨伐商纣。

世间的这些喧嚣对姬昌影响甚微,因为他的头脑中正呼啸腾涌着更强烈的风暴。他的内心似乎已经树起了一道坚固的屏障,足以忍受失子之痛、囚居之苦、家国之愁,使他这个年逾八十的老人不至于崩溃。

这个屏障就是他正在进行的一项惊天地、泣鬼神的创造。

七年来,姬昌深入研究了阴阳之道。前人的八卦之说已深深融入他的心灵。他时时感觉到了大道隐约的呼唤,但却只能看到模糊的影子,每当他试图走得更近一些,大道的影像就完全破碎了,留下一片散乱的嘈杂。

82岁的他已经心力交瘁了。但大道的呼唤又从他内心响起,不给他片刻安宁。

他很想走出去,去看看羑里的父老。羑里的百姓和他西岐的子民一样淳朴。他自觉并没有给百姓干多少事,却已经得到很大的尊敬。百姓们感谢他"教化大行""笃仁,敬老,慈少"。他往往能从百姓的安居乐业的景象中得到一点宁静。

但今天他却不愿出去。他怕愧对百姓,怕他们尊敬的目光。他不愿意让百姓失望。
"西伯,您老好!"人们会用灿烂的微笑问候他。

百姓视他为圣人。但他们知道这个圣人其实也和他们一样卑微吗? 他们期望他用大道来教化他们,但百姓不知道,他对大道的了解并不比他们多很多。他这个"圣人",不过必须忍受更多的痛苦、更多的失败罢了。

他不自觉地回想起四年前的一个夜晚,那是他多年来唯一的一次获得完全的宁静。

那个夜晚,也是在多年的沉思、痛苦和失败之后,他豁然开朗,懂得了"有生于无"的道理。

前人为什么要讲"万物生于有,有生于无"? 为什么不直接说"万物生于无"?

因为"万物"不可能直接从"无"而生,"有"是不可避免的。任何事情,如果想从"无"到"万物",是注定要失败的。可惜,世人的无知和贪婪,不断地驱使他们妄想一步登天,而不愿花力气追求"有"。

他也明白了"有"是如何从"无"而来的,即前人所说的"无极生太极,太极生两仪,两仪生四象,四象生八卦"。"有"是一个丰富的概念,含太极、两仪、四象、八卦为不同阶段的表现形式,这四者缺一不可。无极、太极、两仪、四象、八卦示意如图 1.17 所示。

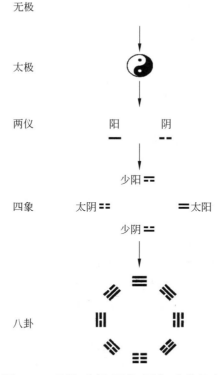

图 1.17　无极、太极、两仪、四象、八卦示意

姬昌于是初识了大道,世界上第一次有了文王八卦图。

中国的八卦学说有几个基本概念。一个**爻**是一个表示**阴**的虚线--或表示**阳**的实线一。两根爻共有四种组合,表示"太阴==""少阴==""太阳=""少阳=="**四象**。三根爻共有八种组合，表示"震☳""巽☴""离☲""坤☷""兑☱""乾☰""坎☵""艮☶"八卦。

"无极"没有爻的概念，它的**数**为 0。"太极"只需要 0 根爻来表示，它的**数**为 $2^0 = 1$。"两仪"需要 1 根爻来表示，它的数为 $2^1 = 2$。"四象"需要 2 根爻来表示，它的数为 $2^2 = 4$。"八卦"需要 3 根爻来表示，它的数为 $2^3 = 8$。

八卦学说至今仍然充满秘密。前人关于无极、太极、两仪、四象、八卦的互生关系的系统描述，大都失传了。距今约 1000 年前，北宋周敦颐曾作《太极图说》，对无极至四象的关系做了简要和系统的说明："无极而太极。太极动而生阳。动极而静，静而生阴。静极而复动。一动一静，互为其根。分阴分阳，两仪立焉。阳变阴合，而生水火木金土，五行顺布，四时行焉。五行，一阴阳也。阴阳，一太极也。太极本无极也。"

相传八卦是伏羲发明的。《周易·系辞传》说道："古者包牺氏之王天下也，仰则观象于天，俯则观法于地，观鸟兽之文，与地之宜，近取诸身，远取诸物，于是始作八卦，以通神明之德，以类万物之情。"

伏羲八卦也称先天八卦。它有一个明显的特点，即两两相对。将阴阳互换，即可以从一卦变到对面的另一卦。例如，上方的乾卦对着下方的坤卦。

文王的八卦图，亦称后天八卦，对伏羲八卦有了两个大的改变。第一，伏羲八卦没有文字，而文王八卦配上了相应的"震""巽""离""坤""兑""乾""坎""艮"卦名文字。第二，文王八卦的方位顺序与伏羲八卦完全不同。例如，在伏羲八卦图中，乾卦在上方（即南方），坤在下方（即北方），所谓天南地北；而文王八卦则是离卦在上方，坎卦在下方（古人的方位是上南下北、左东右西，与今人看地图的方位刚好相反）。

文王八卦失去了伏羲八卦的对称美，表面上看是一个缺点。但伏羲在前，文王在后，文王八卦应是对伏羲八卦的改进。事实上，文王八卦比伏羲八卦更加广为流传和使用。这其中的奥妙至今仍然是一个谜。

姬昌从回忆中得到了片刻的平静。他将目光收回到他的内心，回到困扰着他的问题。他已经知道了"万物生于有，有生于无"这句话的一半，明白了"有生于无"的道理。

但是，万物如何从有而生？这个难题已经折磨他四年了。他已经尝试了无数方法，试图将前人的八卦学说拓展。

从太极、两仪、四象到八卦，数分别为一、二、四、八。下一步显然是十六，需要四个爻。但是姬昌的所有推演都失败了。

他又第一千次观察着震卦☳。在上加一阴爻，得☳。但这也可以看作坤卦☷下加一阳爻。这种本质的二义性使姬昌深深不安，因为他相信天道不会如此模棱两可。

姬昌终于确信四年来自己一直在歧路上徘徊。简单地拓展八卦学说是一条有着无穷分叉的死路。

四年的功夫就此白费，本来他会很沮丧的，但奇怪的是，姬昌竟然感到一种解脱。

他决心从头做起。

他注视着自己的八卦图，口中喃喃念道："万物生于有，有生于无。万物生于有，有生于无。"

他突然想到，祖先传下来的这个道理，很明确地说明了"万物""有""无"是三个本质上不同的概念。那么，它们的互生方式也必然会不同的。

姬昌再次将目光投向八卦图。他忽然看到了自己从未注意到的一个现象。八卦数为八,需要三个爻表示。太极数为一,不需要爻表示,或者可以说它需要的爻数是零。但是,尽管不需要爻表示,太极仍然需要有爻这个概念。太极、两仪、四象、八卦都是"有",看来"有"意味着爻的概念,太极不过是比较特别的"有"罢了。

无极呢?无极是一个更怪的东西,它不仅不能用爻来表示,也没有爻的概念。

有趣的是,在"有生于无"的过程中,无极首先产生出了太极这个奇特的有(它不需要爻),然后再生出需要爻的有(即两仪、四象、八卦)。因此太极可以说是从无到有的一个过渡。

进而推之,既然"万物生于有",万物必然包括爻的概念,而且需要爻来表示。特别重要的,"有"的最后一个阶段,即八卦,很可能是从有到万物的一种过渡。

姬昌又有了四年前那种感觉。他还不知道万物是如何从八卦过渡而来的,但他知道自己已经走对了路。

姬昌走下了高台。

夜幕早已降临,中原大地一片静谧。天空没有一丝云彩,满天星座中,紫微群星神秘地闪烁着。仿佛大自然也知道她的儿子即将发现她的奥秘,正通过羑里的天地向他暗示。

百姓都回家了。田野上已经成熟的庄稼在微风中涌动,激起淡淡的波浪,又似在窃窃私语。晚风带来阵阵麦子的香味。

姬昌缓缓漫步。和风与星光渗入他的灵魂。他感到自己的身心正与大道融为一体,渐渐不知身在何处。

姬昌好像做了一个梦。他清醒过来时,仍然漫步在羑里的大地上,时光好像没有流逝。他感觉到心灵一片空明。

他望着羑里的天空,望着羑里的田野,他知道羑里的天地正在向他揭示一个秘密。

慢慢地,姬昌已看不见星空,他看到一个象征天的乾卦☰。他也看不到大地,只看到一个象征地的坤卦☷。羑里的天地在他眼前变成了一个崭新的䷋。

䷋就是后来《周易》中的"否"卦。

否极泰来。

姬昌明白了。

姬昌终于明白了"万物生于有"的道理。关键是万物生于八卦的两两组合,而八卦不可拆散。他很快完成了将八卦两两组合,推演出了从"乾"卦到"未济"卦的六十四卦。这六十四卦又有无穷变化,相应于万物。整个体系他称之为"易",即后人所说的《周易》《易经》。

之所以称为易,因为《易经》包含简易、变易、不易三个道理。

姬昌坚信,大道想被人们所认识。前人的八卦学说和他的易经,都不过是教化百姓理解大道的工具罢了。天地世间,万物众生,俱源于大道。因此,易经必须简单、容易。这也是为什么"有"分成了太极、两仪、四象、八卦几个层次,为什么易经的六十四卦要由八卦正交组合而成。

孔子后来详细注释了简易的重要性:"乾以易知,坤以简能。易则易知,简则易从。

易知则有亲,易从则有功。有亲则可久,有功则可大,可久则贤人之德,可大则贤人之业。"只有简单、容易的道理,百姓才容易理解和遵从。易学易用的道理,才能得到人民的拥护,才能广泛流传。

几条简单容易的道理,怎么能够阐述天地万物呢? 姬昌认为关键在于变易(变化、变动、变换)。事实上,无极所生的太极,虽为一体,但已内含阴阳,且阴中有阳,阳中有阴。变化从一开始就是不可避免的。在《易经》中,爻和卦的排列、组合和次序有很多变化。"爻也者,效天下之动者也。"特别是,六十四卦以乾卦始,以未济卦终,其含义是"物不可穷也,故受之以未济终焉"。暗喻了变化可以循环往复,永无止境的道理。

尽管变易无穷,《易经》还有不易之理。孔子后来解释道:"易穷则变,变则通,通则久。"因此,变化本身是永恒不变的;"万物生于有,有生于无"的道理是不变的;从无极到太极、到两仪、到四象、到八卦、到六十四卦、到《易经》的生长规律是不变的。不易还意味着对大道、对事业的追求要执着、坚忍,遇见困难而不变。《易经》说道:"天行健,君子以自强不息。……安贞,吉。……立心勿恒,凶。"

周文王姬昌大概不会料到,3000 年以后,《易经》的思想仍然广为流传。21 世纪的人们,从老百姓到政治家,从科学家、工程师到企业家,还在继续使用着他的思想和方法。

今天人们成功的创新活动还是遵循着"万物生于有,有生于无"的模式。不是舍本求末,妄想从"无"到"万物"一蹴而就,而是先发展出一套核心基础,即"有"。

今天的人们把从"无"到"有"的第一"有"(太极)称为"创新思想""灵感"等。但是,"有"包含从太极、两仪、四象到八卦的丰富的内容,并不只是太极一点。一个人每天可以产生几百个念头,但绝大部分并不能成长为"有"。创新不能只停留在一个念头上。

以开发一个新产品为例,每个创新活动(见表 1.4)都要解决一个关键问题,也叫主要矛盾,矛盾即阴阳两仪。为了解决问题,必须发展出一套基本概念和机理的框架,即四象。由此框架,可以进而开发出一套核心技术,即八卦。至此,有生于无的过程基本完成。

表 1.4 创新:从灵感到应用

易经的层次	产品开发	理论研究
太极	灵感、创新思想	
两仪	关键问题、主要矛盾	
四象	基本概念和机理框架	
八卦	核心技术	定理和方法
六十四卦	产品和服务	理论体系
易经	一揽子解决方案	理论的应用

将这些核心技术作为模块组合、重用,人们构造出各种产品和服务。这些产品和服务的有机集成而构造出来的系统,就变成了最终实用的一揽子解决方案(total solution)。这也就是万物生于有的过程。

我们再看看理论研究。最初,人们只是模模糊糊地有一个念头或灵感,意识到需要创造一个理论。这个念头离完整的理论还差得很远,还需要深入而具体的研究。很自然的下一步就是问这个理论要解决什么问题,这是最关键的一步。在计算机科学中,这一步有个名称,叫"形式化"(又叫"抽象化"),就是用简洁、精确的语言将问题描述和定义出来。通常,描述问题包括对解答的定义和描述,包括一组评判标准,符合这些评判标准的东西才是这个问题的解。

在计算机科学中,这样定义问题还不够。人们需要对问题量化,提出评价解的优劣的评判标准。因此,一个完整的问题定义至少包括下述三个方面:

- 什么是问题?
- 什么是对该问题的解?
- 如何评价各种解的优劣?

在精确而又简洁地定义问题的过程中,一些基本概念自然就涌现了。深入地思考这些基本概念之间的关系,这些基本概念与问题和解的关系,就能发现一些根本的机理框架(如某种公理系统)。然后,在使用这些基本概念和框架解决一些重要问题的过程中,人们会发现用不着每一步都回归到基本公理,而是能够总结出一组重要的定理和方法,也就是理论中的核心技术。这些基本概念、公理系统、定律和解题方法,再加上一些重要问题的解决例子,以及某些重要问题的不可解例子,就构成了一个理论。它有一定的应用范围,甚至包括理论的创始者当初没有想到的应用。

1.3.2　自由软件的故事

1983 年,美国波士顿剑桥,麻省理工学院人工智能实验室,理查德·斯多曼(Richard Stallman)面临着人生的选择。

斯多曼在人工智能实验室已经工作了 10 余年。他和一群年轻而热情的朋友们为实验室的 PDP-10 计算机编写系统软件,维护系统的正常运行。这个团队自称"黑客"(指那些热爱计算机程序设计的编程高手)。那个时候,所有 PDP-10 计算机上的程序包括操作系统都是"自由软件"(free software)。任何校内外的同行,只要感兴趣,都可以得到一份副本,包括全部源码。

但到了 20 世纪 80 年代初,几件事发生了。制造 PDP-10 计算机的厂商停止生产这档机器。实验室购买了一台新的计算机,它的操作系统不再是自由软件,而是一种"专有软件"(proprietary software)。另外,一家软件公司雇走了斯多曼的所有"黑客"朋友,他的团队已不复存在。

斯多曼考虑着他的未来。他有几个选择。第一个选择是留在人工智能实验室继续做一名系统程序员。但这意味着必须在专有软件的框架内工作,而这与斯多曼的人生原则根本抵触。斯多曼认为专有软件的所谓保护"知识产权"的种种规定意味着分裂人类、分裂同行、不准同行之间相互帮助,这是反社会、不道德的一种原则性错误。君子有所为,有所不为。专有软件在斯多曼看来完全属于有所不为,他不愿意自己宝贵的生命耗费在创造一个更坏的世界的错误事业中。

另一个选择是离开计算机业。但这又有两个问题。第一,斯多曼喜爱编程,离开计算机业不仅意味着他要离开自己喜爱的事业,而且意味着他将浪费掉十几年积累下来的经验、知识和技能。第二个问题更严重。他可以离开计算机业，但是专有软件将仍然会在计算机业肆虐横行。他不能容忍看到错误的东西流行而无所作为。

斯多曼决定探索一条新的思路，重建一个理想的社会，那儿的人们可以共享知识、互相帮助。那是一个人人为我、我为人人的社会。

斯多曼做出了他的选择，他要投身于创造一个自由的操作系统，因为操作系统是计算机最基本的软件。他把这个自由的操作系统称为 GNU，因为它的原意是 GNU is Not UNIX。GNU 与 UNIX 操作系统兼容，但不是专有的 UNIX。

1984 年 1 月，斯多曼辞去了麻省理工学院的工作。他这样做的动机是为了保证 GNU 软件完全自由。如果他还是麻省理工学院的员工，他的一切工作成果原则上是属于学院的。而麻省理工学院完全可以不认同斯多曼的自由软件理念，把 GNU 变成一个专有软件。不过，当时的人工智能实验室主任大力支持斯多曼，他聘请斯多曼作为客座科学家，可以使用实验室的工作空间和设备开发 GNU 项目。

开发操作系统是一个庞大的项目，斯多曼不可能一个人一切都从头做起。他决定尽量采用已有的自由软件。他采用了斯坦福大学高德纳教授的 TeX 软件作为 GNU 的文字排版软件，后来又采用了麻省理工学院开发的 X 视窗系统作为 GNU 的视窗软件。但是，当他试图采用一个"自由"的编译软件时，却碰了钉子。这个软件是荷兰阿姆斯特丹自由大学的研究人员开发的。当斯多曼写信请求准许使用这个软件时，软件的作者回答他说，学校是自由大学并不意味着编译软件也是自由的。

编译软件是一个重要的系统软件工具。它把诸如 C 这样的高级语言自动转换成计算机的二进制代码。如果没有编译软件，开发人员就只有用一种低级而又难用得多的汇编语言来编写程序。于是，斯多曼把开发自由的编译软件作为第一优先。几年后，他开发出了今天被广泛使用的 GCC 编译器软件。

斯多曼开发出 GNU 系统的一些基本软件以后，自由软件的概念迅速得到了普及，很多软件爱好者加入了 GNU 项目的行列，无偿地贡献时间为 GNU 开发更多的软件。另一些单位和个人则为 GNU 项目捐献计算机设备。GNU 系统也得到用户的热烈欢迎。到了 2000 年，全世界已有 1000 多万人在使用 GNU 软件。其中用得最多的一种方式，就是以 Linux 作为操作系统的内核，配上 GNU 的工具软件，构成一个完整的操作系统，称为 GNU/Linux 系统。

在开发 GNU 的过程中，斯多曼还遇到了另一个问题，那就是要不要使用专有软件作为开发工具。从道理上说，不应该使用，因为那实际上等于承认了专有软件的合理性。但在实际操作上，自由软件在起初是非常少的，不用专有软件意味着必须抛弃很多工具，而这会阻碍自由软件的发展。斯多曼的策略是：可以用专有软件工具开发自由软件，但在结果软件中不得有专有软件代码。他把这种方式比喻为在自卫中使用正当防卫。尽管暴力是不好的，但在正当防卫中可以适当使用暴力。今天 GNU 的基本工具已经很全了，斯多曼再也不用专有软件工具了。

2000 年 5 月，斯多曼来到北京出席亚太高性能计算国际会议。好奇的中国新闻媒体人问了他一个人们关心的问题："请问斯多曼博士，你从事的是自由软件，也就是免费软件的开发，那你怎样赚钱，怎样谋生呢？"

斯多曼的回答很有意思,摘录如下:

"首先,我要指出,我不是一个商人,赚钱是无关紧要的事情。我的人生目标是为世界做一些贡献,而不是从世界掠取钱财。我认为一个人有了足够吃的,就有责任瞄准更高尚目标,而不是变得'更成功'。当然,还在挨饿的人的第一优先是找到食物。但我没有挨饿,我有能力、有责任追求更高尚的目标。

我是怎样谋生的呢? 在 1985 年,我卖一种自由软件:文字编辑软件 GNU/Emacs,每份 150 美元。以后我创建了'自由软件联盟',由它来卖该软件,我自己得另想办法谋生。我开始讲课和做技术支持,我靠这些生活了四五年。后来我得了一个大奖,我用不着做技术支持了。如果没有这个奖的话,我相信我完全能够继续靠技术支持谋生,因为现在有很多公司就专干技术支持。但我很高兴我能把我的精力投入更重要的事情。

现在我主要靠演讲赚钱。我来北京的演讲是不收费的,因为我觉得来中国一趟已是足够的奖赏。但在其他地方,我则要收费,收费多少根据对象而不同。总之,谋生对我而言不是问题。"

斯多曼倡导的自由软件运动,不仅仅是技术上的一种创新,更重要的,它提出了一系列根本性的问题,对每个人选择人生道路、对公司的业务模式乃至对国家的立法和决策都已经发生并将持续发生重大影响。在知识经济社会,在所谓的"知识产权"变得日益重要的今天,尤其如此。因此,我们有必要对它进行一番仔细的分析。

今天,在专有软件公司的强大公关活动影响下,"保护知识产权""打击盗版"等口号喊得天响,各国政府也纷纷出台了种种有关软件版权保护的法律。人们已经对此习以为常,认为这是天经地义、理所当然的事情。

斯多曼并不以为然。他认为专有软件厂商的所谓"保护知识产权"的主张是没有根据的。他对这些理由做了逐条批驳。

首先,专有软件厂商认为,既然他们投入资金和劳动开发了一个软件产品,他们对这个软件就有天赋的权利,因而有权制定游戏规则,给用户制定很多限制,诸如不得复制、不得修改、不得给他人使用等。斯多曼则认为,这种权利不是天赋的,如美国宪法并不承认这种权利。软件的目的是帮助用户,而不是限制用户。这些所谓的权利是人为通过法律创造的,它们限制了消费者自由使用软件的天赋权利。人为创造的合法的东西不一定合理,而不合理的法律是可以改变的。

其次,专有软件厂商认为,软件产品为用户提供了价值,用户看重软件的功能,愿意接受附加的限制。而斯多曼则认为,用户不仅关心软件的功能,也关心我们所生活的社会。如果软件的后果是一个不合理、不自由的社会,这并不是用户所希望看到的。用户并不愿意被软件厂商控制。

第三,专有软件厂商认为,如果给予用户自由,如果软件厂商放弃了对软件产品的开发和使用的控制,以及随之而来的对用户的控制,那么软件厂商不可能开发出可靠的、有价值的产品。如果走自由软件的路,任何公司都不可能成长,不可能有足够的财力和人力来开发和维护软件产品。但斯多曼指出,自由软件运动的普及和它在市场上的成功,正好说明上述假定是不成立的。

第四,专有软件厂商认为,既然我付出了劳动,创造了价值,我就应该有回报、有收益,我才能用这些收入来进一步开发和改善软件产品。而专有软件,以及"知识产权保护"的意义也就在于此。斯多曼的观点是,自由并不等于免费[①],厂商有免费分发软件的自由,也有收费的自由。自由软件并没有说软件厂商不可以赚钱,而是说不应该以牺牲用户的利益来赚钱。软件厂商完全可以既给予用户充分自由,又获得充分的经济回报。这点已被近年来很多成功的自由软件厂商所证实。

斯多曼指出,"保护知识产权""反对盗版"等不过是专有软件厂商的冠冕堂皇的口号。说穿了,专有软件的实质是想垄断市场、控制用户。任何公司都要赢利,这是无可非议的。但如果赚钱的手段侵犯了消费者的合法权利,这种手段就是错误的。软件的用户具有自由使用软件的天赋权利,而专有软件侵犯了这个权利,因此是不合理、不道德的。

专有软件也是反社会的。社会的根本特征是社会成员之间要互相帮助。但专有软件的第一条规矩就是不准复制,并把它称为"盗版"。这种限制实质上是剥夺了人们共享资源、帮助他人的权利,并且人为地把社会成两个部分,即所谓的"合法用户"和其他人。

专有软件常常会有两个问题:一是 bug;二是功能或性能不能满足用户的需求。因此,用户有权利修改软件,以便改正 bug 或改动软件以满足自己的需求。但是,专有软件的第二条规矩是用户不得修改软件。这使用户变得无助,只能依赖软件厂商,常常还必须付出额外的费用。因此,专有软件强迫用户不仅不能帮助他人,也不能帮助自己。

斯多曼反对使用"知识产权"(intellectual property)这个词。他认为应该具体地说版权(copyright)、专利(patent)或者许可证(license),因为这些东西各个国家有具体的法律定义。而知识产权则是一种模糊的抽象,没有具体定义。这个含混的名词不仅误导公众,给予专有软件厂商本来不该有的公众支持,而且让这些厂商有更大的机会控制市场。

为了纠正专有软件的错误,斯多曼提出了自由软件的概念,它具有四种自由。

第一种自由是使用的自由。用户有权利以任何方式,为任何目的使用一个软件产品。

第二种自由是修改的自由。用户有权利修改软件以满足自己的需求。这个自由意味着用户有权利获取和修改软件源码。

第三种自由是分发的自由。用户有权利复制软件,并将副本分发给其他任何人。分发的副本可以是免费的,也可以是收费的,由每个用户自行决定。用户有权利选择免费分发或收费分发的具体方式。

第四种自由是分发修改过的软件的自由。用户有权利以免费或收费方式将修改后软件分发,以便于社会能从软件的改进中得益。

为了保障这四种自由,斯多曼在一些法律教授的帮助下设计了一种全新的软件许可证,它就是后来对软件行业产生了深远影响的"GNU 通用公共许可证"(GNU General Pubic License,GPL)。GPL 给予了软件用户上述四种自由,但也规定了一系列限制。有趣的是,这些限制的目的不是牺牲用户的自由,而是为了保护这些自由。例如,GPL 的限制之一是,如果任何人使用 GPL 软件为基础开发出了一个新软件,这个新软件也必须是GPL,即必须有上述四种自由。这些限制防止了有人利用自由软件来开发专有软件。

---

① 在自由软件的英文 free software 中,free 有两个意思,即自由和免费。

到了 2000 年,自由软件的理念已经得到了广泛的认可和支持。市面上已经有成千上万种自由软件。斯多曼的 GPL 许可证方式也得到了修改和扩充,出现了 10 余种不同性质的自由软件许可证。人们创造一个新的名词,即开放源码(open source),来泛指种种保证了斯多曼提出的四种自由的软件许可证。这些许可证的区别是它们规定了不同的限制。

例如,GPL 有三个重要的限制:①用户不可以在使用一个受 GPL 许可证保护的软件基础上,加入一些专有软件,构成一个更大的软件。也就是说,一个 GPL 软件的所有部件都必须遵循 GPL 的规定。②用户不可以将一个 GPL 软件加以修改(例如加上了自己创造的软件),然后将修改的部分变成专有软件。也就是说,用户的创造或增值软件应该公开给社会共享。③GPL 软件的用户不可以修改这个软件的 GPL 许可证。

有很多支持开放源码的软件人员认为 GPL 的限制太严了,不利于自由软件的普及。例如,GPL 的第一条限制,就使得 GPL 软件不能与其他软件一起使用。计算机中有一类软件,称为库函数(library,库),它们是人们常常用到的一些底层小型软件。例如计算基本数学函数(sin、log 等)的数学库。专有软件厂商一般都会自动提供这些库函数,而 GPL 软件可能还来不及提供,或效率不够好。如果去除第一条限制,允许 GPL 软件和专有软件混合使用,将能增加 GPL 软件的使用面。于是,斯多曼在 GPL 中特别加入了一个新条款,从 GPL 产生了一种新的许可证,称为 LGPL(library general public licence)。它去除了 GPL 的第一条限制,允许 GPL 软件使用专有的库软件。这样,用户可以使用一个 GPL 编译器,但这个开放源码的编译器可以调用一个专有的数学库软件。开放源码的各种形式如表 1.5 所示。

表 1.5　开放源码的各种形式

例　　子	是否可以包含专有软件部件	修改的部分是否可以变成专有	是否可以重新定义软件许可证
GPL	不可以	不可以	不可以
LGPL	可以	不可以	不可以
FreeBSD	可以	可以	不可以
公有软件(public domain)	可以	可以	可以

FreeBSD 是加州大学伯克利分校开发的另一种开放源码的 UNIX 操作系统。它是一种自由软件,但它的许可证限制更宽松。它甚至允许一个用户修改 FreeBSD,创造出一个新的操作系统,并把它变为己有。限制最松的是被称为公有软件(public domain)的许可证。它实际上几乎没有限制。某个用户甚至可以从网上下载一个公有软件,换一个名字,然后将它当作自己的专有软件来使用和销售。

2000 年 9 月,美国总统信息技术顾问委员会向克林顿总统提交了一份关于开放源码软件的报告,正式建议美国政府在高端计算软件的开发中采用开放源码模式。报告指出:开放源码模式是开发高质量软件的一个良好途径,建议政府热情鼓励软件的开放源码模式,改变采购政策,以便开放源码软件有公平竞争的机会。一些美国政府部门已经要求开放源码软件提供商参与政府项目的软件认证工作,以便能列入政府采购计划。

1.3.3 为什么未来不需要我们

1999 年,中国科学院在北京召开了中美青年科学家前沿研讨会。近百名来自不同学科的青年科学家相聚在一起,研讨信息、材料、生物、资源环境等前沿领域的科学技术问题。作者听到一名材料科学家报告了他的研究小组最近在纳米材料方面的工作,其结果可能有助于产生新型化工材料。

轮到提问的时候,第一个提问的科学家问的不是一个技术问题。他的问题是:"自然界若干亿年的进化,应该是比较优化的过程,但并没有产生你在研究的这类材料。那么,你的材料是不是有一些没有考虑到的,对自然可能有害的缺陷? 更进一步说,你该不该做你现在正在做的研究?"

这位科学家提出的,实际上是一个人们已经争论了很久的古老问题。犹太教和基督教圣经中,有夏娃偷吃禁果的故事。上帝告诫住在伊甸园里的亚当和夏娃,可以吃园里的所有东西,就是不得去碰禁果(智慧果)。中国古文化的一些主要流派,则鼓励人们了解和认识自然大道。亚里士多德断言:"人的本性是追求知识。"

这个问题在 21 世纪变得越来越重要和迫切。这不仅因为科学技术已成为第一生产力,对人类的生产和生活产生巨大影响,还因为人类的科学技术,已经给人类和自然带来了不幸和灾难。

这样的例子是很多的。滴滴涕(DDT)的发明,曾被誉为科技的一大进步,发明者获得了诺贝尔奖,滴滴涕杀虫剂迅速在全球流行。1962 年,雷切尔·卡尔逊(Rachel Carson)出版了《寂静的春天》一书,人们才开始系统地认识到滴滴涕的危害。

生物技术和化学技术的进步,被滥用于研制生物武器和化学武器。美国政府在花费巨资研究生物武器之后,终止了这方面的研究。一个重要原因,是美国政府意识到,研究生物武器不仅要耗费巨资,而且研究出来后,很容易被敌人窃取。因此,研究和拥有生物武器对国家安全的威胁比不研究要大得多。

作者在美国学习的时候,曾听一位美国朋友说过:"你不要把美国想得这么好。美国是世界上唯一使用过原子弹杀害平民的国家。"美国负责原子弹计划(曼哈顿计划)的首席科学家奥本海默后来说过:"物理学家知道了什么是罪恶。"

此外,我们还看到塑料引起的白色污染、抗生素滥用导致更加危险的细菌的产生、环境激素的问题,等等。

长期以来,科技界有一种隐含的假设:科学技术是中性的东西。科技工作者应该致力于研究新科学、获取新知识、开发新技术。至于科学技术的使用及其结果,那是社会和政治家的事。

这个假定成立吗?

我们科技人员是否应该不加选择地从事任何科学技术的研究开发工作? 如果有选择,那么选择的准则是什么? 是我们的好奇心? 是市场需求? 是能够赚钱? 还是另外一些准则?

20 世纪后期以来,资本主义理念在全球占了上风,经济全球化的趋势和各国竞争的加剧,使科学技术越来越商业化。面向市场和赚钱越来越成为选择科学技术研究方向的主流准则。这些准则的基础是培根的名言："知识就是力量。"

知识确实就是力量。

它可能是善良的力量,帮助人类创造安全和美好的未来。

它也可以是邪恶的力量,最终导致人类的自我毁灭。

上面这些问题已经折磨比尔·乔伊(Bill Joy)很久了。2000 年 4 月,乔伊把他的忧虑、他对这些问题的思考和分析,以及他的希望公之于世。比尔·乔伊在美国的《在线》(Wired)杂志上发表了一篇题为《为什么未来不需要我们》的文章。我们将其警示称为"乔伊警示"。

比尔·乔伊指出,我们正在研究的 21 世纪高新技术,可能把人类变成濒危物种。我们可能正在研究下一个未来不需要的技术。

比尔·乔伊的焦虑值得重视,不仅因为这是他近 10 年思考的结果,而且因为他是计算机界一位颇有影响、富于远见和洞察力的专家,在计算机发展史上发挥过重要作用。比尔·乔伊在加州大学伯克利分校念研究生时,参与设计了 BSD UNIX 操作系统。我们今天使用的 UNIX 和 Linux 操作系统中,有好些技术是乔伊发明的。比尔·乔伊后来参与创办了太阳微系统(Sun Microsystems),是硅谷一家富于创新的计算机公司。比尔·乔伊还是 Java 程序语言的共同设计者。他是美国工程院院士,曾任美国总统信息技术顾问委员会主席。

那么,比尔·乔伊提出的警告是什么呢?

在 20 世纪,人类在原子能、生物和化学科学技术领域取得了很大进展。这为人类带来了前所未有的生产力,同时也产生了很多副作用。美国率先投入巨资开发原子弹、生物武器、化学武器这些大规模杀伤武器,一枚这样的炸弹就可以毁灭一个城市。但是,这些武器在研制过程中需要大规模的投入,原子武器还需要精心提炼稀有矿物。因此,只有国家行为才能制造这些武器。

21 世纪的高科技,比这些大规模杀伤武器还要危险得多。计算机技术在今后 30 年仍会按照摩尔定律继续发展。到 2030 年,一块小芯片将比 2000 年的超级计算机性能强大 100 万倍。计算机技术又会推动机器人、基因工程、纳米技术的发展。以今天我们看到的速度发展下去,到 2030 年,人类在智能机器人、基因工程、纳米技术领域将会取得惊人的进展。这些技术不仅可能会带来前所未有的巨大副作用,而且到那个时候,一个小的群体可以很容易利用这些技术制造大规模智能武器。这些 21 世纪武器与原子弹不同的是,只要有知识,少数几个恐怖分子就能制造它们。因此,21 世纪的智能武器将是知识使能的大规模杀伤武器。

比尔·乔伊的担心提示了一个更深层次的问题,那就是科技人员应不应该考虑自己工作的后果,关注自己研究出来的东西对社会、对自然有没有不利的影响。

比尔·乔伊指出,20 世纪的原子能技术、生物技术、化学技术相关的大规模杀伤武器的研究,主要是军方支持,在政府实验室完成。作为强烈对比的是,21 世纪的机器人技术、基因工程技术、纳米技术,却主要是为了商业目的。各个企业都在竞相开发这些技术,以便占领市场、获得高额利润。

当今的时代正在成为一个商业化的时代。我们面临一个危险,那就是科学技术正在变成华尔街的奴仆,被股票市场所左右,它生存的理由就是为了产业竞争、为了公司赚钱。经济全球化也正在成为全球资本主义化。现在,这种全球资本主义已经很少受到挑战,好像变成了人类唯一的选择。

这一切有什么后果呢?

比尔·乔伊认为,这是我们这个星球前所未有的历史性时刻:人类这个物种,正在自愿地毁灭自身,同时也会毁灭地球上的大量其他物种。

人类之所以要这样做,有一个原因是人类的傲慢。我们自认为人是万物之灵,人是自然界的主宰。随着科学技术对自然和人类社会的影响加大,随着科学技术的力量的凸现,我们科技人员也滋生了一种傲慢。我们吹捧"数字英雄",我们认为科技的力量是无穷的,我们可以比自然界干得更好。

比尔·乔伊却不以为然。因为他的老祖母教过他,人必须尊重自然的秩序。在自然面前,我们科技人员应该谦恭。与天工造物相比,我们人类构造的系统显得那么脆弱和低效。尤其是我们的计算机软件系统,实在应该令我们汗颜。但是,我们科技人员的傲慢、我们人类的傲慢,却蒙蔽了我们的智慧和洞察力,让我们看不清未来的危险。

如何消除这个危险呢?

比尔·乔伊并没有找到理想的答案,但他列举了几种思路。

第一类人的意见是,比尔·乔伊的担心完全是杞人忧天。比尔·乔伊所讨论的危险,人们以前早就思考过了。专家们还专门研究过这些问题,出过专著和论文。对这类回答,比尔·乔伊完全不能接受。对涉及人类存亡的危险,光是说已经研究过、专家们已经知道了,是远远不够的。专家们有没有提出切实可行的解决办法? 有没有考虑到 21世纪科学技术新发展的影响? 更重要的,老百姓知不知道这种危险?

第二类人则提出有矛就有盾的思路。对于原子武器之矛,我们可以开发出像国家导弹防御体系(NMD)这样的盾。对于纳米技术可能造成的危害,我们也可以构造一个覆盖地球生物圈的纳米防护网。但已经有很多科学家指出,这种思路是很危险的。首先,这样的盾很难建造。其次,建造这种盾所发展出来的技术,很可能被用来产生更加危险的武器。第三,这些盾会有意料不到的副作用。例如,纳米防护网很可能会演生出自身免疫问题,转过来攻击它所要保护的生物圈。

第三类人的思路是有选择地放弃一些科学技术的研究。这也是比尔·乔伊倾向的做法。一个例子是,近年来各国政府都出台了一些法律禁止克隆人的研究。但乔伊的想法更进了一层,就是科技人员应该主动放弃一些方向的研究,而不是等政府来禁止。这就像当年美国政府启动了"星球大战"研究计划,一些美国科学家拒绝参与一样。但是,如果各个公司出于商业利益不加节制地研究机器人、基因工程、纳米技术,只是一些科学家拒绝参与能起多大作用呢?

第四类人的思路是我们应该从更高层次寻求答案。人类除了科学技术的交流、知识的交流之外,还要多进行智慧的交流、文化的交流。也许,从东西方文化的融合中,我们可以发现避免危险的智慧。

说到底,比尔·乔伊的问题变成了一个哲学问题。科学技术的目的是什么? 人类到底应该追求什么?

比尔·乔伊介绍了当代法国作家雅克·阿塔利(Jacques Attali)的思想和他描述的人类理想追求的演变：

- 在人类社会建立之初，人们将地球上的人生看成痛苦，而认为死亡将会把人们带到天国，带到上帝之旁。因此，人类的第一个理想追求是**永生**。
- 其后，希伯来人和希腊人敢于跳出神学的桎梏，梦想着在今生、在地球上建立理想的城市王国，那儿的追求是人的**自由**。
- 其后，人们发现随着市场经济的发展，一些人的自由导致了另一些人的异化，于是先哲们寻求**平等**。
- 今天，人们正在追求第四个理想王国，它的特征是**博爱**(fraternity)。这个理想的基础是利他主义，每个人的幸福是与他人的幸福联系在一起的。每个人在帮助他人的过程中，在为他人服务的过程中，得到自我满足。

也许，要解决比尔·乔伊的问题，人们必须认识到科学技术的局限。人类正在步入知识经济的时代。但知识不是万能的，经济不是万能的，科学技术更不是万能的。

在人类的知识之上还有人类的智慧。

在人类的智慧之上还有人类的爱心。

1.4　编 程 练 习

本书所有的编程练习参见 6.7 节。

练习：在自己的计算机上安装 Go 环境，并运行 Hello 程序。

考虑一个简单的计算过程：通过特定的符号变换产生姓名编码。这个符号变换是：每个同学将自己姓名的汉语拼音的字符相加，并打印出结果数值。该练习涉及三类符号，即汉语拼音字符串(例如 Xu Zhi Wei)、整数数值符号(例如 861)、三个十进制数值字符(例如 8、6、1)。

实例：字符相加程序。我们可以将"汉语拼音的字符相加"简化等同于这些字符的 ASCII 编码值的十进制相加，忽略拼音的声调。例如，"徐志伟"同学的姓名编码是 861，因为"徐志伟"同学的汉语拼音共包含 10 个字符(注意不要忽略两个空格)，即 Xu Zhi Wei。采用 ASCII 编码，其相加之和是 $88+117+32+90+104+105+32+87+101+105=861$。该字符相加程序最后应打印出 8、6、1 三个字符。

练习：用 Go 编程语言实现自己姓名的字符相加编码符号变换。

6.7 节提供了供参考的 Go 语言代码样例 name_to_number.go。由于这是同学们的第一个编程练习，我们从数字符号表示和变换角度，逐行讲解代码语句，仔细梳理一遍该程序，以便于同学们理解在计算机中如何表示和变换数字符号。

Go 语言程序 name_to_number.go 的源码共有 21 行语句代码。在 6.7 节中，加上便于理解的空行和注释，一共有 35 行。

```
1    package main
2    import "fmt"
```

```
3   func main(){
4     var name string="Xu Zhi Wei"
5     var sum int=0
6     var i int
7     for i=0; i<len(name); i++{
8         sum=sum+int(name[i])
9     }
10    var sum_bytes [5]byte
11    var j int
12    for j=len(sum_bytes)-1; sum !=0; j--{
13        sum_bytes[j]=byte(sum %10)+'0'
14        sum=sum / 10
15    }
16    var k int
17    for k=j+1; k<len(sum_bytes); k++{
18        fmt.Printf("%c", sum_bytes[k])
19    }
20    fmt.Println()
21  }
```

1. 代码 1～3 行，第 21 行

本课程的编程练习都要用到下列代码，使用了 10 个数字符号：即 package、main、import、"、func、main、(、)、{、}。其中，第 21 行的}与第 3 行的{配对。

```
package main
import "fmt"
func main(){…}
```

Go 语言程序都放在软件包里面。软件包简称包，即 pakage。每个程序都以声明一个该程序所在的"main 包"开始，即名字为 main 的软件包。下一条语句 import "fmt" 导入了 Go 语言系统自带的软件包 fmt，它包含了程序需要使用的打印函数 fmt. Printf、fmt. Println 等。第三个语句声明了程序的主函数 func main(){…}。可以看出，数字符号不仅可以用于表示各种数据，也可以用于表示程序操作。

2. 代码 4～9 行

在 func main(){…}中，用省略号表示的主函数的函数体中共有 17 行代码。注意第 3 行的{与第 21 行的}配对；第 7 行的{与第 9 行的}配对；第 12 行的{与第 15 行的}配对；第 17 行的{与第 19 行的}配对。

第 4 行代码

```
var name string="Xu Zhi Wei"
```

声明了一个名字为 name 的数字符号，它是一个变量，类型为字符串(string)，初始值是

Xu Zhi Wei 10 个 ASCII 字符编码。本行代码执行之后,计算机的内存中就有了一个字符串变量,它的长度 len(name) 为 10,即有 10 个位置,每个位置 name[i] 对应一个字节 (8bit),i=0,1,2,…,9。这 10 个位置依次放置了 Xu Zhi Wei 10 个字符的 ASCII 码,即 name[0]="X"=88,name[1]="u"=117, name[2]=" "=32,name[3]="Z"=90,name[4]="h"=104,name[5]="i"=105,name[6]=" "=32,name[7]="W"=87,name[8]="e"=101,name[9]="i"=105。

第 5～9 行代码通过一个循环语句将这 10 个 ASCII 码求和,使用了两个 64bit 整数变量 i 与 sum。它们的初始值都是 0。注意第 6 行没有显式赋予 i 初值,默认初值为 0。

```
5    var sum int=0
6    var i int
7    for i=0; i<len(name); i++{
8    sum=sum+int(name[i])
9    }
```

循环语句 for i=0;i<len(name);i++{sum=sum+int(name[i])} 第一次执行时,i=0<10,执行循环体 sum=sum+int(name[i]),即 sum=0+int(name[0])=0+int(88)=88;然后再执行增量操作 i++,即 i=i+1=0+1=1。再判断 i=1<10,执行循环体,增量 i++……一直循环到 i=10 时,此时 i<len(name) 不再成立,循环语句完成,不再执行循环体。我们得到了正确的求和 sum=861。

为什么循环体是 sum=sum+int(name[i]),而不是 sum=sum+name[i]?

让我们在比特精准层次再仔细看一看 sum=0+int(name[0])。采用十六进制表示,我们有

$$sum =0+int(name[0])=0x0000000000000000+0x0000000000000058$$
$$=0x0000000000000058$$

但是,如果采用 sum=0+name[0],我们会得到

$$sum=0+name[0]=0x0000000000000000+0x58$$

整数 0 的类型是 64bit,其十六进制表示是 0x0000000000000000。字符"X"的类型是单字节 ASCII 码,即八比特自然数,其十六进制表示是 0x58。整数 0 与字符"X"是两种数据类型的数字符号,不能直接相加,会出现类型错误。这是计算机科学"比特精准"的一个实例体现。

3. 代码 10～15 行

得到了正确的求和 sum=861 之后,我们需要将 861 这个整数结果值变换成"8"、"6"、"1"三个 ASCII 字符,并逐个字符打印出来。

第 10～15 行代码通过一个循环语句从 sum 抽出"8"、"6"、"1"三个 ASCII 字符,放在一个新的变量 sum_bytes 中。我们需要先声明这个新变量。第 10 行代码

```
10   var sum_bytes [5]byte
```

声明了一个名字为 sum_bytes 的数字符号,它是一个变量,类型为 5 个元素的字节数组,

初始值是 ASCII 码 0(0x00,即空字符)。本行代码执行之后,计算机的内存中就有了一个字节数组变量,它的长度 len(sum_bytes) 为 5,即有 5 个位置,每个位置 sum_bytes[j] 对应一个字节(8bit),i＝0,1,2,3,4。这 5 个位置都放置了 0x00,即 sum_bytes[0]＝0x00,sum_bytes[1]＝0x00,sum_bytes[2]＝0x00,sum_bytes[3]＝0x00,sum_bytes[4]＝0x00。

下面几条语句采用求余法从低位往高位抽出"8"、"6"、"1"三个 ASCII 字符,即先抽出"1"放在 sum_bytes[4]中,再抽出"6"放在 sum_bytes[3]中,再抽出"8"放在 sum_bytes[2]中。变量 sum 的值依次为 861、86、8、0。

```
11   var j int
12   for j=len(sum_bytes)-1; sum !=0; j--{
13       sum_bytes[j]=byte(sum%10)+'0'
14       sum=sum / 10
15   }
```

第 12～15 行的循环语句第一次执行时,sum＝861! ＝0,执行循环体,即

sum_bytes[4]=byte(sum%10)+'0'=byte(861%10)+'0'=byte(1)+'0'=0x01+0x30=0x31='1'
sum=sum/10=86

然后再执行减量操作 j－－,即 j＝j−1＝4−1＝3。
循环语句第二次执行时,sum＝86! ＝0,执行循环体,即

sum_bytes[3]=byte(sum%10)+'0'=byte(86%10)+'0'=byte(6)+'0'=0x06+0x30=0x36='6'
sum=sum/10=8

然后再执行减量操作 j－－,即 j＝j−1＝3−1＝2。
循环语句第三次执行时,sum＝8! ＝0,执行循环体,即

sum_bytes[2]=byte(sum%10)+'0'=byte(8%10)+'0'=byte(8)+'0'=0x08+0x30=0x38='8'
sum=sum/10=0

然后再执行减量操作 j－－,即 j＝j−1＝2−1＝1。
循环语句第四次执行时,sum＝0,判断条件(sum !=0)不再成立,循环语句完成,不再执行循环体,继续执行下一条语句,即第 16 行代码。此时,sum_bytes 数组中放置了正确的 ASCII 码 sum_bytes[0-4]＝(0, 0, '8', '6', '1')＝(0x00, 0x00, 0x38, 0x36, 0x31)。

我们再仔细看看第 13 行代码。为什么是 sum_bytes[j]＝byte(sum % 10)＋'0',而不是直接使用 sum_bytes[j]＝sum % 10?

第一次循环时,sum＝861,sum % 10 的结果是 64 位整数 1,并不是符号'1'的 ASCII 码 0x31。从 ASCII 编码表可以看出,要从 0,1,…,9 得到对应的正确的 ASCII 码,需要将 sum % 10 的结果加上符号'0'的 ASCII 码 0x30,即 sum_bytes[j]＝(sum % 10)＋'0'。再考虑到数据类型的匹配('0'是 byte 类型),正确的语句是 sum_bytes[j]＝byte(sum % 10)＋'0'。

4. 代码 16～20 行

这几行代码将存放在 sum_bytes 中的"8"、"6"、"1"三个 ASCII 字符依次逐个打印出来。代码 fmt. Printf("％c", sum_bytes[k])调用了系统提供的 fmt 包中的 Printf 函数。第一个参数"％c"说明打印格式是打印一个字符,第一个参数说明打印字符的值。

fmt. Println()调用了 fmt 包中的 Println 函数,打印出一个空行,使结果更好看。可以尝试删除 fmt. Println()语句,重新编译并运行 name_to_number. go,看得到什么效果。

1.5　习　　　题

本章的习题主要是思考题。不建议教师提供标准答案。可请同学们在全班分享自己的独立见解,甚至安排学术辩论。

1. 列出九类不同的数字符号的实例。要点：是九类,不是九个。0、1、2、3、4、5、6、7、8、9 有 10 个符号,但都属于一类。

2. 列出五类不同的计算操作的实例。

3. 列出三类不同的计算过程的实例。

4. 学术辩论。正方辩题：莱布尼茨独立发明了二进制;反方辩题：莱布尼茨受先天八卦影响发明了二进制。

5. 给出计算机在解决 30 亿个数求和问题时能够自动执行的充分必要条件。

6. 给出计算机在解决任意可计算问题时能够自动执行的充分必要条件。

7. 给出从亲身经历中知道的滴漏效应和反向滴漏效应的实例。

8. 库米定律好像是错的。它说计算机的性能功耗比每 1.57 年会翻一番,那么每 10 年会提高 81 倍。但是,过去 10 年智能手机的发展好像并不是如此。10 年前,智能手机充满电后的续航时间大约是一天。如果库米定律是对的话,那是不是说,10 年后的今天,智能手机每 81 天才需要充一次电? 请解释这个矛盾。

9. 给出巴贝奇问题的一个当代例子：什么是今天看来有效的计算机?

10. 给出布什问题的一个当代例子：什么是今天的信息互联问题和计算机的使用模式问题?

11. 给出图灵问题的一个当代例子：什么是今天的计算智能?

12. 说明自由软件、免费软件、开放源码软件的区别。

13. 乔伊警示与计算机科学有什么关系?

14. 能否在计算机中实现中文草书? 例如,输入《丧乱帖》的一串汉字编码,能否在屏幕上出现相应的王羲之草书或张旭草书?

15. 程序 name_to_number. go 涉及多少类数字符号? 多少类对数字符号的操作? 请尽量列出全部类别。

提示：请自行合理定义数字符号类别,以及操作类别。对数据而言,数据类型可作为类别的依据。

第 2 章

计算模型与逻辑思维

第 1 章讲述了计算机科学的发展概貌。我们看到,自 ENIAC 发明以来,计算机的能力(计算速度)进入了随时间指数增长的轨道。历史发展还验证了巴贝扬断言:计算速度是像黄金一样的硬通货,可以换成其他产品和服务。计算能力的指数增长使得计算机、计算机科学、计算思维日益渗透到人类社会生产生活的各个方面,产生了许许多多的使用模式和计算机应用。它们都是通过运行在**计算机**上的**计算过程**体现的。

但是,我们尚未讨论计算机科学的一个根本问题:计算过程可以用来解决什么问题?这个问题还可以有多个变种与细化:

- 计算过程可以用来解决什么问题?
- 存不存在计算过程不可解的问题?
- 存不存在一种通用计算机? 什么是通用计算机? 通用是何含义?

我们可以将计算过程理解为在通用计算机上通过操作数字符号变换信息的过程。操作数字符号的最基本的理论模型是布尔逻辑,需要考虑状态时的基本理论模型是图灵机。本章将讨论布尔逻辑和图灵机,并对上述问题给出明确的回答:

- 计算过程可以用来解决图灵可计算问题。
- 存在计算过程不可解的问题。
- 存在通用计算机,即任何合理定义的计算机都可被该通用计算机模拟。

逻辑思维是一种普遍的能力和思维方式,在其他学科,尤其是数学,体现最为明显。在当代计算机科学中,逻辑思维或**计算逻辑思维**特指这样的思维方式:**以布尔逻辑和图灵机为基础,精准地对问题建模**,或者说对解决该问题的计算过程建模,**定义并验证求解方法的正确性**。同时,这种方法具备**通用性**,即布尔逻辑和图灵机足以对所有可计算问题建模。

2.1 从一个实例看逻辑思维

实例:探险者难题。一位探险者在奥斯仙境旅行,他想要去翡翠城,但路上必须经过说谎国。说谎国的人永远说谎话,而诚实国的人永远讲真话。一天探险者走到了一个岔路口,两条路分别通向诚实国和说谎国。他不知道哪一条路是去说谎国的路。正在他犹豫不决的时候,路上来了两个人,已知其中一个来自诚实国,另一个来自说谎国。探险者需要问这两个人哪一条是去往说谎国的路,请问他应该怎么问?

　　要求:探险者只能问一次问题,而且答案只能是"是"或者"否"。

　　解答:为了叙述方便,将这两个人分别称为 A 和 B,两条路分别记为 s 和 t。探险者的一种提问方法如下。问 A:"你对于'你来自诚实国'和'路 s 通往说谎国'这两个问题的回答是相同的吗?"如果 A 回答"是",则应该走 s 这条路;若 A 回答"否",则应该走 t 这条路。

　　上面的提问方式有一些复杂,下面给上述解答一下简单的证明,希望从中体现出逻辑的作用。其中会用到一些逻辑的符号和推理,其含义在后面的章节中将会做具体介绍,暂时不能完全看懂也没关系。这里分别用 $A=1$ 表示 A 来自诚实国,用 $A=0$ 表示 A 来自说谎国,同理 $B=1$ 和 $B=0$ 分别表示 B 来自诚实国和说谎国。用 $s=1$ 表示走路 s 可以到说谎国,用 $s=0$ 表示走路 s 不能够到说谎国(即走路 t 可以到说谎国)。注意,无论问 A 还是 B"你来自诚实国吗?"回答总是"是"。但是如果问 A:$A \oplus s=?$(A 与 s 的异或,即 A 与 s 是否相等。若相等,值为 0;否则值为 1)。无论 A 的值是 1 还是 0,其回答总是 $\neg s$(因为若 $A=0$ 则 A 将说谎)。

　　因此,如果 $A \oplus s=0$,则 A 回答"是"(两个问题答案相同),则 $s=1$,则应该走 s 这条路,否则应该走 t 这条路。

2.2　逻辑思维要点

学习计算机科学的逻辑思维需要掌握四个要点:

- 以布尔逻辑和图灵机为基础,精准地对问题建模,或者说对解决该问题的计算过程建模,定义并验证求解方法的**正确性**。
- 上述方法具备**通用性**,即布尔逻辑和图灵机足以对所有可计算问题建模。
- 布尔逻辑和图灵机并不是无所不能的。存在不可计算的问题。存在着**悖论**和**不完备定理**。
- 计算机科学的逻辑思维**有别于**其他科学的逻辑思维。一个区别是计算机科学的逻辑思维强调比特层次的精准性;另一个区别是计算机科学的逻辑思维具备能够机械地自动执行的特点。

2.2.1　布尔逻辑

布尔逻辑的基本概念包括命题、连接词、真值表、基本性质、谓词逻辑、定理机器证明。

1. 命题

命题分简单命题和复合命题,像"今天下雨""$x^2 \geqslant 0$""π 是超越数"都是简单命题,"$y<3$,并且 $y>0$""a 是素数,并且 $a \equiv 1 \pmod 4$"等都是复合命题。

计算机使用布尔逻辑(Boolean logic)表征命题逻辑(proposition logic),在布尔逻辑中只有两个值:"真(true,T)"和"假(false,F)"。假定所有的命题,或者为真命题,或者为假命题,用 1 表示"真",0 表示"假"。

2. 连接词

简单命题可以通过连接词组成复合命题。常见的连接词包括与、或、非、蕴涵、异或。

- 合取符号 $\wedge$,即"与"(conjunction, and):$x \wedge y = 1$ 当且仅当 $x = y = 1$,也就是说,只要 x 和 y 中有一个为假,那么 $x \wedge y$ 为假。例如,$x^2 < 1$ 的解,$x > -1$ 并且 $x < 1$(即 $-1 < x < 1$)可以记作 $(x > -1) \wedge (x < 1)$。

- 析取符号 $\vee$,即"或"(disjunction, or):$x \vee y = 0$ 当且仅当 $x = y = 0$,也就是说只要 x 和 y 中有一个为真,那么 $x \vee y$ 为真。例如,$x^2 \geqslant 1$ 的解,$x \leqslant -1$ 或者 $x \geqslant 1$ 可以记做 $(x \leqslant -1) \vee (x \geqslant 1)$。

- 非符号 $\neg$(negation, not):$\neg x = 0$ 当且仅当 $x = 1$,即非 x 为假当且仅当 x 为真。通常也用 $\bar{x}$ 表示命题 x 的非,例如,$\overline{x \vee y} = \neg(x \vee y)$。由于布尔逻辑中只有 0 和 1 两个值,因此 $\neg(\neg x) = x$,即否定之否定即为肯定。

- 蕴涵符号 $\rightarrow$(implication):$x \rightarrow y = 1$ 当且仅当 $x = 0$ 或者 $y = 1$,即前提为假或者结论为真。这里要特别注意,当前提为假的时候,不管结论是否正确,此命题都是真命题。一个例子:山无陵,江水为竭,冬雷震震,夏雨雪,天地合,乃敢与君绝。

- 异或符号 $\oplus$(exclusive or):$x \oplus y = 1$ 当且仅当 $x \neq y$,即异或能用来判断 x 与 y 是否相等。如果把 x 和 y 都当作数值来看,那么 $x \oplus y = x + y \pmod 2$。需要特别注意 $1 \oplus 1 = 0$,因此异或常被用来做取补的运算。

3. 真值表

可以将所有变量的全部可能取值以及所对应的最终函数值都列在一个表里,此即一个布尔函数的真值表。表 2.1 列出了合取、析取、非、蕴涵以及异或的真值表。

表 2.1 合取、析取、非、蕴涵、异或操作的真值表

x	y	$x \wedge y$	$x \vee y$	$\neg x$	$x \rightarrow y$	$x \oplus y$
0	0	0	0	1	1	0
0	1	0	1	1	1	1
1	0	0	1	0	0	1
1	1	1	1	0	1	0

4. 基本性质

下面列出了关于合取、析取、非、异或的一些基本性质(交换律、结合律、分配律和 De Morgan 律),我们在此略去这些性质的证明过程,请读者利用真值表自行验证。

(1) $x \vee 0 = x, x \vee 1 = 1$。

(2) $x \wedge 0 = 0, x \wedge 1 = x$。

（3）$x \wedge \bar{x} = 0, x \vee \bar{x} = 1$。

（4）$x \oplus 0 = x, x \oplus 1 = \bar{x}$。

（5）交换律：$x \wedge y = y \wedge x, x \vee y = y \vee x, x \oplus y = y \oplus x$。

（6）结合律：$x \wedge (y \wedge z) = (x \wedge y) \wedge z, x \vee (y \vee z) = (x \vee y) \vee z, x \oplus (y \oplus z) = (x \oplus y) \oplus z$。

（7）分配律：$x \wedge (y \vee z) = (x \wedge y) \vee (x \wedge z), x \vee (y \wedge z) = (x \vee y) \wedge (x \vee z)$。

（8）De Morgan 律：$\overline{x \wedge y} = \bar{x} \vee \bar{y}, \overline{x \vee y} = \bar{x} \wedge \bar{y}$。

借助 De Morgan 律，可以推出 $x \wedge y = \overline{\bar{x} \vee \bar{y}}$，以及 $x \vee y = \overline{\bar{x} \wedge \bar{y}}$，因此可以将一个命题中的所有"与"都去掉，替换成为"或"和"非"。同样，可以把一个命题中所有的"或"去掉，替换成"与"和"非"。

对于"蕴涵"和"异或"，也可以将它们表示成关于"与""或"和"非"的命题，进而可以只用"与"和"非"（或者"或"和"非"）来表示。

（9）$x \rightarrow y = \bar{x} \vee y$。

（10）$x \oplus y = (\bar{x} \wedge y) \vee (x \wedge \bar{y}), x \oplus y = (x \vee y) \wedge (\bar{x} \vee \bar{y})$。

对于一些更加复杂的命题，例如，$(x \oplus y) \rightarrow z$，是否能够也将其写成只包含"与""或"和"非"的命题呢？答案是肯定的。一种方式是反复借助上述基本性质进行展开。另外一种重要的方法是借助真值表来进行展开。首先列出 $(x \oplus y) \rightarrow z$ 的真值表，如表 2.2 所示。

表 2.2　$(x \oplus y) \rightarrow z$ 的真值表

x	y	z	$(x \oplus y) \rightarrow z$
0	0	0	1
0	0	1	1
0	1	0	0
0	1	1	1
1	0	0	0
1	0	1	1
1	1	0	1
1	1	1	1

从表中可以看出，当 (x, y, z) 的取值分别是 $(0, 0, 0)$、$(0, 0, 1)$、$(0, 1, 1)$、$(1, 0, 1)$、$(1, 1, 0)$、$(1, 1, 1)$ 的时候，函数 $(x \oplus y) \rightarrow z$ 的取值为真。对于 $(0, 0, 0)$，可以用一个由"与"和"非"连接的命题 $\bar{x} \wedge \bar{y} \wedge \bar{z}$ 与之对应，命题 $\bar{x} \wedge \bar{y} \wedge \bar{z}$ 为真当且仅当 (x, y, z) 的取值为 $(0, 0, 0)$。对于其他五项，同样可以写出相应的由"与"和"非"连接的命题：$\bar{x} \wedge \bar{y} \wedge z, \bar{x} \wedge y \wedge z, x \wedge \bar{y} \wedge z, x \wedge y \wedge \bar{z}$ 和 $x \wedge y \wedge z$。最后将这六个命题用"或"连接如下：

$$(\overline{x} \wedge \overline{y} \wedge \overline{z}) \vee (\overline{x} \wedge \overline{y} \wedge z) \vee (\overline{x} \wedge y \wedge z) \vee (x \wedge \overline{y} \wedge z)$$
$$\vee (x \wedge y \wedge \overline{z}) \vee (x \wedge y \wedge z)$$

这就给出了 $(x \oplus y) \to z$ 的表示,或者说,上述由"或"连接起来的"与""非"式的真值表就是表 2.2。这是因为:上述式子是若干命题的析取连接("或")在一起。根据"或"的性质,上式值为"真"当且仅当其中至少某一个子命题为"真"。而每一个子命题都是若干命题变元(或者它们的"非")的合取("与"),其值为真当且仅当 (x, y, z) 取所需的某一个值。所以

$$(x \oplus y) \to z = (\overline{x} \wedge \overline{y} \wedge \overline{z}) \vee (\overline{x} \wedge \overline{y} \wedge z) \vee (\overline{x} \wedge y \wedge z)$$
$$\vee (x \wedge \overline{y} \wedge z) \vee (x \wedge y \wedge \overline{z}) \vee (x \wedge y \wedge z)$$

上述这种通过将真值表中的每一个取值为 1 的行对应到一个"与"(合取)连接式,最后用"或"(析取)将所有各行对应的命题连接起来的表示,称作这一命题的"**析取范式**"。

定理:任何一个有 n 个变元的命题 $F(x_1, x_2, \cdots, x_n)$,一定可以表示成如下的析取范式:

$$F(x_1, x_2, \cdots, x_n) = Q_1 \vee Q_2 \vee \cdots \vee Q_m$$

其中每一个 Q_i 都是这 n 个变元或其"非"的合取("与")连接式,即 $Q_i = l_1 \wedge l_2 \wedge \cdots \wedge l_n$, $l_j = x_j$ 或者 $\overline{x_j}$。

整个析取范式的长度 m 是命题 F 的真值表中函数值为 1 的行数,每一个 Q_i 恰好对应其中一行,在 Q_i 中每一个变量都会出现,如果这一行中对应的变量 x_j 取值是 1,则 $l_j = x_j$,如果对应的 x_j 取值是 0,则 $l_j = \overline{x_j}$。

读到这里善于思考的读者自然会问一个问题:如果我们从真值表里的 0 出发,是否也能够写出 $(x \oplus y) \to z$ 的表示?这个问题的答案也是肯定的。可以为值为 0 的两行 $(0, 1, 0)$ 和 $(1, 0, 0)$ 写出其用"或"连接的表示:$x \vee \overline{y} \vee z$ 和 $\overline{x} \vee y \vee z$,注意这里写的方式和之前是有区别的。最后使用"与"将两项连接起来,即:

$$(x \oplus y) \to z = (x \vee \overline{y} \vee z) \wedge (\overline{x} \vee y \vee z)$$

对于这样一个表示,称之为 $(x \oplus y) \to z$ 的"**合取范式**"。

定理:任何一个有 n 个变元的命题 $F(x_1, x_2, \cdots, x_n)$,一定可以表示成如下的合取范式:

$$F(x_1, x_2, \cdots, x_n) = Q_1 \wedge Q_2 \wedge \cdots \wedge Q_m$$

其中每一个 Q_i 都是这 n 个变元或其"非"的析取("或")连接式,即 $Q_i = l_1 \vee l_2 \vee \cdots \vee l_n$, $l_j = x_j$ 或者 $\overline{x_j}$。

整个析取范式的长度 m 是 F 的真值表中值为 0 的行数,每一个 Q_i 对应其中一行,在 Q_i 中每一个变量都会出现,如果这一行中对应的变量 x_j 取值是 0,则 $l_j = x_j$,如果对应的 x_j 取值是 1,则 $l_j = \overline{x_j}$。

例题:试分别写出 $x \to (y \oplus z)$ 的合取范式和析取范式。

解:首先列出 $x \to (y \oplus z)$ 的真值表如表 2.3 所示。

表 2.3　$x \to (y \oplus z)$ 的真值表

x	y	z	$x \to (y \oplus z)$
0	0	0	1
0	0	1	1
0	1	0	1
0	1	1	1
1	0	0	0
1	0	1	1
1	1	0	1
1	1	1	0

分别根据真值表中的 0 和 1 的行可以写出相应的合取范式和析取范式如下：

$$x \to (y \oplus z) = (\bar{x} \vee y \vee z) \wedge (\bar{x} \vee \bar{y} \vee \bar{z})$$

$$x \to (y \oplus z) = (\bar{x} \wedge \bar{y} \wedge \bar{z}) \vee (\bar{x} \wedge \bar{y} \wedge z) \vee (\bar{x} \wedge y \wedge \bar{z}) \vee (\bar{x} \wedge y \wedge z)$$
$$\vee (x \wedge \bar{y} \wedge z) \vee (x \wedge y \wedge \bar{z})$$

思考题：有 n 个变量的不同的布尔函数的个数一共有多少？

让我们从简单的情形开始：

零元的布尔函数（常函数）有 1 和 0，一共 2 个。

一元的布尔函数有 $1, 0, x$ 和 $\bar{x}$，一共 4 个。

二元的布尔函数有 $1, 0, x, \bar{x}, y, \bar{y}, x \wedge y, x \vee y, x \oplus y, \cdots$。

这样一个一个地去数很容易发生遗漏，下面从另一个角度来看这个问题。考虑函数的真值表，二元函数真值表一共有 $2^2 = 4$ 行，每一行的值可以是 0，也可以是 1，一共两种选择，因此根据乘法原理，所有不同的可能性有 $2^4 = 16$ 种，即不同的布尔函数有 16 个。如果要一一列出所有的这些函数，可以通过真值表的方式，也可以通过写出它们的合取（析取）范式的形式。

仿照上面的推理，可以从 2 元布尔函数推广到一般的 n 元布尔函数：n 元布尔函数的真值表一共有 2^n 行，因此不同的布尔函数一共有 2^{2^n} 个。

5. 谓词逻辑

谓词逻辑（predicative logic）也称**一阶逻辑**（first-order logic）。谓词逻辑与简单命题逻辑的区别在于它还额外包含了断言和量化。

所谓断言是一个会传回"真"或"假"的函数。考虑下列句子："苏格拉底是哲学家""柏拉图是哲学家"。在命题逻辑里，上述两句被视为两个不相关的命题，分别记为 p 及 q。在一阶逻辑里，上述两句可以使用断言以更加相似的方法来表示：如果用 $\mathrm{Phil}(x)$ 表示 x 是哲学家，那么，若 a 代表苏格拉底，则 $\mathrm{Phil}(a)$ 为第一个命题 p；若 b 代表柏拉图，则 $\mathrm{Phil}(b)$ 为第二个命题 q。

量化通过量词来体现。在自然语言中我们常常会使用"所有""某些"等量词，在谓词逻辑中有两个量词,分别是**全称量词** $\forall$ 和**存在量词** $\exists$。前者等同于"每一个""所有""一切"等,后者等同于"存在着""至少有一个"。

例题:任何一个自然数,要么它本身为偶数,要么加 1 后为偶数。

$\forall n[\mathrm{Even}(n) \vee \mathrm{Even}(n+1)]$,其中断言 $\mathrm{Even}(n)$ 表示 n 是偶数。

例题:存在末四位是 9999 的素数。

$\exists n[\mathrm{Prime}(n) \wedge (n \equiv 9999(\bmod\ 10^4))]$,其中断言 $\mathrm{Prime}(n)$ 表示 n 是素数。

一个命题中可以存在多个量词。有多个量词的命题中,量词的顺序将可能表达着完全不同的含义,因此不能随意修改量词的顺序。请看下面的例子,其中第一个是真命题,第二个是假命题。

例题:对于任意 x,都存在 y,使得 $y=x+1$。

$\forall x, \exists y(y=x+1)$。

例题:存在一个 y,对于任意的 x,都有 $y=x+1$。

$\exists y, \forall x(y=x+1)$。

量词的范围。可以为每个量词后面的变量指定一个特定的取值范围,这个范围被称为这个变量的论域或量化范围。

例题:任意有理数都可以写成两个整数的商。

$\forall x \in \mathbb{Q}, \exists p,q \in \mathbb{Z}\left[x=\dfrac{p}{q}\right]$($\mathbb{Q}$、$\mathbb{Z}$ 分别代表有理数集合和整数集合,下同)。其中,变量 x 的论域为有理数,p 和 q 的论域为整数。

例题:存在无穷多个素数。

$\forall n \in \mathbb{N}, \exists m \in \mathbb{N}, \forall p,q \in \mathbb{N}, p,q>1[(m>n) \wedge (m \neq pq)]$($\mathbb{N}$ 代表自然数集合,下同)。

解释:这里用 m 表示所论述的素数。一个自然数是素数意味它不能写成两个大于 1 的自然数的乘积。因此,在表达式中,将其写为任意两个大于 1 的自然数 p 和 q 的乘积都不等于 m。为了表达出这样的 m 有无穷多个,引入一个中间变量 n,不论 n 有多大,总是有比它更大的素数 m 存在。

例题:对于 $n>2$,丢番图方程 $x^n+y^n=z^n$ 不存在非平凡整数解。

$\forall a,b,c,n \in \mathbb{Z}[(abc \neq 0) \wedge (n>2) \rightarrow (a^n+b^n \neq c^n)]$。

解释:丢番图方程的平凡解是指 x、y、z 中有一个变量为 0 的整数解,对于这里讨论的费马方程 $x^n+y^n=z^n$ 这类解总是存在的,例如,$x=0$,$y=z$,因此我们更关心一个丢番图方程是否存在非平凡的整数解。"不存在"等价于"任意……都不",上述式子用"任意 a、b、c 都不"来替代"不存在 a、b、c",上式中用 $abc \neq 0$ 来表示 a、b、c 都不等于 0。

上述例子中使用了如下性质:

性质:$\neg(\exists x F(x)) = \forall x \neg F(x)$,$\neg(\forall x F(x)) = \exists x \neg F(x)$。

例题:存在无穷多对孪生素数。

$\forall n \in \mathbb{N}, \exists m \in \mathbb{N}, \forall p,q \in \mathbb{N}[(m>n) \wedge ((p,q>1) \rightarrow (pq \neq m) \wedge (pq \neq m+2))]$。

解释:孪生素数是指差为 2 的两个素数。在上式中,对于任意两个大于 1 的正整数 p 和 q,m 和 $m+2$ 都不能表示成它们的乘积,也就是说 m 和 $m+2$ 是一对孪生素数。而

对于任意大的 n，总是存在比它大的 m，保证 m 和 $m+2$ 是一对孪生素数，这样就刻画了孪生素数有无穷多对。此猜想被称为"孪生素数猜想"。

例题：对于任何一个正整数 n，如果是奇数则乘 3 并加 1，如果是偶数则除于 2，重复此过程最终总可以得到 1。

$$\forall n, \exists m, [f^{(m)}(n)=1], \text{其中}, f(n)=\begin{cases} 3n+1, & n\equiv1(\bmod\ 2) \\ \dfrac{n}{2}, & n\equiv0(\bmod\ 2) \end{cases}。$$

解释：这里 $f^{(m)}(n)$ 表示将 f 复合作用在 n 上 m 次，即 $f(f(\cdots f(n)\cdots))$。这个猜想被称为"角谷猜想"，或者"奇偶归一猜想""$3n+1$ 猜想"等，目前这个猜想还未被解决。

6. 定理机器证明

机器证明又称数学机械化，就是要求在运算或证明过程中，每前进一步之后，都有一个确定的规则来选择下一步，沿着这一路径前进，最终到达需要的结论。通过这样的方式，人们希望回避开那些技巧性极强的数学计算或证明，用现代计算机强大的计算能力来取而代之。

机器证明的思想可以回溯到 17 世纪法国数学家笛卡儿（Rene Descartes，1596—1650）。笛卡儿曾经有过一个伟大的设想："一切问题都可以化为数学问题，一切数学问题都可以化为代数问题，一切代数问题都可以化为代数方程的求解问题。"笛卡儿并没有只停留在空想，他所创立的解析几何，建立了空间形式和数量关系之间的桥梁，实现了初等几何问题的代数化求解。

20 世纪初希尔伯特（David Hilbert，1862—1943）更明确地提出了公理系统的机械化判定问题：给定一个公理系统，是否存在一种机械的方法（即算法），可以验证每一个命题是否为真？ 在 2.2.2 节我们将会看到，希尔伯特的要求太高了。哥德尔不完备性定理指出：能对所有的命题进行机械化判定的方法是不存在的。虽然希望使用一个算法来对所有的命题进行判定是做不到了，但是针对一些特定领域的具体的问题，使用机械化的方法仍然是可行的。例如，吴文俊先生提出的以多项式组零点集为基本点的消元方法（吴方法）可以应用于大量几何定理的机器证明。

图论中著名的四色定理断言：任何平面图都可以四染色，使得任何相邻的顶点都不同色。四色定理最早由格斯里（Francis Guthrie，1831—1899）在 1852 年提出，这个问题困扰了数学家一百多年，最终在 1976 年由阿佩尔（Kenneth Appel）和哈肯（Wolfgang Haken）利用计算机所证明。他们证明的思路是：如果在一张平面图中出现了某种特定的结构，那么就可以把这一个局部用一个更小的结构替代（即对原图进行约简），同时保持四染色性质的不变。也就是说，如果新的图能够被四染色，那么原来大的图也可以被四染色。例如，一个度不大于 3 的顶点可以被去掉，因为它不会影响整张图是否可以被四染色。阿佩尔和哈肯证明，一共有 1936 张互相不可约简的平面图，对于其他任何一张平面图，总可以通过不停地约简图中特定的结构，最终到达这 1936 张图中的某一张。最后他们借助计算机的帮助，经过超过 1000h 的计算，终于验证了所有这 1936 张图都可以被四染色，进而证明了四色定理。四色定理是第一个用计算机辅助证明的数学定理。

2.2.2　图灵机模型

在前面的章节中我们通过介绍布尔逻辑和一阶逻辑,使得大家对逻辑有了初步的了解,我们看到所有的数学问题、所有的计算和证明推导过程都可以使用逻辑的语言来精确地描述,我们也看到了使用"机器"可以自动地来证明一些数学定理,我们也提到了希尔伯特的"公理系统机械化判定的思想",到底希尔伯特心目中的通用的"机器"是什么样子? 1936 年图灵给出了他的回答——图灵机。

在介绍图灵机之前,让我们从一个简单的自动售卖机开始:一台自动售卖机可以售卖多种商品,可以接受多种币值的纸币或者硬币,同时还可以找零。为了简化问题,假设自动售卖机只卖两种商品:可乐和饼干,可乐的价格是 5 元 1 听,饼干的价格是 10 元一包,假设售卖机只能接收 5 元和 10 元的纸币,同时任何时刻售卖机内部剩余的金额最多不超过 10 元。

让我们用一种数学化的语言来描述自动售卖机工作原理,用一些状态来表示自动售卖机的状态。首先售卖机有一个初始状态,将其记作 q_0。如果此时用户塞入一张 5 元的纸币,售卖机将进入一个新的状态,为了区分该状态与 q_0 的区别,将这一个状态记作 q_1。如果在状态 q_1 下用户选择购买一听可乐,那么售卖机将吐出一听可乐,并回到状态 q_0。另一方面,如果在 q_1 状态下用户再塞入 5 元钱,那么售卖机内一共有 10 元钱,从而进入另外一个状态 q_2,现在用户可能会选择购买可乐(或者饼干),那么售卖机将吐出可乐(或者饼干),并根据剩余的金额进入相应的状态 q_1(或者 q_0)。在任何状态下,如果用户选择"终止交易",则售卖机会退回剩余金额,并回到 q_0 状态。

相比于上面的状态转移规则,状态转移图(见图 2.1)更加清晰并简洁地描述了售卖机的功能。

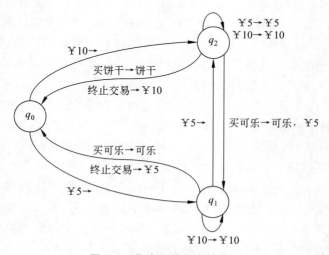

图 2.1　售卖机的状态转移图

其中,箭头→前面表示售卖机的输入,箭头后面表示售卖机的动作。例如,在 q_2 到 q_1 的路径上的"买可乐→可乐,￥5"表示如果售卖机在 q_2 状态,用户选择购买可乐,则售卖

机跳到 q_1 状态并吐出一听可乐,找零 5 元。

自动售卖机所对应的计算模型被称为"有穷自动机",这一计算模型基本上可以看作和计算机的 CPU 对应,但它的一个重要不足是该模型没有计算机的"内存",也就是说没有存储,只能通过自动机的状态来做存储。下面来严格地定义图灵机。

图灵机定义：图灵机是一个七元组：$\{Q,\Sigma,\Gamma,\delta,q_0,q_{accept},q_{reject}\}$,其中 Q,Σ,Γ 都是有限集合。

- **状态集合**：Q。
- **输入字母表**：Σ。
- **带字母表**：Γ,其中 $B\in\Gamma$。
- **转移函数**：$\delta: Q\times\Sigma\rightarrow Q\times\Gamma\times\{\rightarrow,\leftarrow\}$。
- **起始状态**：$q_0\in Q$。
- **接受状态**：q_{accept}。
- **拒绝状态**：q_{reject}。

图灵机(单带)是这样完成计算任务的：给定一个写着输入的右端无限长纸带,图灵从纸带的最左端出发,按照转移函数进行状态转移,以及左右移动和写操作,最终进入接受状态或者拒绝状态。

同样的,也可以用状态转移图来描述图灵机(下面的讨论中都用状态转移图来描述图灵机)。

例题：判定一个 0-1 字符串中包含 1 的个数是奇数还是偶数。

分析：可以用两个状态来区分当前已经读过的串中 1 的个数是奇数还是偶数,如图 2.2 所示。

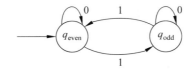

图 2.2　状态转移图：已经读过的串中 1 的个数是奇数还是偶数

其中,q_{even} 表示目前读到了偶数个 1,q_{odd} 表示目前读到了奇数个 1。自动机初始状态为 q_{even}。任意状态下,读到 1 就会跳到另一个状态。

例题：输入一个字符串 1^m0^n,判断 m 是否等于 n,如果 $m=n$ 输出 Yes,否则输出 No。

分析：最容易想到的方法是先统计 1 和 0 的个数,然后再比较。但是图灵机只有有限的存储(控制器中的状态),不可能只使用内部状态来记录下字符串中所有的 1 或者 0 (事实上可以证明,如果只用内部状态做记录,即不能对纸带进行写操作,图灵机是不可能完成这个任务的)。所以,如果想统计字符串中 1 和 0 的个数,可以开辟纸带上某个空白的地方做计数器。但是这样的图灵机的状态转移图画出来太复杂。

方案 1：一种不需要统计 1 和 0 的个数,直接来判断 1 的个数和 0 的个数是否相同的方法。具体的做法是：将 0 和 1 进行配对(即建立一个 1-1 对应),如果能够完全配对,则 0 和 1 一样多,否则不一样多。方案 1 图灵机状态转移图如图 2.3 所示。

图灵机读写头初始在纸带的最左端,然后往右移动,如果读到 1,置为♯,然后继续往

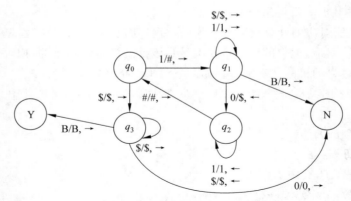

图 2.3　方案 1 图灵机状态转移图

右移动直到读到 0,替换为 \$,或者没有读到 0,这时就可以断定 1 的个数和 0 的个数不相等,输出 No(N)。然后读写头再回到纸带的左端重复上述过程,直到最后如果纸带上只剩下 1 或者 0,则输出 No,如果纸带上既没有 0 也没有 1,那么输出 Yes(Y)。

不难看出,如果输入的字符串为 0^n1^n,那么图灵机的运行步数为 $O(n^2)$。

方案 2:采用二分法的思想,将判断 $m=n$? 转化为比较 m 和 n 在二进制下的每一个比特是否都相等。这里有一个问题,如何才能够得到 m 和 n 在二进制表示下的某一位是什么? 下面给出了一个巧妙的方法,它不需要把 m 和 n 先算出来,就可以给出每一位。具体的实现采取如下的方法,首先比较 m 和 n 的奇偶是否相同,如果相同,那么将 m 和 n 都除以 2,得到 $\lfloor m/2 \rfloor$ 和 $\lfloor n/2 \rfloor$,再对其奇偶性进行比较,一直运行下去,直到两个数都变为 0,这时输出 Yes,或者两个数的奇偶性不同,输出 No。更进一步,可以将奇偶性检查以及对 m 和 n 的减半操作合并起来,从而减少图灵机运行步数。方案 2 图灵机状态转换图如图 2.4 所示。

图灵机每隔一个 1 就将一个 1 置为 ♯,同理每隔一个 0 就将一个 0 置为 ♯,这样在检查奇偶性的同时,把 m 和 n 也都减半。不难看出,在所有情况下,图灵机都只需要来回跑 $O(\log n)$ 次,所以总的运行步数是 $O(n\log n)$ 的。所以,方案 2 比方案 1 要快,那么存不存在比方案 2 还快的算法呢? 事实上可以证明在单带图灵机的设定下,方案 2 是最快的。

实例:丘奇-图灵论题(Church-Turing Hypothesis)。在前文介绍了图灵机模型,以及图灵机如何进行计算。图灵机虽然看上去有一点怪,而且似乎和我们日常使用的台式机、笔记本电脑等也看不出有什么联系,但是事实上现代计算机就是按照图灵机的原理来工作的,而且人们普遍相信,任何计算都可以由图灵机来完成。这个论断称为**丘奇-图灵论题**。

在谈论这一论题之前,让我们先回顾一下计算的历史。什么是计算? 什么是算法? 虽然这一概念直到 20 世纪才从数学上给出精确的定义,但是其思想却可以追溯到 2000 年前。例如,古希腊的欧几里得(Euclid,公元前 330—前 275 年)在《几何原本》中提出了计算两个正整数的最大公约数的"辗转相除法",其中就包含了算法的递归思想。中国古代的《孙子算经》中关于"韩信点兵"问题的解法,事实上给出了一般的线性同余方程的求解算法。

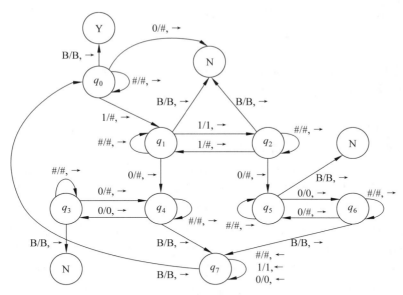

图 2.4　方案 2 图灵机状态转移图

1900 年,在巴黎举行的国际数学家大会上,希尔伯特提出了 23 个数学问题,即著名的**希尔伯特 23 问题**,这些问题对 20 世纪数学的研究和发展产生了深远的影响。其中第十个问题是有关于算法的:

希尔伯特第十问题:设计一个算法来判定丢番图方程是否存在整数解。

丢番图(Diophantus,约 246—330 年)方程,即整系数多项式方程,例如 $x^3 + y^3 = z^3$, $x^4 + y^4 + z^4 = w^4$。从对问题的描述可以看出,希尔伯特非常希望得到一个肯定的答案(或者说他默认了这样的算法是存在的,人们的任务只是如何找到它)。但是很可惜,希尔伯特这一问题的答案是否定的,1970 年,Yuri Matiyasevich 在 Julia Robinson、Martin Davis 和 Hilary Putnam 工作的基础上解决了希尔伯特第十问题,证明了不存在一个算法可以判定一个丢番图方程是否存在整数解。

要想对某一个特定问题给出一个算法,虽然同样非常困难,但是至少其解答是构造性的,只需要构造出一个解法即可。然而要证明不存在一个算法解决"丢番图问题",则需要说明所有可能的各种方法都是不成功的。显然不可能穷尽所有的组合,因此需要对算法有一个清晰明确的定义,而非仅仅停留在直观认识。

前文中已经提到,在 1928 年希尔伯特更加明确地提出了其关于**公理系统的机械化判定问题(entscheidungsproblem):一阶逻辑是否是可判定的? 或者说,能否给出一个有效算法来判定一个一阶逻辑命题是否为真?**

1936 年,丘奇(Alonzo Church,1903—1995)和图灵分别独立证明了一般性的判定算法是不存在的,从而否定了希尔伯特的设想。丘奇提出了一种叫作 λ 演算的符号系统来定义有效计算,图灵所使用的则是图灵机,可以证明这两种定义在计算能力上是等价的,而且很好地吻合了人们的直观认识。另外,图灵还定义了**通用图灵机**,它可以高效地模拟其他任何图灵机。在丘奇和图灵之后,学者们又提出了很多种不同的计算模型,例如 Post 模型、Minsky 机器等,都被证明是和图灵机等价的,图灵机开始被人们广泛接受。

> **丘奇-图灵论题**(**Church-Turing hypothesis**):任何人类用纸和笔所能做的计算与图灵机所能做的计算等价。

存不存在比图灵机计算能力更强的计算模型?"丘奇-图灵论题"断言:任何一个函数如果可以被人类用纸和笔计算,当且仅当它可以被一台图灵机计算(或者说存在算法)。也就是说,可以用图灵机计算的问题刻画了人类所有"可计算"的问题。

丘奇-图灵论题还有一些其他变种,例如,物理丘奇-图灵论题断言:"任何物理上可计算的函数都是图灵可计算的。"在计算复杂性理论出现之后,学者们又提出了更强的丘奇-图灵论题:任何人类所能做的计算都可以被图灵机有效地模拟。这里有效的意思是指"多项式时间"规约,通常人们认为只有复杂度是多项式时间(或者更低)的计算才是可以有效实现的。丘奇-图灵论题是否正确目前仍不清楚,一些新的物理理论,例如量子力学、弦论、量子引力等是否可以提供更加强大的计算能力尚无定论。

2.2.3　悖论与不完备定理

实例:理发师悖论。在萨维尔村有一位理发师,他的手艺很高,村里人都找他理发。他挂出一则告示:"我只给村里所有那些不给自己理发的人理发。"一天村里来了一位智者,他看到了理发师的告示后便去问理发师:"你给不给自己理发?"理发师突然发现自己竟然无法回答这个问题。因为如果理发师不给自己理发,那么他就属于告示中所描述的那一类人,因此按照他自己的规则,他应该给自己理发,从而导致矛盾。反之,如果理发师给他自己理发,那么他就不属于告示中描述的人群,根据告示所言,他只给村中不给自己理发的人理发,所以他不能给自己理发,从而导致矛盾。因此,无论这个理发师是否给自己理发,都不能排除内在的矛盾。这就是著名的**理发师悖论**。

所谓悖论,是指一种能够导致自相矛盾的命题。也就是说,从命题 B 出发,经过正确的逻辑推理后,能够得出一个与前提矛盾的结论 $\neg B$;反之,从命题 $\neg B$ 出发,也可以推出结论 B。那么,命题 B 就称为悖论。显然此时 $\neg B$ 也是一个悖论。

理发师悖论是更为一般性的**罗素悖论**的一个通俗的描述。罗素悖论的叙述如下:设集合 R 由所有"x 不属于 x"的集合组成,也就是说 $R=\{x: x \notin x\}$。那么 R 是否属于 R 呢?如前所述,这个命题"正确"和"错误"之间是互相可以推出来的。

罗素悖论一提出就在当时的数学界引起了极大震动,人们开始对数学产生怀疑。为了解决对于数学的可靠性的种种质疑,希尔伯特在 1928 年提出了他的宏伟计划:建立一组公理体系,使一切数学命题都可以在这一个体系中经过有限个步骤来推定其真伪。希尔伯特所设想的体系需要能回答下面几方面的问题:

- 是否具有**完备性**? 也就是说,面对那些正确的数学陈述,应该能够在这一体系中给出一个证明。
- 是否具有**一致性**? 也就是说,这个体系是无矛盾的,不会出现某个数学陈述又对又不对的结论。

- 是否是**可判定的**？也就是说，能够找到一种方法，仅仅通过"机械化"的推演，就能判定一个数学命题是对是错。

然而在 1931 年，希尔伯特计划提出不到三年，哥德尔（Kurt Godel，1906—1978）就对上述问题给出了否定的回答，也就是**哥德尔不完备性定理**。

定理 1：任何一个包含初等数论（自然数、加法和乘法）的数学系统都不可能同时拥有完备性和一致性。也就是说，存在一些初等数论的命题，它们是真的，但人们却无法在这个体系里面来证明它。有学者提出"哥德巴赫猜想"有可能就是这样的情况。

定理 2：任何包含了初等数论的数学系统，如果它是一致的（不矛盾的），那么它的一致性不能在它自身内部来证明。也就是说，初等数论这一体系中是否存在着悖论，不能够仅依靠这一体系来解决。

哥德尔不完全性定理否定了希尔伯特的宏伟计划。它告诉我们，真与可证是两个不同的事情，可证的断言一定是真的，但真的断言不一定可证；悖论是固有的，想要保证一个系统中没有悖论，仅在系统内部是解决不了的。

2.2.4　能够自动执行的精准逻辑

计算机科学的逻辑思维与其他科学的逻辑思维是有区别的。从正确性角度看，计算逻辑思维强调比特层次的精准性，具备能够机械地自动执行的特点。从通用性角度看，图灵机提供了一种求解任意可计算问题的抽象计算机模型。计算逻辑思维的妙处还在于：用比特精准性和自动执行的逻辑，帮助求解各门学科的各种各样的计算问题，包括那些不那么精准、难以自动执行的问题。

计算逻辑思维适用于需要比特精准性和自动执行的场合。计算逻辑思维与其他学科的逻辑思维是互补的，计算机科学并不排斥其他学科的逻辑思维方法。

下面的实例进一步展示了这些区别和互补。

实例：三副本容错。计算机科学研究和应用中出现的逻辑常常是比特精准的逻辑。一个实例是通过三副本与三选二表决器技术实现容错计算。假设需要计算 $y = F(x)$。计算 F 的系统是会出错的。如何保证即使系统出错，结果仍然是正确的？这就是容错计算问题。一个经典的思路是三副本容错，见图 2.5。

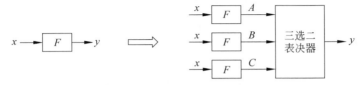

图 2.5　用三副本与三选二表决器实现容错计算

我们采用三个系统分别计算 F，得出三个结果 A、B、C，再通过一个"三选二表决器"布尔逻辑电路，计算出最终的结果。即，当无系统出错，或只有一个系统出错而另外两个系统正确时，这个容错计算系统总会输出正确的计算结果。三选二表决器的布尔表达

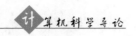

式是

$$y = AB\overline{C} + A\overline{B}C + AB\overline{C} + ABC = AB + AC + BC$$

我们现在对计算过程和计算思维有了理解 2：使用布尔逻辑或图灵机能够在比特层次精确地定义并描述计算过程的正确性。**丘奇-图灵论题**提供了对计算过程和计算思维的理解 3：图灵机是通用理论计算机模型，可对任意可计算问题及其计算过程实现比特精准、自动执行的建模。

计算过程和计算思维理解 2：正确性

计算过程刻画：

（1）一个计算过程是**解决某个问题**的有限个计算步骤的执行序列。该计算过程的**功能**就是正确地解决这个问题。

（2）使用布尔逻辑或图灵机，人们可在比特层次描述待解问题、计算过程的基本操作和步骤。

（3）计算过程的正确性体现为计算过程的结果在逻辑上符合问题的解。

计算思维要点："精准地描述信息变换过程的操作序列，并**有效地**解决问题"是如何体现的？

精准性在于：用布尔逻辑或图灵机在比特层次精确地定义该问题涉及的数字符号、操作和步骤，以及问题的解。有效性体现于：①对问题合理地建模，使得求解更加容易；②利用布尔逻辑或图灵机的自动执行特性，实现逻辑推理自动化和计算过程自动化。

计算过程和计算思维理解 3：通用性

计算过程刻画：

（1）任何可计算问题都能被描述为图灵机上的计算问题。任意可计算问题都有一个对应的在图灵机上执行的计算过程。

（2）人们可用图灵机精准地描述计算过程。也就是说，计算过程涉及的符号、操作，以及计算步骤的执行序列，都可以被映射到图灵机上。

（3）存在图灵机不可计算的问题。

计算思维要点："精准地描述信息变换过程的操作序列，并**有效地**解决问题"是如何体现的？

精准性在于：采用图灵机，或等价计算模型，精确地定义可计算问题涉及的数字符号、操作和步骤，以及问题的解。有效性体现于：对任一可计算问题，选择图灵机或者等价但更加易用的计算模型，合理地建模并自动执行。

2.3　计算逻辑的创新故事

本节首先讲述对计算逻辑做出了奠基性贡献的两位先辈的故事,他们是布尔逻辑发明人乔治·布尔,以及图灵机的发明人艾伦·图灵。

逻辑的本质是界定"正确"与"错误"。创新就要面对出错,2.3.3 节的故事"臭虫与病毒"涉及计算机科学领域的创新活动中产生的各种错误。

2.3.1　布尔的故事

乔治·布尔(George Boole)生于 1815 年的英格兰。他从小就很喜欢学习。但他家里很穷,没有钱供他上学。从 16 岁开始,布尔成为一家六口的经济支柱。他一边在学校当助教,一边自学。到了 19 岁,布尔自己开了一个学校教书。

贫困的生活没有泯灭布尔追求真理的热情。他在工作之余继续自学,并开始做创造性的工作,撰写了多篇数学论文。《剑桥数学杂志》的主编并没有歧视这位从未完成过正规学校训练的年轻人,他帮助布尔改进论文,在杂志上发表,并且鼓励布尔进入剑桥大学攻读数学。可是,布尔的家境实在太贫寒了,他不得不放弃上大学的梦。布尔只完成了正规的小学教育,连初中文凭都没有,更没有受过高等学位教育。他唯一获得的学位是多年后都柏林大学和牛津大学授予他的荣誉博士学位。

布尔 10 余年的自学和研究使他成为一名优秀的数学家。他在《剑桥数学杂志》《伦敦皇家学会会刊》等著名学术刊物上发表了一系列有影响的论文。到了 1848 年,布尔 33 岁的时候,爱尔兰的柯克女王大学聘他担任数学讲座教授。这对布尔来说是一个绝好的机会。他不但可以大大拓展和加深自己的数学知识,而且有了更好的条件从事科学研究。六年后,他发表了题为《思维定律研究》的重要专著。

布尔很早就洞察到了,符号和它所代表的数值是可以分开的两个东西。符号以及符号之间的关系有自身的规律。基于这个观察,布尔提出了一套用于研究人类思维规律的符号逻辑系统,后人称为"布尔代数"或"布尔逻辑"。

布尔代数是一个二值逻辑系统,即它的变量可以取 0 或 1 的值。它的构成符合《易经》的"万物生于有,有生于无"的规律。我们来看看布尔代数的"有"。

(1) 太极(创新思想):用符号逻辑表示和研究人类思维。

(2) 两仪(关键问题):如何用符号逻辑表示思维? 如何使用符号逻辑?

(3) 四象(基本概念和机理):一个布尔代数含有如下几个基本概念:

- 两个特殊符号 1(表示真)和 0(表示假),这是两个具有恒定值的符号,即常数。
- n 个一般符号 $x_1, x_2, x_3, \cdots, x_n$。这些符号也叫变量。
- 三个算子 +("或")、·("与")、−("非")。其中,"或"和"与"是二元算子,"非"是一元算子。有时也将 + 称为"和"或者"加"运算,将 · 称为"积"或者"乘"运算。
- 表示算子先后次序的括号(和)。

布尔表达式即是由上述元素递归组合而成的符号序列。所有表达式,构成布尔代数的元素空间。一个布尔表达式所代表的数学函数称为布尔函数。

布尔代数包含了代数系统的共同性质,以及一些特殊的性质(如布尔逻辑的八大公理),例如 $1+1=1$,这与我们熟知的 $1+1=2$ 大不相同。

(4) 八卦(核心技术):从布尔代数的公理系统,可以推出一系列定理和方法,用来解决理论和实际问题。下面列出了几个问题,这类问题是任何计算机科学中的理论、代数结构或公理系统常常需要回答的。

- 如何判定两个布尔表达式是否相等?
- 一共有多少个不相等的布尔表达式?
- 如何优化一个布尔表达式?

这些问题不仅具有深刻的理论意义,在实际应用中也十分重要。例如,布尔表达式在今天的计算机中对应于一段程序或一个半导体电路。如果有办法判定两个电路在布尔逻辑的定义上相等,就可以用具有更好性质的电路代替另一个电路。"更好的性质"包括速度更快、功耗更省、成本更低等。

对第一个问题:"如何判定两个布尔表达式是否相等?"理论上有多种方法来回答。一个重要的方法是使用范式概念。一个布尔函数可以用多个布尔表达式来表示,它们都是相等的。其中有一种表达式是标准表达式,称为范式。这样,给定任意两个布尔表达式,可以使用公理把它们转换成范式,然后看这两个范式是否相同。如果相同,则这两个布尔表达式是相等的,否则是不相等的。

布尔逻辑理论的一个核心技术就是范式定理。要特别注意的是,范式定理本身需要用公理来证明,但一旦成立,则可以直接使用范式定理干很多事,用不着再启用很细微和原始的公理。在计算机科学和其他科学研究中,纯粹从公理出发研究一个问题的方法称为"第一原理研究法"(study from first principle),这种方法常常被用于新领域的研究。而在比较成熟的领域,人们已经积累了大量被实践证明很有用的定理,用不着每次都回到公理,因此大量使用的将是定理。例如,在平面几何中有勾股定理,要从一个直角三角形的任意两条边长计算第三条边长,可以直接使用勾股定理,而用不着回到平面几何或数学的公理。

引理其实也是一种定理。但是,引理的提出和证明者的初衷是用它作为一种中间结果,证明更重要的、更有用的定理。但是,这个证明者没有料到的是,后来人们发现这条引理很有用,像定理一样可用来做其他很多事。不过,由于原创者已经把它称为引理了,人们为了尊重他,沿用了引理的叫法。

布尔代数的范式定理:任何一个布尔表达式可以被等价地变换成下面的唯一表达式:它是若干积的和,而在每一个积中,x_i 或 $\overline{x_i}$ 刚好出现一次(常量 0 是 0 个积的和)。

从这个定理可以得出许多推论。下面两个推论很有趣。

推论 1:具有 n 个变量的布尔代数刚好有 2^{2^n} 个不同的布尔函数。例如,具有 1 个变量的布尔代数刚好有 $2^{2^1}=4$ 个不同的布尔函数,它们是 $x, \bar{x}, 1, 0 (x+\bar{x}=1, x \cdot \bar{x}=0)$。它们的范式分别是 $x, \bar{x}, x+\bar{x}, x \cdot \bar{x}$。

推论 2:任何布尔函数都可以用三级门来实现。

这个推论可直接从范式定理推出。例如,表达式 $x_1 \cdot \overline{x_2}+\overline{x_1} \cdot x_2$ 对应的三级门电路

如图 2.6 所示。

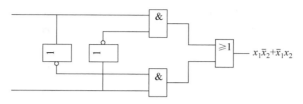

图 2.6　$x_1 \cdot \overline{x_2} + \overline{x_1} \cdot x_2$ 对应的三级门电路（输入为 x_1、x_2）

它的三级门分别是一级非门、一级与门和一级或门。这个推论的意思是：如果不考虑其他因素，那么计算任何一个布尔函数的时间最多是三个门延迟。如果一个计算问题可以用布尔函数表示（这样的问题有很多种，如算术运算和矩阵运算），则理论上，只需要三级门的时间就可以算完它。利用今天的电路工艺，三级门的延迟小于 1ns（10^{-9} s）。因此，可以想象，至少在理论上，今天的计算机的速度还可以大大提高。

布尔逻辑又称布尔代数，已成为今天计算机电路的理论基础。但是，布尔代数也还有很多不足之处。下面是一个例子。

实例：说谎者悖论。据说古时候西方有一个说谎岛，岛上居民所说的每一句话都是假的。有一天，岛上居民张三说了一句话："张三说的是假话。"试问这句话本身是真还是假？

上面的例子还有更简单的表示：

$Y=$ "Y 是假的"。

如果 Y 确实是假的，那么"Y 是假的"这句话就是真的了。如果 Y 确实是真的，那么"Y 是假的"这句话就是假的。也就是说，不论 Y 是真还是假，都能推出相反的结论。

Y 的值将在 0 和 1 之间振荡，不会稳定到 0 或者 1。

布尔代数似乎遇到问题了，它好像不能解决悖论这种有矛盾的命题。仔细分析一下，我们可以发现，这类悖论涉及"自我引用"或"自我影响"，即输出端影响到输入端。在电路中，这种自我引用表现为循环电路，即从电路的一点出发，可以沿着一条线路转一圈又回到该点。

出现问题常常是好事，它给予人们创新的机会。说谎者悖论或循环电路这样的问题的出现，引起人们思考："能不能利用循环电路构造更有力的工具呢？"这种工具应该能够解决更难的问题，会比布尔函数具有更强的功能。

果不其然，人们发现，布尔函数只有计算或处理能力，没有记忆能力。但是，如果引入循环电路，记忆能力也能实现。请看图 2.7 所示的电路。

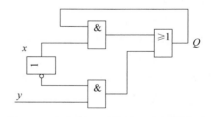

图 2.7　含有循环反馈的一个逻辑电路

信号 Q 现在可以表示记忆。如果把下一时刻 Q 的值称为"新 Q"，则它的布尔函数是：新 $Q=x \cdot Q + \overline{x} \cdot y$。

也就是说，当 $x=1$ 时，新 Q 保持了 Q 的内容；而当 $x=0$ 时，新 Q 就是 y 的值。这样,如果想"记住"Q的值,只需将x设为1。而如果想把Q设成到一个新的值,只需将x设为0。利用这种原理,人们可以把x看成时钟信号,用循环电路实现计算机所需要的存储功能。今天计算机的存储部件,例如寄存器和内存单元,有很多是利用上述原理实现的。

2.3.2　图灵的故事

艾伦·图灵1912年生于英国伦敦。他从小就爱钻研问题。图灵的朋友们后来回忆,他是个很特别的学生。他热爱科学和数学,常常浸入它们的研究,忘记了身边的其他事。但是,他对拉丁文、英文等专业却毫无兴趣。图灵所上的中学是一所信奉"全面教育、平衡教育"的学校,他的老师们常常为图灵的偏科行为头痛。图灵的学习和研究还有两个特点。他喜欢采用第一原理研究法,凡事从头做起,而不是借鉴他人已经创造的成果。他也特别喜欢理论结合实践,用手头已有的设备亲自动手建造实验装置,完成具体的科学实验。

1931年,图灵进了剑桥的国王学院学习数学。四年的大学学习给他打下了坚实的数学基础。他的大学论文是关于概率的。图灵在不知道前人类似工作的情况下,重新发现和证明了概率论中的一个重要结果:中央极限定理。

从1934年开始,图灵转向了数理逻辑的研究。不久之后,他撰写了一篇有关可计算性问题的论文,提出了一种通用计算机的概念。这种理论计算机模型后来被世人称为"图灵机"。图灵的这项工作受到了学术界同行的关注。1936年,他应邀到美国普林斯顿大学工作。图灵在阿隆佐·邱奇(Alonzo Church)的指导下,在两年时间里完成了博士论文。

图灵博士毕业之后,回到了英国参加政府的密码破译机和其他计算机的研究工作。据报道,图灵的工作在第二次世界大战中为英国政府发挥了实际作用,他的设计至今仍是保密的。因此,第二次世界大战结束以后,图灵被英国皇家授予骑士勋章。

图灵的两项工作对计算机科学影响深远。第一项是他发明的图灵机模型,第二项是他在1950年提出的"图灵测试"。图灵认为计算机是一个很有力的工具,而且具有一定的"机器智能",在很多方面不亚于人的智能。图灵测试可以用来测量计算机智能如何接近人的智能。

图灵测试很容易做:在一间屋子里放一台计算机,另一间屋子里有一个人。这两个被测试者都通过键盘和屏幕与外界通信。测试者(人)在屋子外面,通过一个计算机终端(就像今天的微机一样)同时向这两个被测试者提问题。测试者只能通过屏幕上的显示来得到被测试者的应答。如果测试者没有办法区分哪个是计算机,哪个是人,那么就说该台计算机通过了图灵测试,即人类已经无法从外部区分人和计算机。今天,国际上每年还举行图灵测试的比赛。据说,在30%以上的情形里,人类测试者已经无法将参赛计算机与人区分开。

用现代的术语来表达,我们很容易定义图灵机。一个图灵机由三部分组成:一个是处理器,一个是内存,一个是程序。在图灵机工作开始的时候,假设输入数据和程序已经写入内存中。图灵机根据输入数据和程序开始执行操作。它可能过了一段时间就停机了,这时输出数据(结果)已被写到了内存中,计算圆满结束。它也可能永远不停机。图灵机与一般计算机的根本区别是:图灵机的内存可以是无限容量的,图灵机可以运算任意长的时间。

图灵猜测,凡是人能够想出来并且理论上能够解决的问题,都可以用图灵机计算出来。因此,他提出的理论计算机模型称为通用计算机,并猜测它可以用来计算所有可以计算的问题。这个猜想后来与他博士论文导师的工作一起,发展成为计算机科学最基础的一个假设,即邱奇-图灵假说(Church-Turing hypothesis):任何合理的抽象计算机都等价于图灵机,最多执行时间有一个多项式的差别。这个假说称**丘奇-图灵论题**。

难道世界上还有计算机不能解决的问题吗?有的。其中重要的一类称为"停机问题"。停机问题的一种简单表述是:给出任意一个图灵机,判断它是否会停机。

我们找不到一个图灵机程序,用来断定任意图灵机是否停机。因此,人们把停机问题这类东西称为不可计算问题。这类问题的特征是:无论用多大的内存、运算多长的时间,也不可能解决它。

为了纪念图灵的杰出贡献,国际计算机学会(ACM)设立了图灵奖,它是国际计算机科学领域最有影响的科技奖。为纪念图灵诞辰 100 周年,2011 年好莱坞启动了关于图灵生平的电影制作,并在 2014 年推出了奥斯卡获奖影片《模仿游戏》(*The Imitation Game*)。

2.3.3　臭虫与病毒

有人曾这样比喻过摩尔定律造成的计算机技术的飞速发展:如果汽车工业像计算机工业那样高速发展,那么现在的汽车每小时可以跑 1000km,而售价只有 1000 元。

作者有一个反面的回应:幸好汽车工业没有像计算机那样发展。如果汽车像微机一样不安全不可靠,那么地球上活着的驾驶员和乘客大概就不多了。

试想一下,如果你在高速公路上行驶,突然方向盘、油门、刹车全部失灵,仪表上显示一条信息:"你执行了非法操作,系统关机。"

这种可怕的景象,正是日常发生在每一个微机用户身边的事。这种情形的出现是如此频繁,人们已经习以为常了。人们对"死机"这个名词已毫不陌生,并且知道要随时"存"一下自己的工作,例如正在编写的一个文件,正在计算的一个报表,正在输入的一个客户名录,正在创建的一个网页,等等。

其实,这些现象不是用户的错,是系统的"臭虫"发作。

1. 臭虫

所谓臭虫(bug),是指计算机系统的硬件、系统软件(如操作系统)或应用软件(如文字处理软件)出错。

从计算机诞生之日起,就有了计算机臭虫。第一个有记载的臭虫是美国海军的编程员格蕾斯·哈珀(Grace Hopper)发现的。哈珀后来成了美国海军的一个将军,领导了著名计算机语言 COBOL 的开发,是编译器的发明者。

1945 年 9 月 9 日,下午三点。哈珀中尉正领着她的小组构造一个称为"马克二型"的计算机。这还不是一个完全的电子计算机，它使用了大量的继电器，是一种电子机械装置。机房是一间第一次世界大战时建造的老建筑。那是一个炎热的夏天，房间没有空调，所有窗户都敞开散热。

突然，"马克二型"死机了。技术人员试了很多办法，最后定位到第 70 号继电器出错。哈珀观察这个出错的继电器，发现一只飞蛾躺在中间，已经被继电器打死。她小心地用镊子将飞蛾夹了出来，用透明胶布贴到"事件记录本"中，并注明"第一个发现臭虫的实例"。

从此以后，人们将计算机错误戏称为臭虫（bug），而把找寻错误的工作称为"找臭虫"（debug）。

哈珀的事件记录本，连同那个飞蛾，现在陈列在美国历史博物馆中。

计算机臭虫之多，是难以令人置信的。据计算机业界媒体报道，微软 Windows 98 操作系统改正了 Windows 95 里面 5000 多个臭虫。也就是说，当 Windows 95 软件推向市场时，每套里都含有 5000 个臭虫，全世界有数千亿个臭虫在微机中飞来爬去，这就难怪微机应用老会出问题了。

计算机含有这么多臭虫有一个技术原因，就是软件越来越庞大复杂。在任何复杂的大系统中，错误都是难以避免的。大型软件尤其难以按时按预算完成。1995 年，国外的一个大规模的研究调查了 17 万个软件开发项目（总投资达 2500 亿美元），结果发现，只有 6% 按时按预算完成，31% 的项目被中途取消。其余 63% 的项目最终完成，但都超出了预算和进度要求。这些项目中，一大半项目的实际花费超出预算达 189%。

计算机程序是由语句组成的。据报道，Windows 95 含有 1500 万行代码。假设每行代码包含一个语句，那么 Windows 95 的潜在臭虫就会有 200 多万个（见下面琼斯规则 4）。在出厂之前，微软做了大量测试。根据琼斯规则 5，需要做 18 次测试才能把臭虫数降低到 5000 个。假设测试一次耗时一个月（实际上常常不止一个月），那也需要一年半的时间。如果要把臭虫个数降到 1，总共需要做 42 次测试，或三年半还多的时间。当然，微软的 Windows 95 建筑在 Windows 3.1 多年的开发和使用基础上，并不是完全从头做起，用不了这么多时间。但不论怎么算，测试和纠正臭虫的成本都是很大的。

到了 2015 年 1 月，软件规模更大了。

微软 Windows 系统代码量达到数千万行，远大于 Windows 95。

谷歌开发并运行的软件代码量已达到 20 亿行。

腾讯开发并运行的软件代码量已达到 14 亿行。

我们甚至要惊叹：这些如此大的系统为什么还没有崩溃。

琼斯软件项目评价的 10 条规则

琼斯先生（Capers Jones）评价软件项目的简单规则发表在 *IEEE Computer* 杂志上（1996 年第 3 期）。琼斯先生申明这些简单的规则难以精确地评估现实的软件开发项目，仅供参考。

琼斯规则采用了经验公式：函数点＝语句数/100。

- 规则 1：文档页数＝函数点$^{1.15}$。
- 规则 2：需求规范的改变不宜超过每月 1％的速度。
- 规则 3：测试用例数＝函数点$^{1.2}$。
- 规则 4：潜在臭虫数＝函数点$^{1.25}$。
- 规则 5：每次查错工作（检查或测试）能发现并修正 30％的现有臭虫。
- 规则 6：开发所需月数＝函数点$^{0.4}$。
- 规则 7：开发所需人数＝函数点/150。
- 规则 8：维护所需人数＝函数点/500。
- 规则 9：预计软件使用年数＝函数点$^{0.25}$。
- 规则 10：一个人月的实际工作小时数＝每月 22 天×每天 6 小时，即一个人月实际工作时间为每月 132 小时。

其实，人们并不是不可以更好地对付臭虫。斯坦福大学的 Donald Knuth 教授（他自己取的中文名字是"高德纳"）就是创造高质量软件产品的典范人物。他在 20 世纪 80 年代初开发的计算机排版软件 TeX 在世界范围内广泛使用，而且非常稳定。高德纳教授的 TeX 软件还有一个创举：他在发布这个自由软件时明确宣布，他将对软件负责。对每一个臭虫，他将奖励第一个发现者 2.56 美元。

我们可以说，世界上像高德纳教授这样的人不多。他毕竟是一个超级程序员，一个图灵奖获得者，一个天才，又有非常优秀的科学训练和素养。而且，他的程序是开放源码的自由软件，全世界都在帮他找错。但是，我们能不能学习他那种科技人员的敬业精神，学习他那种敢于为自己的产品负责的气魄呢？

就是高德纳教授这样的人也是会犯错误的。他是如何应对错误的呢？

1999 年 12 月，《美国科学家》杂志评选出"塑造 20 世纪科学的 100 本书"，高德纳教授的著作榜上有名。他在 1968 年出版的《计算机程序设计的艺术》一书，与爱因斯坦的《相对论》、维纳的《控制论》、狄拉克的《量子力学》等被列为 20 世纪最有影响的 12 部科学专著。

高德纳教授对这部 600 多页的专著采取了同样的奖励方法。每一个错误的第一个发现者将获得 2.56 美元的奖励。不断有人给他写信报告错误。到了 1981 年，高德纳教授忙于开发 TeX，实在没有时间回信。于是他向所有报告者发了一封标准信，称以后会和他们联系。高德纳教授说："我可能很慢，但我信守我的承诺。"到了 1999 年，高德纳教授终于腾出时间回了所有信件，并汇出 125 张支票。

由于时过境迁，有几封信被退回来了，其中有一封是从中国上海发出的。如果你的名字是 Du Xiao Wei，在 1982 年 6 月 10 日向高德纳教授发信指正过他书中的错误，高德纳教授还有一张支票等着寄给你！

高德纳教授的网址是：www-cs-faculty.stanford.edu/～knuth。

2000 年作者与高德纳教授的一次通信

高德纳教授：

　　我是中科院计算所的一名研究员,正在写一本有关计算机的科普书。我知道您在推出 TeX 软件时,曾悬赏 2.56 美元给第一个发现任何臭虫的人士。不知 20 多年下来,人们发现了多少 TeX 的臭虫?

　　谢谢。

徐志伟

徐先生：

　　事实上,我的悬赏是每个错误 2.56 美元,每年翻一番,直到 327.68 美元,然后就保持在这个水平。这个悬赏今天还存在。但是,这么多人已经检查过我的程序了,它可能是同等规模软件中错误检查做得最彻底的程序。

　　我的记忆是大概有四五个人在 327.68 美元的水平找到了错误。TeX 软件的全部错误记录已经发表在《软件实践与经验》杂志中。在 20 多年的时间内,我记录了总共 1276 个臭虫的纠正和功能改进。我总共开出了大约 4000 美元的支票,但是很多人都没有把寄给他们的支票兑现。我实际付出的赏金大约是 2000 美元左右。

　　我也悬赏在我出版的任何书中发现错误的人,奖金为每个错误 2.56 美元。这样可以帮助我在每一次印刷时改进质量。

　　如果软件公司愿意奖赏为他们的软件找到臭虫的人,那该多好啊。尤其是如果软件是开放源码的……

　　诚挚的

高德纳

2. 病毒

　　如果说臭虫是无意发生的错误,那么"病毒"就往往呈现恶意错误的特点。

　　1984 年,美国洛杉矶市,南加州大学。

　　弗雷德·科恩(Fred Cohen)写完了一篇十来页的研究备忘录。他感到一分喜悦,更有九分焦虑。

　　科恩是南加大的一名研究生,正在攻读计算机工程专业的博士学位。经过一年多的沉思、实验和分析,他确信自己已经发现了计算机在安全方面的一个很大的漏洞。为了更清楚地展示自己的学术思想,科恩发明了一种短小的计算机程序,它可以通过正常渠道进入任何一台获准使用的计算机,并迅速取得最高权限,然后开始执行任意的操作。很特别的是,这种程序可以自我复制,然后通过各种媒体传播到其他计算机。

　　科恩将这种程序称为**计算机病毒**,因为它的机理很像生物病毒。他感到喜悦的是,病毒感染似乎是计算机的一种带有普遍性的现象,而发现这种现象具有很大的科学价值。过去一年来,科恩费尽了口舌,做了很严格的保证,最终获准使用了几个主流品牌的

10 余种计算机系统。无一例外地,科恩都能很容易地写一个程序,感染被测试的计算机系统。科恩认为他的工作很有科学意义,有助于计算机的安全性研究。

但是,令他不解和焦虑的是,计算机厂家,乃至整个计算机界,似乎很不愿意听他的研究成果,甚至反对他从事这方面的研究,好像他在干一件大逆不道、见不得人的甚至是非法的勾当。科恩与厂商联系,在厂商严密监控下,在他们的计算机上做病毒实验的请求,都被一一拒绝了。他只好寻找用户单位的计算机系统管理员。为了不给几十名帮助他的同学和朋友带来麻烦,科恩在他的科研备忘录中略去了所有计算机的型号和厂家的名字。在致谢一节中,他只列出了朋友的名字,略去了他们的姓氏。

科恩搞不懂为什么计算机厂家和一些专家们看不到他的工作的科学意义。科恩是在研究计算机和一种基本现象和机理,他的成果可以用来找出系统的安全漏洞,设计更安全的计算机。但是,这些人采取了很可笑的鸵鸟心态,对这一现象采取不承认、不谈论、不研究的政策。好像只要我们不理睬病毒,它就会自动消失。问题是,病毒是不会消失的。只要有计算机系统的基本知识,任何一个人都能很容易地创造病毒。最短小的病毒只需要十几行甚至几行程序代码就能实现。哪怕科恩不发明病毒,其他人也可以很容易地发明它。简言之,病毒的存在和流行是不可忽视的现实。如果不早作防治准备,以后会吃大亏。

今天,弗雷德·科恩博士在继续从事计算机安全方面的研究工作。他可能没有想到,实际情况的发展比他当初预料的还要糟糕得多。因特网的普及,大大方便了病毒的传播。自科恩发明第一个病毒以来,世界上已有数以万计的病毒问世。

像生物病毒一样,计算机病毒也分为很多种类,具有不同的症状、潜伏期、感染方式和传播渠道。防治计算机病毒的手段也越来越像防治生物病毒的手段。人们使用"病毒卫士"这样的软件,当一个带有病毒的程序或数据文件进入计算机时,这个软件会自动报警,并禁止这些文件的使用。"杀毒软件"则能扫描检查计算机系统,找出已感染的病毒,并将其杀死。人们也正在研究预防病毒的措施,在不久的将来,人们可能用"预防针""种牛痘"之类的方法来对付计算机病毒。

破坏力最强的病毒之一,就是 2000 年爆发的"爱虫"。

2000 年 5 月 3 日,一封奇怪的电子邮件从菲律宾发出。几个小时后,它迅速地传播到了亚洲、欧洲和美国。

芬兰的一个用户听到自己的微机发出轻微的"嘟"声,告诉他新邮件来了。他打开了这封邮件,看到这个标题为"我爱你"的电子邮件中有一句话:"请看一看我送给你的爱情信。"被好奇心驱使,这个用户打开了附件。

这封邮件并不是爱情信,而是一个后来被称为"爱虫"的病毒。这个芬兰的用户觉得不太对劲,但他不知道,就在他打开邮件和附件的一瞬间,爱虫已经感染了他的计算机,修改了他的系统文件和数据文件,并且自动把同样的病毒邮件送给了他的邮件地址簿中的所有电子邮件地址。"爱虫"还带有一个特洛伊木马软件,它自动地将被感染计算机的上网密码传给了菲律宾的一个网站。

斯德哥尔摩一家食品批发商的服务器系统管理员具有高度警惕性。他发现情况不对时就马上关闭了电子邮件系统。这时,"爱虫"进入他的服务器只有 5min,但已经破坏了 800 个文件,感染了 3 个用户账户。他立即分析了爱虫病毒的程序,这个软件是用 Visual Basic 编写的脚本程序,只有 9 页,分析起来很容易。他很快确定这是一个带有特洛伊木马的病毒,好像是菲律宾的一位名叫"织蛛"的黑客创造的。他马上通过因特网向监控机构发出警告。

一时间,因特网上充满了报警信息。

"病毒警报!爱虫肆虐!不要打开任何爱情信,哪怕是从你爱人的电子邮箱发来的邮件!"

问题是,警报已经太晚。而且,由于很多电子邮件服务器此时已经瘫痪,连警报也送不出去,很多公司只好用电话通知。

到了 5 月 4 日,全球数十个国家的数百万台计算机已被"爱虫"病毒感染,很多单位的邮件服务器瘫痪了几小时。这些单位包括美国国会、英国国会、美国商业部、《财富》杂志所列的世界头 100 个大公司中 80% 的企业,甚至连美国国防部的保密电子邮件系统也不能幸免。据估计,"爱虫"病毒流行了短短两天,造成的损失就达 20 亿美元之多。

"爱虫"之所以能够迅速传播,是因为它使用了一种新的传染机理。"爱虫"的目标是装配了微软 Windows 操作系统的个人计算机和服务器。可惜的是,世界上的大部分微机和小部分服务器都是这样的系统。这些系统的邮件服务器软件都有一个电子邮件地址簿,内含用户常用的朋友和同事的电子邮件地址。"爱虫"一旦进入一台计算机,它会马上将同样的病毒邮件发送给地址簿中的每一个地址。

假如平均每个地址簿包含 100 个地址。那么,"爱虫"的第一轮传播会感染 100 台计算机,第二轮传播会感染 1 万台计算机,第三轮传播则可以感染 100 万台计算机。

2000 年 5 月 8 日,菲律宾国家调查局和美国联邦调查局联合行动,逮捕了马尼拉的一名 27 岁的银行职员,但稍后不久,警方由于证据不足,只好释放了他。

证据确实太单薄了。警方的证据是程序中的一些蛛丝马迹,以及因特网上有一些与"爱虫"病毒有关的讨论是从该名银行职员的家中发出的。这名银行职员的女朋友的兄弟是一名马尼拉的大学生,他的论文讨论了与"爱虫"病毒类似的技术。这名大学生还在网上称,有可能是他不小心释放了"爱虫"病毒,但他从不承认自己创造了"爱虫"病毒。

这位银行职员一直争辩自己被冤枉了,警方搞错了人。一些安全专家也不排除病毒来源于其他地方的可能性。在因特网时代,一位住在纽约的黑客可以很容易地伪造自己的身份,从马尼拉释放病毒。

幸运的是,迄今,绝大部分病毒"不含恶意",即不会有意地破坏计算机系统。病毒制造者只是想证明他们能够感染计算机系统。如果只要有三分之一的病毒制造者变得恶意,互联网将会陷入一个难以想象的混乱瘫痪状态。

善良的人们想借助于法律遏制病毒。但事实上,世界上大部分国家(包括美国等发达国家)缺乏有效的法律预防病毒的制造和释放,美国的法律只有在病毒已经造成破坏后才起作用。这其中有一个原因,即很难精确地定义"恶意病毒"。很多日常使用的软件都与病毒有相同的特征。它们可以通过下载或复制等方式传播,也能通过死机等方式对用户造成损失。尤其重要的是,这些软件的创造者们都可能犯错误,写出含有"臭虫"的软件,其结果与恶意病毒造成的后果可能是一样的。

"爱虫"病毒是很容易检测到的。它的邮件标题"我爱你"很醒目,其后果也很明显。它的创造者完全可以同样容易地制作一个更隐蔽、更危险的病毒。例如,"我爱你"这样的标题可以被改成"中秋快乐"之类的常见标题。一旦病毒被启动,它可以在 20 天甚至 200 天以后才开始发作。病毒甚至可以不断改变标题、内容和潜伏期,变得很难检测到。

最难探测的一类病毒是特洛伊木马。它表面上是一段合法的程序或数据,但隐藏在这段合法的程序或数据之中有一段通常比较短小的恶意程序。这个恶意程序常常并不造成明显的破坏,而是做一些隐蔽的操作,让黑客控制计算机。

例如,你的朋友通过光盘、U 盘、因特网等方式传给你一个游戏,或是一段音乐、一幅图画,甚至就是一段文章。你的朋友不知道他的计算机已经感染了特洛伊木马。当你打开从朋友来的文件时,你没有丝毫异常的感觉,你看到的是一个新游戏,或是一幅美丽的图画。但暗地里,特洛伊木马已经启动。它获取和修改你的计算机的系统信息,为黑客开了一个隐秘的后门。这样,当你用计算机上网时,黑客可以冒充你的身份控制你的计算机,例如将你的私人文件传出去,偷看你的电子邮件,为你回复电子邮件,等等。

特洛伊木马的危险在于它的高度隐秘。不用任何特殊的操作,只要接收一个文件,或是浏览一个网站,都可能感染上特洛伊木马。在几年内,被感染了的计算机的用户可能感觉不到任何异常,计算机也不展示任何有害的症状。殊不知在这几年内,某个黑客对你的计算机,对你的一举一动了如指掌。他如果想做的话,任何时候都可以彻底破坏你的计算机。

由于没有症状,要发现特洛伊木马常常是比较困难的。性能优秀的杀毒软件可以发现已知的特洛伊木马,而新的特洛伊木马则需要专家才能发现。

2010 年,DARPA 启动了一个所谓"从头开始"的计算机系统研究计划,称为 CRASH (Clean-slate design of Resilient, Adaptive, Secure Hosts)。该计划的目的是研究全新的计算机系统,可以不用管甚至不用继承现有的计算机系统技术。这也是"从头开始"的意思。这些全新的计算机系统具备现有系统所没有的安全性,它们具有环境适应性和弹性,遇到病毒可以恢复,从而提升抵抗病毒攻击的能力。而要实现这些性质,一个重要的创新思路是借鉴生物界的多样性。这些计算机一旦部署使用,在使用过程中会逐渐进化成为很多个甚至很多种不同的计算机,而一种病毒只能影响一种计算机。

2.4　习　　题

1. 命题公式 $P \rightarrow (Q \vee P)$ 的真值是(　　　)。

　　A. 0　　　　　　　　　B. 1　　　　　　　　　C. 可能为 0,也可能为 1

2. 设命题公式 G:$(\neg P) \rightarrow (\neg Q \wedge R)$,则使公式 G 取真值为 1 的 P、Q、R 赋值分别是(　　　)。

　　A. 0、1、0　　　　　B. 0、1、1　　　　　C. 0、0、0　　　　　D. 1、1、0

3. 命题公式 $(\neg P \rightarrow Q)$ 的析取范式是(　　　)。

　　A. $P \wedge \neg Q$　　　B. $\neg P \wedge Q$　　　C. $\neg P \vee Q$　　　D. $P \vee \neg Q$

4. 下列公式(　　　)为**永真式**,即在各种赋值下取值均为真的命题公式,此处 $A \leftrightarrow B$ 定义为 $(A \rightarrow B) \wedge (B \rightarrow A)$。

    A. $\neg P \wedge \neg Q \leftrightarrow P \vee Q$ B. $(Q \rightarrow (P \vee Q)) \leftrightarrow (\neg Q \wedge (P \vee Q))$

    C. $(P \rightarrow (\neg Q \rightarrow P)) \leftrightarrow (\neg P \rightarrow (P \rightarrow Q))$ D. $(\neg P \vee (P \wedge Q)) \leftrightarrow Q$

5. 下面三个人（　　）在说真话。

甲：如果乙说的是真话，那么丙说的是真话。

乙：如果丙说的是真话，那么甲说的是真话。

丙：我们说的都是假话。

    A. 甲   B. 乙   C. 丙   D. 甲和乙

6. 设 P：我将去旅游；Q：我有钱，则命题"我将去旅游，仅当我有钱时"可符号化为（　　）。

    A. $Q \rightarrow P$ B. $P \rightarrow Q$ C. $P \leftrightarrow Q$ D. $\neg P \vee \neg Q$

7. 设 $C(x)$ 代表命题"x 是国家级运动员"，$G(x)$ 代表"命题 x 是健壮的"，则命题"没有一个国家级运动员不是健壮的"可符号化为（　　）。

    A. $\neg \forall x(C(x) \wedge \neg G(x))$ B. $\neg \forall x(C(x) \rightarrow \neg G(x))$

    C. $\neg \exists x(C(x) \rightarrow \neg G(x))$ D. $\neg \exists x(C(x) \wedge \neg G(x))$

8. 下列式子成立的是（　　）。

    A. $\neg(x \oplus y) = (\neg x) \oplus (\neg y)$ B. $(x \oplus y) \vee z = (x \vee z) \oplus (y \vee z)$

    C. $(x \oplus y) \wedge z = (x \wedge z) \oplus (y \wedge z)$ D. $(x \vee y) \oplus z = (x \oplus z) \vee (y \oplus z)$

9. 下列式子与 $(x \wedge y) \vee (y \wedge z) \vee (x \wedge w)$ 相等的是（　　）。

    A. $(x \vee y) \wedge (x \vee z) \wedge (x \vee w)$ B. $(x \vee y) \wedge (y \vee z) \wedge (y \vee w)$

    C. $(x \vee y) \wedge (x \vee z) \wedge (z \vee w)$ D. $(x \vee y) \wedge (x \vee z) \wedge (y \vee w)$

10. 三个变量的布尔函数一共有 $2^8 = 256$ 个，其中单调不减的函数有（　　）个。

    A. 16   B. 20   C. 60   D. 128

下面是一些思考题，用于启发并拓展同学们的思维。不建议教师提供"标准答案"。

11. 如果一个问题被证明是图灵机不可计算的，是否就应该放弃？

12. 科学研究中会遇到图灵不可计算问题吗？如果遇见怎么办？请给出一个实例。

13. 人类的生产生活活动中会遇到图灵不可计算问题吗？如果遇见怎么办？请给出一个实例。

14. 哥德尔不完备定理说明，包含算术（arithmetics）的任何数学理论都是不完备的。那么，我们在小学学的算术、中学学的数学与几何、大学学的高等数学，都是错的吗？还是说，它们都是对的？

15. 对 14 题判断的理由是什么？

16. 从计算机科学（计算思维）角度看，什么是真理？这种真理与数学、物理学中的真理有区别吗？如果有，是什么区别？

17. 可不可能出现一个断言，从数学看是正确的，但从计算机科学角度看是错误的？

18. 可不可能出现一个断言，从计算机科学看是正确的，但从物理学角度看是错误的？

19. 有了计算机科学的今天，我们是否应该修订莱布尼茨的充足理由律。

20. 如果应该修订莱布尼茨的充足理由律，请给出一个修正。

第 3 章

chapter **3**

算 法 思 维

第 2 章讲述了计算过程的正确性与图灵机的通用性。假设我们已知一个问题是可计算的,可能存在许多计算过程去解决该问题。算法思维的目的是找出求解该问题的巧妙的计算过程,使得计算时间短、使用的计算资源少。巧妙的计算过程所体现的方法称为算法。

3.1 从一个实例看算法

我们从计算机领域内的一个经典问题——排序问题开始。**排序**是计算机内经常进行的一种操作,其目的是将一组"无序"的记录序列按照大小关系调整为"有序"的记录序列。为了简单起见,假设排序的记录都是正整数;这些正整数的个数是已知的;这些正整数各不相同;要把这些正整数从小到大排序。

为了求解排序问题,人们发展了各种各样的算法,例如冒泡排序、选择排序、快速排序、归并排序、堆排序等。在这一节里以冒泡排序算法为例介绍算法是如何运行的,在后续的章节中还会介绍更复杂的快速排序算法。冒泡排序的原理是:每次将相邻的数字进行比较,按照小的排在左边,大的排在右边进行交换。这样一趟过去后,最大的数字被交换到了最后的位置,然后再从头开始进行两两比较交换,直到比较到倒数第二个数时结束,以此类推。举例如下。

假设原始待排序数组 6,2,4,1,5,9

第一趟排序(外循环):

第一次比较,6>2 交换

交换前状态 6,2,4,1,5,9   →   交换后状态 2,6,4,1,5,9

第二次比较,6>4 交换

交换前状态 2,6,4,1,5,9   →   交换后状态 2,4,6,1,5,9

第三次比较,6>1 交换

交换前状态 2,4,6,1,5,9   →   交换后状态 2,4,1,6,5,9

第四次比较,6>5 交换

交换前状态 2,4,1,6,5,9   →   交换后状态 2,4,1,5,6,9

第五次比较,6<9 不交换

第二趟排序(外循环)：

第一次比较,2<4 不交换

第二次比较,4>1 交换

交换前状态 2, 4, 1, 5, 6, 9　　　　　　→　　　　交换后状态2, 1, 4, 5, 6, 9

第三次比较,4<5 不交换

第四次比较,5<6 不交换

第三趟排序(外循环)：

第一次比较,2>1 交换

交换前状态 2, 1, 4, 5, 6, 9　　　　　　→　　　　交换后状态 1, 2, 4, 5, 6, 9

第二次比较,2<4 不交换

第三次比较,4<5 不交换

第四趟排序(外循环)无交换。

第五趟排序(外循环)无交换。

排序完毕,输出最终结果 1 2 4 5 6 9。

"冒泡排序"这个名字的由来是因为大的数字会经由交换慢慢"浮"到数列的顶端,就像气泡从水底冒上来一样。下面给出算法的形式化描述。

冒泡排序算法

输入：待排序的数组 A,数组 A 的长度 n。

输出：排好序的数组 A。

算法描述：

```
for i=1 to n-1
  for j=1 to n-i
    if A[j]>A[j+1]
        exchangeA[j] with A[j+1].
```

一般地,可以采用如下来自高德纳教授的算法定义①。

高德纳的算法定义

　　一个算法是一组有穷的规则,给出求解特定类型问题的运算序列,并具备下列五个特征。

　　(1) 有穷性：一个算法在有限步骤之后必然要终止。

　　(2) 确定性：一个算法的每个步骤都必须精确地(严格地和无歧义地)定义。

　　(3) 输入：一个算法有零个或多个输入。

　　(4) 输出：一个算法有一个或多个输出。

　　(5) 能行性：一个算法的所有运算必须是充分基本的,原则上人们用笔和纸可以在有限时间内精确地完成它们。

---

① 高德纳.计算机程序设计艺术：第 1 卷 基本算法[M].3 版.苏运霖,译.北京：国防工业出版社,2002.

冒泡排序的算法描述定义了求解排序问题的一组有穷的规则,这组规则符合算法的五个特征。

(1) 有穷性。分析可知,冒泡排序的外层循环需执行 $n-1$ 次;对于确定的 i,内层循环需执行 $n-i$ 次。因此,算法在 $\sum_{i=1}^{n-1}(n-i)=n(n-1)/2$ 步内必然终止。

(2) 确定性。冒泡排序算法每一条指令的含义都很明确。

(3) 输入有两个,一个是待排序的数组 A,一个是数组的长度 n。

(4) 输出有一个,即排好序的数组 A。

(5) 能行性。冒泡排序的基本操作,比较和交换都是充分基本的。人们用笔和纸可以精确实现这些操作。

3.2　算法思维的要点与实例

3.2.1　分治算法

分治算法(divide and conquer)的基本思路如下:将求解一个大的问题规约成求解一个或者多个规模较小的子问题递归求解。

1. 单因素优选法

让我们从单因素优选法的例子出发。考虑定义在区间 $[a,b]$ 上的单变量函数 f,假设 f 满足如下单峰条件: f 先(严格)单调增,后(严格)单调减①。如何最快地找出使得 f 取最大值的点 x?

注:这里假设 $f(x)$ 是现实中的一个非常复杂的函数,不能够简单地通过使用求导等数学分析的工具来找出函数的极值点,唯一允许的操作是对某个指定输入 x 计算 $f(x)$ 的值。我们的目标是使用最少的查询次数,即最少的对 f 的调用次数,找出使 $f(x)$ 最大的 x(在一定的精度范围内)。在生产实践中经常会遇到类似问题。

如果从定义域的一侧出发开始搜索(例如从 a 开始),那么在最坏的情况下,可能需要一直检查到定义域的另一侧(即 b 点)才能确定函数的最大值(考虑一个特殊函数 $f(x)=x$,在区间 $[a,b]$ 上单调增,最大值点在 $x=b$ 取得)。与刚才这种从一边开始搜索相比,一个非常自然的想法是从中间开始搜索。这样的好处是:如图 3.1 所示,如果选取两个非常靠近 $\frac{a+b}{2}$ 的点 x_1 和 x_2,并且查询 $f(x_1)$ 和 $f(x_2)$ 的函数值,分几种情况。

(1) 如果 $f(x_1)>f(x_2)$(见图 3.1),那么根据函数先单调增后单调减的性质可以知道函数的最大值在区间 $[a,x_2]$ 内取得,因此可以舍去区间 $[x_2,b]$。

(2) 如果 $f(x_1)<f(x_2)$,与(1)的情况类似,可以确定函数的最大值在区间 $[x_1,b]$ 上取得,因此可以舍去区间 $[a,x_1]$。

---

① 这里也包括只严格单调增的函数和只严格单调减的函数。

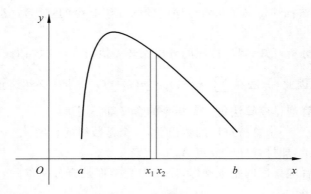

图 3.1　单因素优选法

（3）如果 $f(x_1)=f(x_2)$，那么函数 f 的最大值一定在区间 $[x_1,x_2]$ 内出现，因此可以舍去区间 $[a,x_1]$ 和 $[x_2,b]$。

无论上述哪一种情况，都将所要搜索的区间从 $[a,b]$ 缩小了一半，而对于新的搜索区间（$[a,x_1]$，或 $[x_2,b]$，或 $[x_1,x_2]$），函数 f 在此区间上仍旧满足先单调增，后单调减的性质，因此可以**递归地**调用这一算法继续搜索函数的最大值点。

下面将上述问题描述成一个计算机的问题，并定量地看一下这一算法的效率。通常为了便于计算机进行处理，需要对连续的问题进行离散化，假设将区间 $[a,b]$ 离散化成 n 个点（例如，$n=10\,000$，将 $[a,b]$ 等间距地分成 $10\,000$ 份，第 i 个点 $x_i=a+\dfrac{i(b-a)}{10\,000}$），将函数 f 用一个数组 A 来表示：$A[1]$，$A[2]$，$\cdots$，$A[n]$。这样问题可以描述成如下搜索问题。

输入：数组 $A[1]$，$A[2]$，$\cdots$，$A[n]$，满足存在 $1\leqslant i\leqslant n$，使得 $A[1]<A[2]<\cdots<A[i]$，并且 $A[i]>A[i+1]>\cdots>A[n]$。

输出：i 以及 $A[i]$。

上面所描述的算法可以严格地形式化成如图 3.2 所示的算法。

下面来看一下这个算法的效率。用 $T(n)$ 来表示一个算法在长度为 n 的输入上算需要的运行时间（需要的操作步骤数），通常 $T(n)$ 是一个单调增函数。在算法的第一步需要查询两个点的函数值 $f(x_1)$，$f(x_2)$，算法的开销是 2。在算法的第二步把一个原来输入规模为 n 的问题归约到一个输入规模是 $\left[\dfrac{n}{2}\right]$（这里 $[x]$ 是取整函数，表示不超过 x 的最大整数）或者 $\left(n-\left[\dfrac{n}{2}\right]\right)$ 的子问题，该子问题的设定与原问题完全相同，只是规模比原问题小了。因此，如果递归地调用

算法一：利用二等分找最大值
输入：$A[1]$，$A[2]$，$\cdots$，$A[n]$
输出：数列中的最大值及相应下标
1. begin←1，end←n
2. **While** end−begin>1 **do**
3. 　　$x_1\leftarrow\left\lfloor\dfrac{\text{begin}+\text{end}}{2}\right\rfloor$，$x_2\leftarrow x_1+1$
4. 　　**If** $A[x_1]<A[x_2]$**then**
5. 　　　　begin←x_2
6. 　　**Else**
7. 　　　　end←x_1
8. **If** $A[\text{begin}]<A[\text{end}]$**then**
9. 　　**Return** $A[\text{end}]$,end
10. **Else**
11. 　　**Return** $A[\text{begin}]$,begin

图 3.2　算法一

算法一,所需要的查询次数是 $T\left[\dfrac{n}{2}\right]$ 或者 $T\left(n-\left[\dfrac{n}{2}\right]\right)$,综合这两步,可以得到

$$T(n)\leqslant \max\left\{T\left(\left[\dfrac{n}{2}\right]\right),T\left(n-\left[\dfrac{n}{2}\right]\right)\right\}+2$$

对于取整函数,有如下简单事实:$n=\left[\dfrac{n}{2}\right]+\left[\dfrac{n+1}{2}\right]$,因此 $n-\left[\dfrac{n}{2}\right]=\left[\dfrac{n+1}{2}\right]$,故上式可以简化为

$$T(n)\leqslant T\left(\left[\dfrac{n+1}{2}\right]\right)+2$$

这里隐含地使用了函数 $T(*)$ 是一个单调不减函数这一性质。另外,我们知道初始值 $T(1)=1$。下面来看如何求解这样一个递归式。

由于算法中涉及取整函数,为了简化对算法的分析,这里首先假定 n 是一个 2 的方幂,即 $n=2^m$,之后会给出对于一般情况下的分析。

$$T(2^m)\leqslant T(2^{m-1})+2$$

如果把式子左边的 2^m 换成 2^{m-1},将会得到

$$T(2^{m-1})\leqslant T(2^{m-2})+2$$

可以得到

$$T(2^m)\leqslant T(2^{m-2})+4$$

以此类推,如果继续对 $T(2^{m-2})$ 使用递推公式,将得到

$$T(2^m)\leqslant T(2^{m-2})+4\leqslant T(2^{m-3})+6\leqslant T(2^{m-4})+8\leqslant\cdots\leqslant T(1)+2m$$

最后利用初始条件 $T(1)=1$ 得到 $T(2^m)\leqslant 2m+1$,即 $T(n)\leqslant 2\log n+1$[①]。

与之形成鲜明对比的是,如果从 $A[1]$ 开始一个一个的来看,最坏的情况下(最大值出现在 $A[n]$)需要查询 n 个元素,两者之间的差别达到了指数量级。

对于 n 不是 2 的方幂情况的分析如下。

假设 n 的二进制表示为 $n=(b_m b_{m-1}\cdots b_0)_2$,也就是说

$$n=b_m\times 2^m+b_{m-1}\times 2^{m-1}+\cdots+b_1\times 2^m+b_0$$

并且假设从 b_0 开始第一个 0 出现在 b_l,也就是说 $(b_l b_{l-2}\cdots b_0)_2=(011\cdots1)$(这里 l 可以是 0,即一个 1 也没有,也可以是 $m+1$,即 b_i 全都是 1)。根据递推公式,我们得到

$$T((b_m b_{m-1}\cdots b_0)_2)\leqslant T((b_m b_{m-1}\cdots b_{l+1}10\cdots0)_2)+2\leqslant\cdots\leqslant T((b_m b_{m-1}\cdots b_{l+1}1)_2)+2l$$

类似地,可以再将 $(b_m b_{m-1}\cdots b_{l+1}1)_2$ 末尾最长的连续的一段 1 取出来,仿照上面进行处理。注意到 $b_m=1$,最终将得到一个全由 1 构成的数,设其长度为 k,由上述推理应有

$$T(n)=T((b_m b_{m-1}\cdots b_0)_2)\leqslant T((11\cdots1)_2)+2(m-k+1)$$

而

$$T((11\cdots1)_2)\leqslant T((10\cdots0)_2)+2\leqslant\cdots\leqslant T(1)+2k$$

代入上式可得

$$T(n)=T((b_m b_{m-1}\cdots b_0)_2)\leqslant 2m+3$$

综合两方面,对 $T(n)$ 可以给出如下精确的表达式:

---

① 这里及之后所有出现的 log 如果不加特别说明都是以 2 为底。

$$T(n) \leqslant 2\lceil \log m \rceil + 1$$

可以看到，n 为 2 的方幂与 n 不为 2 的方幂的情况算法的最终效率差别至多是常数量级，并没有实质上的差别，因此在今后进行算法分析的时候，将（根据问题的需要）假定 n 是特定的形式，例如，2 的方幂、完全平方数、3 的倍数等。

让我们再回顾一下上面的算法，我们每次通过付出两次的查询，使得区间的长度缩小一半。是否有可能进一步改进这一算法？每次缩小一半似乎已经是最经济的了，因为如果分成两部分，总有一部分的长度会不小于一半。那么每一轮所用的两次查询是否可以减少？这是有可能的，如果我们能够复用之前已经得到的查询结果。

下面给出上述问题的另外一个更加高效的算法。算法二的思想和算法一基本相同，其关键区别在于分点的选取上。我们的算法和分析中将频繁地用到 $\dfrac{\sqrt{5}-1}{2} \approx 0.618$ 这一常数，为了书写方便，设 $\alpha = \dfrac{\sqrt{5}-1}{2}$。算法二的框图如图 3.3 所示。

下面分析算法二的效率。如前所述，在分析中忽略掉所有取整符号。通过查询 $x_1 = (1-\alpha)n$ 和 $x_2 = \alpha n$，将问题归约到 $A[1,\cdots,\alpha n]$ 或者 $A[(1-\alpha)n,\cdots,n]$ 上面的一个子问题。无论是哪一种情况，新的子问题的规模都是 αn。但是注意到对新的子问题，我们需要查询的两个点的其中一个已经知道了。以 $A[1,\cdots,\alpha n]$ 为例，按照算法的步骤，需要查询的两个分点分别是 $y_1 = \alpha n$，$y_2 = \alpha^2 n$。注意到 α 是方程

```
算法二：利用黄金分割找最大值
输入：A[1], A[2], …, A[n]
输出：数列中的最大值及相应下标
1. begin←1, end←n
2. While end-begin>1 do
3.   x₁←⌊α·begin+(1-α)·end⌋,
     x₂←⌊(1-α)·begin+α·end⌋
4.   If A[x₁]≤A[x₂] then
5.     begin←x₁
6.   Else
7.     end←x₂
8.   If A[begin]<A[end] then
9.     Return A[end],end
10.  Else
11.    Return A[begin],begin
```

图 3.3 算法二

$x^2 + x - 1 = 0$，因此 $\alpha^2 = 1 - \alpha$，所以 $y_2 = x_1$，也即不需要再查询 y_2 点的值，因为已经知道 x_1 点的值。同样，对于子问题 $A[(1-\alpha)n,\cdots,n]$，可以知道算法所需的第一个分点恰好就是 x_2。因此，无论哪一种情况，都只需要再查询一个新的点，故而得到如下递推关系：

$$\begin{cases} T(n) = T(\alpha n) + 1 \\ T(1) = 1 \end{cases}$$

仿照之前的方法可以求得

$$T(n) = T(\alpha n) + 1 = T(\alpha^2 n) + 2 = T(\alpha^3 n) + 3 = \cdots = T(1) + \log_{1/\alpha} n = \log_{(1+\alpha)} n + 1$$

对比两个算法可以看出，算法二的效率要比算法一高（因为 $2\log_2 n = \log_{\sqrt{2}} n > \log_{(1+\alpha)} n$）。所以要解决同一个问题，如果采用不同的方法来设计算法，其效率是不同的。人们总是希望能够设计出最好的算法，即效率最高的算法，来解决问题。

2. n 位数乘法

输入：$X = x_n x_{n-1} \cdots x_1$，$Y = y_n y_{n-1} \cdots y_1$。

输出：$Z = X \times Y = XY$。

计算两个数相乘是我们经常要碰到的问题，图 3.4 给出了如何计算两个三位数 123

×321 的值。对于两个 n 位数来说（想象 n 非常大，例如 n = 10^{12}），如果采用类似的方式来计算，一共需要 n^2 次乘法，以及大约 n^2 次的加法。下面来看采用分治的办法能否减少其中计算的总次数。

$$
\begin{array}{r}
123 \\
\times\ 321 \\
\hline
123 \\
246 \\
369 \\
\hline
39483
\end{array}
$$

图 3.4　两个三位数相乘

将输入 X 和 Y 分别写成长度相等的两段：

$$X = X_1 \times 10^{n/2} + X_2, \quad Y = Y_1 \times 10^{n/2} + Y_2$$

其中，X_1, X_2, Y_1, Y_2 的长度都是 $n/2$。我们要计算的

$$Z = XY = X_1 Y_1 \times 10^n + (X_1 Y_2 + X_2 Y_1) \times 10^{n/2} + X_2 Y_2$$

如果简单地递归调用这一算法，分别去计算 $X_1 Y_1, X_1 Y_2, X_2 Y_1, X_2 Y_2$，那么一共需要做 **4 次**两个 $n/2$ 位数相乘，另外还需要至多 3 次 n 位数加法，所以得到

$$
\begin{cases}
T(n) = 4T(n/2) + 3n \\
T(1) = 1
\end{cases}
$$

不难求出这个递推关系的解，$T(n) = O(n^2)$，即没有比之前平凡的算法有任何实质的提高。

下面看另外一个方法，它的想法是：需要的是 $X_1 Y_2 + X_2 Y_1$，而并非 $X_1 Y_2$ 和 $X_2 Y_1$，注意到

$$X_1 Y_1 + X_1 Y_2 + X_2 Y_1 + X_2 Y_2 = (X_1 + X_2)(Y_1 + Y_2)$$

因此，可以通过计算 $X_1 Y_1, X_2 Y_2, (X_1 + X_2)(Y_1 + Y_2)$，再利用

$$X_1 Y_2 + X_2 Y_1 = (X_1 + X_2)(Y_1 + Y_2) - X_1 Y_1 - X_2 Y_2$$

来得到 $X_1 Y_2 + X_2 Y_1$。采用这一方法一共需要计算 **3 次**两个 $n/2$ 位数相乘，另外需要计算 $X_1 + X_2$、$Y_1 + Y_2$、$(X_1 + X_2)(Y_1 + Y_2) - X_1 Y_1 - X_2 Y_2$，以及

$$Z = X_1 Y_1 \times 10^n + (X_1 Y_2 + X_2 Y_1) \times 10^{n/2} + X_2 Y_2$$

共计 4 次 n 位数加减法以及 2 次 $n/2$ 位数加法，至多 $6n$ 次运算[①]，所以得到

$$
\begin{cases}
T(n) = 3T(n/2) + 6n \\
T(1) = 1
\end{cases}
$$

通过求解这一递推关系可以得到 $T(n) = 13 n^{\log_2 3} - 12n \sim n^{1.59}$，比 n^2 的算法有了大幅度的提升。由此可以看到，在使用分治的思想设计算法的时候，非常重要的一点是使得递归调用的子问题数目尽可能的少。

思考题：如果将两个数各分成三段（三分法），是否有可能比二分法更快？

3. O 记号、o 记号、Ω 记号、Θ 记号

这里我们可以看到，$-12n$ 相对于前面的项来说，是一个无穷小量，在 n 足够大以后，并不对整个结果产生本质影响，例如，$n = 10^8$，$12n/n^{\log 3} < 10^{-8}$，因此经常可以忽略掉这些小项。下面给出严格的定义。

定义 1：（O 记号）假设 f 和 g 都是从非负整数映射到非负整数的函数，如果 f 和 g

---

① 这里只是给出一个上界，并未精确估计加减法的次数，之所以这样做，是因为在后面就会看到，起关键作用的项是前面的 3 次，而不是这里的 6。

满足：存在一个常数 $c>0$，使得对于任意的 n，$f(n) \leqslant cg(n)$，那么称 $f(n)=O(g(n))$ 的。例如：

$$10n+8=O(n), \quad 10^{10}n^2+n=O(n^2), \quad 10^{10}n^{1.999}-n^{1.5}=O(n^2)$$

即 O 记号反映了函数随着 n 的增长其增长的速度快慢，而忽略掉之间可能存在的常数倍的差异。

定义 2：（o 记号）假设 f 和 g 都是从非负整数映射到非负整数的函数，如果 f 和 g 满足：$\lim\limits_{n \to \infty}\dfrac{f(n)}{g(n)}=0$，那么称 $f(n)=o(g(n))$ 的。例如：

$$10n=o(n^2), \quad 10^{10}n^2=o(n^3), \quad 10^{10}n^{1000}=o(1.1^n)$$

也可以使用类似极限的方式来定义 O 记号。

定义 1′：假设 f 和 g 都是从非负整数映射到非负整数的函数，如果 f 和 g 满足存在一个常数 $c>0$，使得 $\limsup\limits_{n \to \infty}\dfrac{f(n)}{g(n)} \leqslant c$，那么称 $f(n)=O(g(n))$ 的。

定义 3：（Ω 记号）假设 f 和 g 都是从非负整数映射到非负整数的函数，如果 f 和 g 满足：存在一个常数 $c>0$，使得对于任意的 n，$f(n) \geqslant c*g(n)$，那么称 $f(n)=\Omega(g(n))$ 的。例如：

$$0.1n-8=\Omega(n), \quad n^2-10^6n^{1.9}=\Omega(n^2), \quad 10^{-10}n^{2.00001}=\Omega(n^2)$$

定义 4：（Θ 记号）假设 f 和 g 都是从非负整数映射到非负整数的函数，如果 f 和 g 满足：$f(n)=O(g(n))$，并且 $f(n)=\Omega(g(n))$，那么称 $f(n)=\Theta(g(n))$ 的。例如：

$$10n-8=\Theta(n), \quad 10^{-10}n^2+10^{10}n^{1.999}=\Theta(n^2)$$

之前关于两个 n 位数乘法的算法复杂度可以写成 $T(n)=\Theta(n^{\log 3})$。有时候在递推关系中也会使用 O、Θ 等记号，例如，$T(n)=3T(n/2)+O(n)$，它所表示的意思是存在一个常数 $c>0$，使得 $T(n) \leqslant 3T(n/2)+cn$。事实上对于这一递推式（以及初始值 $T(1)$），求解的结果都是 $T(n)=O(n^{\log 3})$，只是 O 记号里面的常数可能有所不同。

4. 矩阵乘法

关于两个数乘法的一个自然推广是两个矩阵的乘法。

输入：两个 $n \times n$ 的方阵 $\boldsymbol{A}=[a_{i,j}]$ 和 $\boldsymbol{B}=[b_{i,j}]$。

输出：$\boldsymbol{C}=\boldsymbol{AB}$。

根据定义

$$c_{i,j}=a_{i,1}b_{1,j}+a_{i,2}b_{2,j}+\cdots+a_{i,n}b_{n,j}$$

如果采用最朴素的方法来计算每一个 $c_{i,j}$，一共需要 $O(n^3)$ 次乘法，以及 $O(n^3)$ 次加法。首先将 $\boldsymbol{A}$、$\boldsymbol{B}$ 和 $\boldsymbol{C}$ 分成 4 个 $n/2 \times n/2$ 的子矩阵：

$$\boldsymbol{A}=\begin{bmatrix} \boldsymbol{A}_{1,1} & \boldsymbol{A}_{1,2} \\ \boldsymbol{A}_{2,1} & \boldsymbol{A}_{2,2} \end{bmatrix}, \quad \boldsymbol{B}=\begin{bmatrix} \boldsymbol{B}_{1,1} & \boldsymbol{B}_{1,2} \\ \boldsymbol{B}_{2,1} & \boldsymbol{B}_{2,2} \end{bmatrix}, \quad \boldsymbol{C}=\begin{bmatrix} \boldsymbol{C}_{1,1} & \boldsymbol{C}_{1,2} \\ \boldsymbol{C}_{2,1} & \boldsymbol{C}_{2,2} \end{bmatrix},$$

则

$$\boldsymbol{C}_{1,1}=\boldsymbol{A}_{1,1}\boldsymbol{B}_{1,1}+\boldsymbol{A}_{1,2}\boldsymbol{B}_{2,1}$$

$$\boldsymbol{C}_{1,2}=\boldsymbol{A}_{1,1}\boldsymbol{B}_{1,2}+\boldsymbol{A}_{1,2}\boldsymbol{B}_{2,2}$$

$$C_{2,1} = A_{2,1} B_{1,1} + A_{2,2} B_{2,1}$$
$$C_{2,2} = A_{2,1} B_{1,2} + A_{2,2} B_{2,2}$$

如果直接调用子程序按照上面的式子去计算$C_{1,1}, C_{1,2}, C_{2,1}, C_{2,2}$，一共需要 8 次调用 $n/2 \times n/2$ 子矩阵相乘，另外还需要 4 次计算 $n/2 \times n/2$ 矩阵相加，所得到的递归形式为

$$T(n) = 8T\left(\frac{n}{2}\right) + n^2$$

求解这一递推得到最终的复杂度仍旧是 $O(n^3)$ 的。借鉴之前关于 n 位数乘法的思想，我们需要通过适当的加减运算来减少对子程序的调用次数。下面的这一解法属于 Volker Strassen。

定义如下 7 个矩阵：

$$M_1 = (A_{1,2} - A_{2,2})(B_{2,1} + B_{2,2})$$
$$M_2 = (A_{1,1} + A_{2,2})(B_{1,1} + B_{2,2})$$
$$M_3 = (A_{1,1} - A_{2,1})(B_{1,1} + B_{1,2})$$
$$M_4 = (A_{1,1} + A_{1,2})B_{2,2}$$
$$M_5 = A_{1,1}(B_{1,2} - B_{2,2})$$
$$M_6 = A_{2,2}(B_{2,1} - B_{1,1})$$
$$M_7 = (A_{2,1} + A_{2,2})B_{1,1}$$

首先通过计算若干次，需要计算的$C_{1,1}, C_{1,2}, C_{2,1}, C_{2,2}$都可以使用$M_1, \cdots, M_7$通过简单的加减来得到，具体计算方式如下：

$$C_{1,1} = M_1 + M_2 - M_4 + M_6$$
$$C_{1,2} = M_4 + M_5$$
$$C_{2,1} = M_6 + M_7$$
$$C_{2,2} = M_2 - M_3 + M_5 - M_7$$

这样就可以完成最终的计算。

下面来看一下 Strassen 算法的效率。首先 Strassen 算法一共需要调用 7 次子矩阵乘法，此外算法还需要进行若干次的$(n/2) \times (n/2)$规模矩阵的加法，因此有如下递归式：

$$T(n) = 7T\left(\frac{n}{2}\right) + O(n^2)$$

这里没有精确地去统计计算加法所需要的总次数，而是用 O 记号隐藏了其中的常数，事实上这一常数并不会影响最终求解出来的 $T(n)$ 的数量级，即无论这一常数大小是多少，解出来都是 $T(n) = O(n^{\log 7}) \approx O(n^{2.81})$。

Strassen 在 1969 年提出的算法是关于矩阵乘法首个能够突破 $O(n^3)$ 的算法，之后矩阵乘法的复杂性上界不断被改进：1978 年 Pan 提出的算法复杂度为 $O(n^{2.796})$，1979 年 Bini 等的提出的算法复杂度为 $O(n^{2.78})$，1981 年 Schönhage 提出的算法将复杂度提升到 $O(n^{2.548})$，1982 年 Romani 提出的算法复杂度为 $O(n^{2.517})$，1986 年 Strassen 提出的算法复杂度为 $O(n^{2.479})$。目前最好的矩阵相乘算法由 Coppersmith 和 Winograd 在 1987 年提出，最初提出时算法的复杂度为 $O(n^{2.376})$，最近经过 Stothers、Williams、Le Gall 等对原算法分析不断改进，算法复杂度降为 $O(n^{2.3729})$。能否有接近 $O(n^2)$ 复杂度的矩阵乘法

算法是算法领域一个重要的未解问题。

3.2.2　其他算法实例

在前一节中着重介绍了分治算法，以及如何进行算法复杂度的分析。在这一节中我们将会看到关于算法的另外一些例子，包括稳定匹配问题，它所使用的是一种类似于"贪心"的算法设计技术，与分治算法不同，这类算法所给出的解的正确性是需要证明的；快速排序问题，它所使用的算法不是确定性的，而是一种随机算法，即算法在运行过程中会掷一些硬币，根据掷出硬币是正面还是反面决定运行的步骤。

1. 稳定匹配问题的 Gale-Shapley 算法

作为开始，让我们来看一个在经济学中的例子。2012 年诺贝尔经济学奖授予了数理经济学家 Alvin Roth 和 Lloyd Shapley 教授，以表彰他们在"稳定分配理论及其市场设计实践"方面所做出的杰出贡献。我们就从 Shapley 和稳定分配开始。

考虑如下场景：假设 n 名男生 $M_1, M_2, \cdots, M_n$ 和 n 名女生 $W_1, W_2, \cdots, W_n$ 一起参加一个舞会，每一个人都希望能够找到合适的舞伴。对于每一名女生 W_i，根据自己的标准，对这 n 名男生有一个排序，排序靠前的男生表示 W_i 更加希望与该名男生共舞。同样，对于每一名男生 M_j，也会对所有 n 名女生有一个排序。假设舞会开始的时候他们任意组成了 n 对舞伴，开始跳第一支舞。在这个过程中，如果存在着一对男生 M_i 和女生 W_j，他们彼此不是对方的舞伴，但是他们每一个人都觉得对方比自己当前的舞伴更好，那么在下一支曲子开始的时候，他们就会选择对方作为自己的舞伴，而更换掉当前的舞伴。我们称这样的一对（女生，男生）为一个不稳定对，如果一个匹配中存在着一对不稳定对，就称这样一个匹配是**不稳定**的，反之就称这样一个匹配是稳定的。现在的问题是，这 n 名女生与这 n 名男生是否可以一起形成 n 对**稳定**的舞伴？

这个问题被称为**稳定匹配问题**，下面给出这一问题更加严格的数学描述：

可以用两个 $n \times n$ 的矩阵来表示输入，矩阵 W 代表女生的偏好矩阵，其中每一行都是 $\{1, 2, \cdots, n\}$ 的一个排列，第 i 行表示女生 W_i 对所有男生的排序；M 表示男生的偏好矩阵，第 i 行表示男生 M_i 对所有女生的排序，如图 3.5 所示。

W_1	M_2	M_1	M_3
W_2	M_1	M_2	M_3
W_3	M_2	M_3	M_1

(a) 矩阵 W

M_1	W_2	W_1	W_3
M_2	W_1	W_2	W_3
M_3	W_3	W_1	W_2

(b) 矩阵 M

图 3.5　输入矩阵示例

问题：是否存在一个男生和女生之间的匹配 $\{(W_{i_1}, M_{j_1}), (W_{i_2}, M_{j_2}), \cdots, (W_{i_n}, M_{j_n})\}$，这里 $\{i_1, \cdots, i_n\}$ 和 $\{j_1, \cdots, j_n\}$ 是 $\{1, 2, \cdots, n\}$ 的两个排列，满足不存在一对 (W_{i_k}, M_{j_l})，使得 $k \neq l$，并且在 W_{i_k} 的排序中 M_{j_l} 要比 M_{j_k} 更靠前，同时在 M_{j_l} 的排序里面，W_{i_k} 要比 W_{i_l} 更靠前。

图 3.6 给出的例子中，$\{(W_1, M_1), (W_2, M_2), (W_3, M_3)\}$ 就是一个不稳定的匹配，因

为如果考察女生 W_1 和男生 M_2，W_1 当前的舞伴是 M_1，但是在 W_1 的排序中，M_2 更靠前。同时，对于男生 M_2 当前的舞伴 W_1，W_1 也比她排序更靠前。可以验证，这样一个匹配 $\{(W_1, M_2)$，$(W_2, M_1), (W_3, M_3)\}$ 就是一个稳定的匹配。注意要出现不稳定的男生女生对，必须双方都觉得对方更好，如果只有一方觉得对方好，这并不构成不稳定的对，例如，这里的 M_3 和 W_3，虽

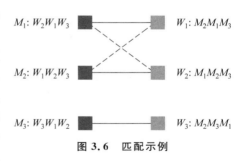

图 3.6　匹配示例

然对 W_3 来说 M_2 更好，但是对 M_2 来说，他的舞伴 W_2 要比 W_3 好，因此他不会同意更换舞伴，也就是说 $\{(W_1, M_2), (W_2, M_1), (W_3, M_3)\}$ 不是一个不稳定的对。

这一问题在经济学中有着重要的应用。数理经济学家 Gale 和 Shapley 最早提出并研究了这一问题，他们证明了不管每一名男生、女生的偏好排序是什么样的，稳定的匹配总是存在的，而且事实上他们给出了一个算法来求出这样的一个匹配，这一算法今天被称为 Gale-Shapley 算法，描述如下。

算法分成若干轮进行，开始的时候算法把每一名女生都标记为"自由的"。在第一轮中每一位男生从自己的偏好队列中选取排在第一位的女生，并向该女生提出共舞的邀请。如果一名女生原来是"自由的"，但是在这一轮中收到了至少一名男生的邀请，则将她的标记从"自由的"改成"不自由的"。如果没有任何一名女生是"自由的"，由于男生与女生的数量相同，因此此时每一名女生恰好收到一名男生的邀请，所有这些邀请构成一个完美匹配。那么她们接受这一邀请，算法输出这一匹配并结束。只要还有"自由的"女生，算法就执行下面的步骤。

由于有一些女生是"自由的"，即没有任何邀请，那么一定有女生收到了多于一名男生的邀请。对于每一名收到多于一名男生邀请的女生，她将选择所有邀请她的男生中在她自己的偏好排序中排位最高的一位作为她当前计划共舞的对象，同时她将拒绝掉所有其他邀请。如果她的标记是"自由的"，则将此标记改成"不自由的"。

对所有那些遭到女生拒绝的男生，他们将从自己的偏好队列中选取尚未被自己邀请过的、排位最高的女生，并向其发出邀请，不管其当前是否有计划共舞的对象。算法重新检查是否存在"自由的"女生，如果有"自由的"女生，则重复上述步骤。

下面以男生、女生各五个人为例来看一下 Gale-Shapley 算法是如何运行的。图 3.7 中男生用数字来表示，女生用大写字母表示。在图 3.7(a) 中，男生数字旁边的字母串表示该男生对所有女生喜好程度的排名。在图 3.7(b) 中，女生字母旁边数字串表示对男生喜好程度排名。两边的排名都从喜欢到不喜欢来排列。

第一步，男生 1 向女生 C 提出共舞的邀请，由于女 C 是自由的，所以她答应了男 1，如图 3.8 所示。

第二步，男生 2 向女生 A 提出共舞的邀请并成功，男生 3 向女生 D 提出共舞的邀请并成功，如图 3.9 所示。

第三步，男生 4 向女生 A 提出共舞的邀请，由于女生 A 已经和男生 2 在一起并且她也更喜欢男生 2，所以拒绝了男生 4。

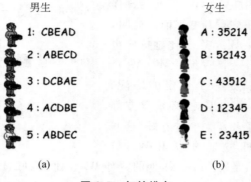

图 3.7　初始排名

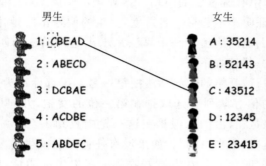

图 3.8　第一步

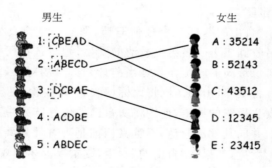

图 3.9　第二步

　　第四步,男生 4 向女生 C 提出共舞的邀请,由于女生 C 最喜欢男生 4,所以女生 C 拒绝男生 1 并答应男生 4,如图 3.10 所示。

　　第五步,男生 5 向女生 A 提出共舞的邀请,女生 A 更喜欢男生 5 而不喜欢男生 2,所以女生 A 拒绝男生 2 并答应男生 5。

　　第六步,男生 2 向女生 B 提出共舞的邀请并成功,如图 3.11 所示。

　　第七步,男生 1 向女生 B 提出共舞的邀请但失败。

　　第八步,男生 1 向女生 E 提出共舞的邀请并成功,所有的人都有了舞伴,如图 3.12 所示。算法结束。

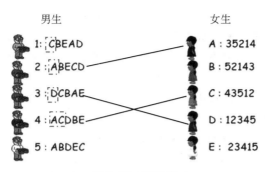

图 3.10 第四步

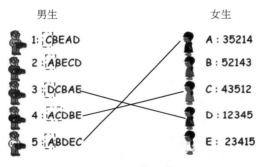

图 3.11 第六步

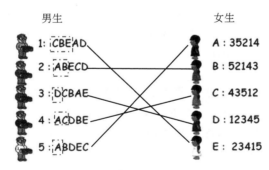

图 3.12 第八步

可以验证,{(1,E),(2,B),(3,D),(4,C),(5,A)}的确是一个稳定匹配。

下面来讨论 Gale-Shapley 算法的正确性,以及该算法的效率。通常一个算法是否正确地求解了所要求解的问题,并不是一件很显然的事情,特别是对于一些复杂的算法,**因此算法的正确性是需要证明的**。之前关于分治算法的几个例子都比较简单,算法的正确性也不证自明,所以我们省略了算法正确性证明这一步骤。但对于 Gale-Shapley 算法,事实上为什么算法最终会停下来,并不是显而易见的,从数学上来看,"稳定匹配一定存在"不是一个很显然成立的命题,Gale-Shapley 算法事实上证明了:无论输入是什么样子,稳定匹配一定存在,而且可以通过这一算法找到。

在证明 Gale-Shapley 算法之前,可以先观察一下这个算法的一些简单性质。

（1）每个男生至多向某个女生提出一次共舞邀请。

（2）每个女生首次被提出共舞邀请之后就一直处于匹配状态。

（3）每个未匹配的男生会不断提出共舞邀请，直到匹配或者所有女生都被提出过共舞邀请。

（4）每次新的共舞邀请被提出时，已经存在的匹配会被破坏。

我们需要几个引理：

引理 1：Gale-Shapley 算法在 $O(n^2)$ 步之后停止。

证明：根据性质 1，我们可以知道每个男生最多提出 n 次共舞邀请，全部男生总共提出 n^2 共舞邀请。而算法中每个回合都有人提出一次共舞邀请，所以可以知道在 n^2 个回合之后，算法终将停止。

引理 2：Gale-Shapley 算法停止时输出一个匹配。

证明：要证明算法停止时输出一个匹配，也就是要证明每个女生都有唯一一个男生和她为伴。每个女生不可能有多个男生与她为伴，因为女生答应新的男生之前必先和前任解除关系。因此，只要证明每个女生都至少有一个伴即可，这里用反证法证明。

不妨假设女生 W_j 在算法结束后没有伴。因为女生至多有一个伴，因此可以知道必有另一个男生 M_i 也没有伴。根据性质（3），男生 M_i 在算法结束时肯定会对所有女生都提出过一次共舞邀请，也就是男生 M_i 必然向女生 W_j 提出过共舞邀请。又根据性质（2），女生 W_j 在男生 M_i 提出过共舞邀请后一直处于匹配状态，与假设矛盾。

引理 3：Gale-Shapley 算法输出的匹配是稳定匹配。

证明：还是用反证法来证明。不妨假设最终的匹配存在一对不稳定的匹配 (W_1, M_2)，也就是 W_1 相比 M_1 更喜欢 M_2，M_2 相比 W_2 更喜欢 W_1，如图 3.13 所示。

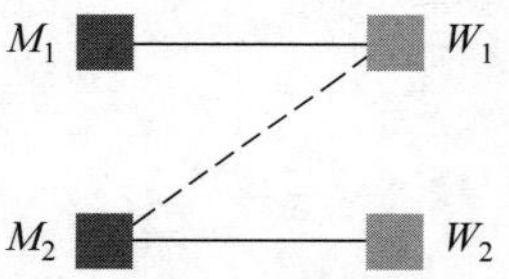

图 3.13　不稳定的匹配

我们分两种情况来讨论。

情况 1：M_2 未曾向 W_1 提出过共舞邀请。由于 M_2 和 W_2 最终在一起了，那就说明 M_2 向 W_2 提出过共舞邀请。另外，由于 M_2 更喜欢 W_1，那么 M_2 在向 W_2 提出共舞邀请之前必然向 W_1 提出过共舞邀请。这样便产生矛盾，情况 1 不可能发生。

情况 2：M_2 向 W_1 提出过共舞邀请。由于 M_1 和 W_1 最终在一起了并且 M_2 向 W_1 提出过共舞邀请，因此说明 W_1 更喜欢 M_1。与假设矛盾，所以情况 2 不可能发生。

2. 快速排序算法

在前面的章节已经简单介绍了排序问题以及冒泡排序算法，在这一节中将介绍一种计算机常用的排序算法：快速排序算法（quick sort）。其核心思想是不断地递归调用自身来对子问题进行排序。

图 3.14 是快速排序算法的伪代码，它对数组 A 中第 p 个元素到第 r 个元素进行排序。其中需要调用一个子程序 Partition(A, p, r)，它每次从数组 $A[p, \cdots, r]$ 中均匀随机地抽取出一个元素 x，然后对数组 $A[p, \cdots, r]$ 进行调整，使

```
QuickSort(A, p, r)
   If p<r
      1. q = Partition(A, p, r)
      2. QuickSort(A, p, q-1)
      3. QuickSort(A, q+1, r)
```

图 3.14　快速排序算法

得比 x 大的数都排在它的右边,而比 x 小的数都排它的左边(右边的数之间暂不进行大小关系的排序,左边也是一样)。Partition(A,p,r) 最终返回 x 在数组中的位置 q。经过 Partition() 子程序的操作之后,在 x 的左边的数肯定都比右边的要小,因此只要对 x 左边的元素 $A[p,\cdots,q-1]$ 和右边的元素 $A[q+1,\cdots,r]$ 分别**递归地使用 QuickSort()** 再做排序即可。图 3.15 给出了快速排序算法具体执行的一个例子(图 3.15 中用黑体标出了每一次随机选取的元素)。

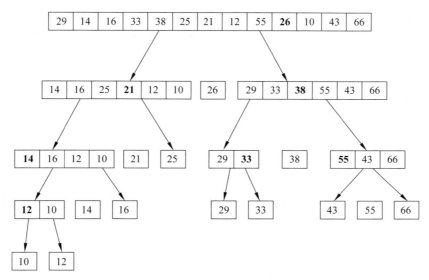

图 3.15　快速排序算法

　　最后分析快速排序算法的效率。由于快速排序算法中被调用的 Partition() 子程序采用随机方式来选择元素,所以快速排序算法的运行时间不是确定的,而是一个随机变量。如果每次 Partition() 函数恰好把数组等分成两份,那么总的排序时间就会非常快;如果每次分得两份长度极不均衡,那么算法就会非常慢(例如极端情形下每次都分在数组的一端)。我们用 $T(n)$ 表示快速排序算法对 n 个无序的数排序所需要的时间,注意到 $T(n)$ 是一个随机变量,我们要分析它的期望。由于每次是均匀随机地选取一个元素,因此选到任何一个元素的概率都是 $1/n$。假设算法所选取的元素 x 在数组所有的元素中间排在第 i 位,那么比 x 小的元素有 $(i-1)$ 个,这些元素会被排在 x 左边,递归调用 QuickSort() 算法时所需要的时间为 $T(i-1)$。比 x 大的 $(n-i)$ 个元素会被排在 x 右边,递归调用 QuickSort() 算法时所需要的时间为 $T(n-i)$,因此,总的排序时间 $T(n)$ 的期望为

$$E(T(n))=\frac{1}{n}\sum_{i=1}^{n}E(T(i-1)+T(n-i)+n-1)$$

其中,最后一项 $(n-1)$ 是因为需要将 x 与其他所有元素进行比较。对上式进行简化可以得到

$$E(T(n))\leqslant\frac{2}{n}\sum_{i=1}^{n-1}E(T(i))+(n-1)$$

求解上述递推关系可以得到 $E(T(n))=O(n\log n)$。也就是说,快速排序算法的期望运行时间是 $O(n\log n)$,显著快于之前冒泡排序算法所需要的 $O(n^2)$ 的时间。

3.2.3　算法复杂度浅介

就算我们只考虑可计算问题,这中间也有许多区别。一个只需要算一分钟的问题与需要算 10 亿年的问题可能有本质的不同。

早在计算机发明之初,人们就发现每个问题都有两个固有的重要性质,即它需要一定的计算时间和一定的内存空间。人们把这两个性质称为该问题的时间复杂度和空间复杂度。例如,求解一个一元二次方程式 $ax^2+bx+c=0$ 非常简单。我们有现成的公式

$$x=(-b\pm\sqrt{b^2-4ac})/2a$$

我们只需要输入 a、b、c 三个常数,在有限的常数步时间,就可以完成计算。这个问题的时间复杂度和空间复杂度都是常数,简写为 $O(1)$。

但是,求解两个 n 阶矩阵的积所需要的时间就更多了。采用一般的矩阵乘法,需要 $O(n^3)$ 的时间。还有一类问题需要更长的时间,如需要 $O(2^n)$。人们把需要 $O(2^n)$ 时间的问题称为具有**指数复杂度**的问题,而把需要 $O(n^k)$(k 是一个常数)的问题称为**多项式复杂度**的问题。很多科学家认为,具有多项式复杂度的问题比较好解,而具有指数复杂度的问题就要难解得多。

在一台图灵机或其他计算机上指导解题的程序常常称为一个**算法**。图灵机在执行一个算法时常常会遇到这种情况:当算法执行到某一步时,下一步如何走有多种选择(如下棋就常常是这样的)。有一种图灵机比较聪明,它永远能正确地猜出该走下面哪一步,从而用最少的时间执行完算法。一般的图灵机则必须去试探每个步骤,不成功再返回来试另一个步骤。人们把那种比较聪明的图灵机称为**不确定图灵机**,而把那种比较笨但也更容易实现的图灵机称为**确定图灵机**。计算机科学中有一个很难但也很有趣的问题,叫作 P＝NP 问题:如果一个问题有一个不确定图灵机的多项式时间复杂度算法(NP),是否也有一个确定图灵机的多项式时间复杂度算法(P)?

这个问题是说,假如聪明的图灵机能在多项式时间内解决一个问题,那是不是保证了也能使用比较笨的图灵机在多项式时间内解决同样一个问题?

从表面上看,P＝NP 问题的答案显然是否定的。试想一下下棋问题。如果使用聪明的图灵机,它能在每一步猜出最佳走法。这样的机器显然比那种在每一步必须试探各种可能的笨的图灵机要快捷得多。但麻烦在于,人们已经花了数十年的时间来试图解决 P＝NP 这个问题了,但一直没有能够证明 P≠NP 或 P＝NP。

2000 年,人类进入 21 世纪之际,世界数学界宣布了对七个"千年数学难题"悬赏解题,每一题悬赏 100 万美元。这七个难题中,第一个就是 P＝NP 问题。

我们现在可以小结一下对计算过程和算法思维 4 和 5——构造性与复杂度的理解。

计算过程和计算思维理解 4：构造性

人们能够构造出聪明的方法（称为算法）让计算机有效地解决问题。

计算过程刻画：

（1）一个计算过程是解决某个问题的有限个计算步骤的执行序列。

（2）人们能够构造出聪明的方法来实现这个计算过程，让计算机有效地解决问题。也就是说，人们能够构造出计算过程，构造出问题的解。不只是停留在"证明解存在"的阶段。

（3）这里的"聪明"是指"能够自动执行的方法"。也就是说，该方法所实现的计算过程必须能够在计算机上自动执行。

计算思维要点："精准地描述信息变换过程的操作序列，并**有效地**解决问题"是如何体现的？

精准性体现于：任何算法必须满足高纳德的算法五性质。算法的执行过程就是精准的信息变换过程。

有效性体现于：①算法思维强调构造性，即不仅证明问题的解存在（对比数学中的存在性证明），而且要构造出适用于该问题的算法，从而构造出问题的解（对比数学中的构造性证明）；②算法思维强调计算过程自动化，即算法能够在图灵机或其他计算机上一步接一步地自动执行，直到计算过程完成并给出问题的解。整个过程不用人工干预。

计算过程和计算思维理解 5：复杂度

聪明的方法（称为算法）具有时间复杂度与空间复杂度。

计算过程刻画：

（1）任何可计算问题都能被描述为图灵机上的计算问题。任意可计算问题都有一个对应的在图灵机上执行的计算过程。

（2）任何计算过程可通过一个算法精准地描述。算法的执行过程就是计算过程。

（3）算法的执行过程需要占用图灵机（或等价的其他计算机）资源。最重要的资源是算法完成所占用的时间（图灵机的执行步数）和空间（被占用的图灵机纸带长度）。它们被分别称为时间复杂度与空间复杂度。

计算思维要点："精准地描述信息变换过程的操作序列，并**有效地**解决问题"是如何体现的？

精准性体现于：①采用图灵机，或等价计算模型，精确地定义并统计出算法占用的时间和空间；②时间复杂度与空间复杂度可以忽略常数因子，采用 O 记号、o 记号、Ω 记号、Θ 记号标记。

有效性体现于：①对任一可计算问题，设计出聪明的方法（算法），尽量降低时间复杂度与空间复杂度；②人们已经积累了大量的算法，以及分治等算法设计方法论；③科学与社会中的实际问题有不同的复杂度，从低到高分为常数复杂度 $O(1)$、亚线性复杂度（如 $O(\log N)$）、线性复杂度 $O(N)$、多项式复杂度 $O(N^k)$、指数复杂度 $O(2^N)$ 等。

3.3　算法的创新故事

本节讲述三个算法的创新故事。第一个是算法学术领域的。第二个与第三个事关创业公司，看起来与算法学术无关，但是，它们显示了如何利用算法思维，即精确地分析问题，将问题分解到一系列可操作的步骤，并具备可度量的性质，最后集成的过程可以解决问题。它们说明，算法思维不仅可以用于设计算法与计算机程序，也可用于更广泛的领域。

3.3.1　平稳复杂度

1985 年，滕尚华越洋赴美，来到洛杉矶的南加州大学计算机科学系，攻读研究生学位。在计算机科学众多领域中，滕尚华最感兴趣的是算法。

算法的研究分成两类创新工作。第一类是发明，即针对计算机所要解决的问题，发明和构造出新的算法。第二类是发现，即找出算法的内在规律。在计算机界中，这类发现工作有一个同义词，叫算法分析。

发明新算法的重要性是不言而喻的。但是，有些刚接触计算机的同学对算法分析的重要性却理解不深。事实上，算法分析是非常重要的创新工作。一个算法好不好？它解决问题的质量如何？它需要多少执行时间？它需要多少内存和硬盘？这些对用户以及软件设计者都是很现实的问题。算法分析对发明新算法也有指导作用。例如，如果算法分析显示，某个算法已经是"最优"的，就说明不可能存在比它更好的算法，也就用不着空耗精力去再发明同一问题的更好算法了。

滕尚华刚到南加州大学时，他并不清楚自己以后要做什么样的具体科研题目。但他有一个理想，就是要在算法领域做出世界一流的创新工作，发明重要的新算法，发现重要的新规律。

滕尚华热情地投入了硕士课程的学习。南加州大学有很好的老师和课程。滕尚华知道自己应该珍惜这个学习机会。滕尚华也知道，光是努力是不够的，还应该保持好的学习心态、运用好的学习方法。只有这样，才能有真知灼见，把自己变成一个有用之才。

滕尚华的学习方法有三个特点。第一，在课程学习中，不要只满足于老师的讲授、看懂教科书、会做作习、考试得高分。关键还要多思考，要领悟教科书的字里行间隐藏的精义。教科书、讲授、作业、考试只是帮助同学们学会某种知识的手段，并不是知识本身。要真正掌握知识，还需要主动积极地动脑、动手、融会贯通，真正弄清课程的精髓是什么。第二，在选择课程时，不能太偏科，不能只选与算法有关的课程，还必须选择基本课，以及一些实用技能课。第三，在制订整体学习计划时，要把科研与学习结合起来。在心态上，不是只当学生，而是要做一个创新者，或至少为今后的创新工作做好准备。

1986 年，滕尚华在硕士一年级期间，与同学王兵一起写出了他的第一篇科研论文，随即在《并行与分布计算国际杂志》上发表。1988 年，滕尚华以优异成绩在南加州大学获得硕士学位，并被南加大授予"杰出学术成就学生"奖。

硕士毕业后,滕尚华跟随他的导师 Gary Miller 教授到卡内基·梅隆大学攻读博士学位。卡内基·梅隆大学是一个理论与实践并重的学府,要求毕业生必须具备实际动手能力。滕尚华在继续算法研究的同时,编写了大量程序。1991 年,滕尚华完成了他的博士论文,也成了一个编程高手。

六年的学习为滕尚华奠定了坚实的基础,他已经准备好了实现自己的理想。在博士毕业后的九年时间里,滕尚华在施乐公司 PARC 研究中心、英特尔公司、IBM 研究中心、麻省理工学院、密里苏达大学、伊里诺大学等地从事研究工作,完成了一系列有影响的科研成果。他在《计算机协会杂志》(*Journal of ACM*)等一流国际刊物上发表了 40 多篇论文,在"计算理论会议"(ACM STOC)等著名国际学术会议上发表了 30 多篇文章。2000 年,36 岁的滕尚华由于杰出的科研和教学工作,在伊里诺大学晋升为正教授。

滕尚华虽然喜欢计算机理论和算法,却并不是一个关在象牙塔里做学问的理论家。滕尚华选择工作单位时有个特点:他先选择一所大学,同时又在一家公司的研究开发部门兼职。接触工业界不仅给他的研究工作提出需求和灵感,而且也有利于他的科研成果迅速被工业界利用起来。1994 年以来,他参与了工业界的四个研究项目,发明了十余项专利。他设计的一些算法,至今还被英特尔公司用于半导体芯片的设计和模拟之中。

美国的大学老师一般要从事三类工作:科研、教学和服务。尽管科研工作占据了滕尚华大部分时间,但他并没有忽略教学和服务工作。他指导了二十几名本科生和研究生,参与了十几种国际学术会议的组织工作,参加国际学术期刊的编委和审稿工作,还经常到大专院校和公司做学术讲座。他教过十几门研究生和本科生的课程。他不只是简单地传授课程知识,还试图通过讲课提示科学的美妙。听他讲课的学生这样评价他的风格:滕尚华的讲演很有特色,他的陈述系统而又清晰、重点突出,常常通过美好的结果引出全新的概念。听他的讲演是一种享受。2000 年,滕尚华被伊里诺大学的同学们评为优秀教师。

在滕尚华的众多研究成果中,有两项工作颇有影响。第一项工作是,他发现了几何与数值计算这两个学科之间的一种双向联系。通过这种联系,他进而采用几何技术解决了数值计算中的一系列重要问题。反过来,他又利用数值计算的知识回答了几何与组合优化中的一些问题。这些发现还导致了一些新算法的发明,其中一些还被用到实际软件中。滕尚华的这些工作成果具有漂亮的理论研究的共同特征:尽管中间的推导非常复杂,需要研究者辛勤的劳动,最后呈现的结果和证明过程却优美而简洁,关键部分只需要两张幻灯片就能讲清楚。

另一项工作是计算复杂度的一种新概念和新方法。对于一个特定的计算问题,人们可能会想出上百种方法来解决它。每一种方法就是一种算法。有的算法解决这个问题可能需要在计算机上算一年的时间,而更好的算法可能只需要一天的时间。一个算法所需要的计算时间就是它的计算复杂度,是算法的一个很重要的属性。当人们分析一个算法的复杂度时,通常是考虑在最坏情况下所需要的时间。

我们举一个例子。某市有 1400 万居民,每个居民都在公安局的户口数据库里有一个记录。假设想调出居民赵二的记录,一个笨办法是一条一条地查 1400 万条记录,找到赵二的记录,再调出来。如果记录恰好是按"百家姓"排的,那我们的运气很好,姓赵的排在最前面,用不了多久就能找到赵二的记录。但假如户口数据库是按拼音排列,则赵姓会排到很后面,要花的时间就多多了。不管怎么样,在最坏的情况下,这种笨算法要一直查到最后一个记录才能找到所需居民的记录。因此,在最坏的情况下,这个笨算法的复杂度是 1400 万个计算步骤。如果这个户口数据库有 n 条记录,则这个笨算法的复杂度是 n。

计算机科学家们对这种搜索问题早已发明了更好的算法,其复杂度是 $\log n$。以上述某市居民户口数据库为例,这类好算法只需要 $\log 14\ 000\ 000 < 24$ 步就可以完成。24 比起 1400 万就小了很多很多。由此可见算法的重要性。

有些算法的复杂度是 n^k(k 是一个常数),称为多项式复杂度;还有一些算法的复杂度是 2^n,称为指数复杂度。当问题的规模 n 变大时,多项式复杂度的算法远比指数复杂度的算法好。例如,假设 $k=3$,$n=10\ 000$。那么,$n^k=10^{12}$,而 $2^n=2^{10\ 000}\approx 10^{3000}$。因此,对于困难的问题,人们一直在寻找多项式复杂度的算法。

困难的问题中有一大类问题叫优化问题,即在一定的约束条件下,寻找最优的问题解答。例如,给定一定的功率限制和工艺限制,如何设计出最快的计算机芯片;给定一定的重量限制和强度限制,如何设计飞机翅膀的最优形状;等等。人们对优化问题已经提出了很多算法,其中运用最广泛的叫"单纯形算法"。

这个单纯形算法有一个很奇怪的性质。它的(最坏情况)复杂度是指数性(2^n);但是,在实际算题过程中,它在大多数情况下却只需要多项式复杂度(n^k)的时间。计算机科学家们已经花了二十多年时间,试图解释这个矛盾。

滕尚华和他的合作者,麻省理工学院的斯比尔曼教授(Dan Spielman),经过五年的辛勤工作,对这个问题给出了一个漂亮的回答。他们提出了一种称为"平稳分析"的算法分析新方法和一个"平稳复杂度"的新概念,并证明了单纯形算法具有多项式平稳复杂度,从而说明了单纯形算法在实际应用中一般速度都比较快的原因。

滕尚华和斯比尔曼的结果在 2001 年 1 月公布后,受到了同行的重视。美国的十多所著名大学请滕尚华去演讲。麻省理工学院的莱塞森教授称赞这个成果是该领域十年来最重要的进展。莱塞森教授在得知滕尚华的成果时,他们所著的权威教科书《算法》已经改版定稿,马上就要付印,他特意在书中加上了参考文献,提到这个新结果。

2001 年初夏,作者和滕尚华相聚于波士顿剑桥。在麻省理工学院附近的一个咖啡店,他们回忆起在南加州大学求学的日子,谈起当年的同学。作者请滕尚华讲一讲对创新的体会。

滕尚华讲,创新首先要有一个理想,要努力争取对同行产生影响,要推动本领域科学的进步。这对自我价值的实现也是很关键的。他举了一个例子。他在四年前发表的一个结果,至今还有大学请他去演讲。他的那个结果的关键部分用两张幻灯片就能讲清楚。他的这两张幻灯片已经用了四年多,讲了几十次。这种对学科产生持续影响的工作,比那种准备一大堆幻灯片,却只讲一次的工作,不是更为有趣吗?

要做出有影响的结果,需要长时间的刻苦工作。滕尚华讲,他的学术研究工作,每一项都花了三年以上的时间,其中大部分时间都花在定义问题上。

滕尚华讲,中国国内的理论研究界,很看重解决一个已知的问题,例如对某某猜想的证明。但对原创性研究而言,尤其是计算机领域的理论研究,事情常常不是这样。研究者需要花很大的努力、很长的时间,才能建立起对一个领域的认识、积累起足够的知识、培养起直觉和品味,从而自己提出科学问题和猜想。在头两年,研究者甚至说不清楚自己在研究什么问题,只能说自己在理解某个领域、在试探着如何提出问题。往往只有等到工作完成、结果出来以后,研究者才发现,原来他是在解决一个大的猜想。

以前面说到的平稳复杂度为例,滕尚华他们五年的工作最终可以被看作证明了"单纯形算法具有多项式平稳复杂度"这个猜想。但是,五年前滕尚华他们开始工作的时候,他们是在黑暗中摸索,不仅这个猜想不存在,就连平稳复杂度这个概念也没有。他们只是有一种很模糊的感觉:高维微分几何可能有助于解决计算复杂性的一些问题。经过了近三年的摸索,他们才认识到了还是要回头研究单纯形算法,其后才提出了平稳复杂度的概念,最终才得到了今天的结果。

2008 年,滕尚华与斯比尔曼的工作获得了理论计算机科学界著名的哥德尔奖。

2015 年,滕尚华与斯比尔曼再次获得哥德尔奖。这次的成果是他们提出的一类用途广泛的求解拉普拉斯矩阵的复杂度接近线性的算法,被业界简称为拉普拉斯方法(Laplacian paradigm)。复杂度接近线性是指小于 n^2 但大于 n,其中 n 是问题规模。例如,在求解最大流问题时,滕尚华等人的拉普拉斯方法将前人最好方法的 $(m+n)^{3/2}$ 复杂度改进到了 $(m+n)^{4/3}$。

今天,滕尚华担任南加州大学的讲座教授,继续从事算法研究。

3.3.2　红帽的故事

1993 年,罗伯特·杨(Robert Yang)在一家小公司卖软件。他注意到,一种叫 Linux 的软件卖得很好。他四处打听这是个什么软件,是哪个公司开发的。人们告诉他,这是一种自由软件,它不是哪家公司开发的,而是全世界的程序员用自己的时间开发出来,供全世界的用户免费使用的。

罗伯特·杨认为,Linux 不能提供一种可持续的经济模式,它的畅销只是昙花一现。

出乎他意料的是,一年以后,Linux 不仅没有消亡,它的销售量反而一直上升,支持 Linux 的应用软件也越来越多,越来越高级。罗伯特·杨开始认为 Linux 是有市场的。那么,这个 Linux 现象后面是不是隐藏着一个人们还没有发觉的、可持续的经济模式呢?

罗伯特·杨开始仔细研究这个问题。他与 Linux 的开发人员会谈,与 Linux 的各种用户交流。研究得越深,他就越清楚地发现 Linux 现象后面确实有一个可持续的经济模式,不过它是一个很怪的东西,在软件领域还未曾显现过,但是在很多传统产业里面却有成功例子。而且,他还没有听说过别人也看清了这个隐藏的经济模式,这给予他一个前所未有的商业机会。

于是,在 1994 年秋,罗伯特·杨与一个朋友合作创办了红帽公司(Red Hat),专门销售 Linux 和相关软件。

Linux 后面那个经济模式是什么? 为什么罗伯特·杨认为它提供了巨大的商机呢?

Linux 本身是一种操作系统软件。那个时候,世界上已经有了几十种服务器操作系统和微机操作系统。加上嵌入式系统,操作系统的数量已不少于数百种。为什么市场上会需要又一个操作系统呢？

当然，人们可以争辩 Linux 有很多技术优点，例如说它更可靠、效率更高，等等。但是，罗伯特·杨认为，这些技术优点并不能够保证 Linux 占领市场。很多市场上成功的产品并不是技术最优越的产品。

人们常常把技术优点和对用户的益处混为一谈。但是事实上，技术优点并不都能为用户带来可见的好处。那么，什么是 Linux 的主要技术优点？它又能为用户带来什么益处呢？

罗伯特·杨想明白了，Linux 之所以能在市场上成功，不是因为它很有技术优势，更不是因为它提供了一个新的操作系统，而是因为它具有以前的操作系统都没有的一种经济模式，从而能够为用户带来前所未有的巨大益处。

Linux 最本质的技术优势是开放源码，而 Linux 能够让用户、让消费者控制操作系统则是主要的好处。以前的专有操作系统的控制权掌握在软件厂家手中，消费者的应用必须绑定在某一个软件厂家的操作系统平台上，这个模式是极不利于市场经济健康发展的。

简言之，Linux 代表了软件领域的三种前所未有的本质创新：它用开放源码软件取代专有软件，这是技术特点的本质创新；它把控制权从专有软件厂家手里夺回来交给了用户，这提供了一种根本的用户权益；它将垄断性的经济变成了健康的市场经济，这是操作系统软件领域经济模式的创新。

那么，红帽公司应该如何办呢？它如何紧紧抓住这个新的经济模式所带来的商机呢？罗伯特·杨觉得，他可以从传统产业的成功例子中汲取经验，而这样的例子实在是很多。

大到汽车工业，小到肥皂、瓶装水、番茄酱这些日用品，很多市场都是"商品化产品"（非垄断产品）充斥的市场。这些商品化产品有两个主要特征：第一，它们的"零部件"都是在市面上随意可以买到的，不会被某一厂家垄断；第二，这些产品的价格差异主要归因于品牌。名牌番茄酱比一般的同类产品价格可以高上一两倍，同时仍然可以占据 80% 的市场。这不是因为它有什么很好的秘密配方或者知识产权，而是在于它的优秀品牌。这个品牌代表了质量、信誉、服务，它让消费者放心。事实上，名牌产品和杂牌货相比，大部分时候并没有多少物质上的区别。

对 Linux 操作系统市场而言，罗伯特·杨认为它一定会变成一个商品化产品的市场。而这个市场目前还没有名牌厂家。如果红帽捷足先登，就可以领导这个市场。因此，红帽的市场战略其实很简单：

- 将操作系统用户引导成为 Linux 用户。
- 将 Linux 用户引导成为红帽的用户。
- 最终的结果是，凡是想购买操作系统软件的用户第一想到 Linux，凡是想购买 Linux 的用户第一想到购买红帽公司的产品。

这样，红帽就成为 Linux 市场，进而是操作系统市场的著名品牌。

想通了这个道理，罗伯特·杨制定了一个实现红帽子品牌的四点战略。这个战略对任何商品化的产品都适用。

- 开发一个很好的产品：红帽 Linux 操作系统软件。
- 充分运用想象力和技巧做好市场销售工作。
- 照看好用户。
- 建立代表信誉和优质服务的红帽品牌。

当消费者想买一辆汽车时，他并不是买一辆抽象的汽车，而是要买一辆奥迪、福特等特有品牌的汽车。今天，人们购买或下载 Linux 操作系统时，也不是买一种抽象的 Linux，而是购买"红帽 Linux""龙芯 Linux"等从一个特定厂家推出的 Linux 产品。

红帽公司就像一家名牌汽车厂商一样运作。汽车厂商做一种车型的总体设计，然后从市场上买来各种商品化部件（发动机、轮胎、油漆等），装配成一辆汽车，通过周密的测试和质量控制，然后销售出去，并提供各种消费者服务。

同样，红帽从市场上得到 400 多个自由软件部件，把它们集成为一个 Linux 操作系统软件包，经过严格的测试以后，用光盘和免费下载的方式销售给用户。红帽也提供大量的技术支持服务。

事实证明，红帽的品牌战略是很奏效的。2000 年，世界上已有近 2000 万个 Linux 用户，而红帽 Linux 占据了市场的第一位，份额超过 50%。1999 年 8 月 11 日，红帽在纳斯达克股票市场上市，当天股价从 14 美元激增到 52 美元，红帽变成了一个市值 3 亿多美元的公司。

3.3.3　创业公司五步曲

迈克·逖曼（Michael Tiemann）的父亲曾经教导他："如果你打算读一本书的话，一定要从封面到封底全部读完。"

逖曼并不是很听父亲的话。但在 1987 年，他有点厌倦了自己的日常工作，同时又对自由软件产生了浓厚的兴趣。于是，他决定遵循父亲的劝告，把当时唯一的一本有关自由软件的书《GNU Emacs 手册》从头到尾仔细阅读一遍。

这是一本奇怪的书。它的作者是当代自由软件运动的创始人理查德·斯多曼。斯多曼的自由软件信条不仅鼓励用户自由地复制软件，也鼓励读者自由地复制书籍。斯多曼不把这种行为看作"盗版"，而看作共享知识。当时，出版商并不愿意出版斯多曼的书。因此，《GNU Emacs 手册》一书是斯多曼自费出版的。

另一个奇特之处是，这本书是一种计算机软件的使用手册，但它的最后一章"GNU 宣言"却讲了一种哲学。其中，斯多曼讲述了他鼓吹自由软件的动机："软件的金科玉律是：如果我喜欢一个软件的话，我必须与他人共享。专有软件厂商企图分裂用户，进而控制他们，强迫每个用户同意不与他人共享。我拒绝别人破坏用户的团结。"

事实证明，父亲的劝告是有道理的。逖曼在阅读《GNU Emacs 手册》的过程中，不仅理解了自由软件的精神，更重要的，他还读出了书中没有明确讲述的东西。逖曼从字里行间领悟出了前所未有的商机和创新的灵感。两年后，他创立了赛格纳斯公司，历经"灵感—远景—创业—坚持—成功"五步曲。2000 年，赛格纳斯公司在开放源码软件领域已成为领袖之一，公司的价值从创立时的 6000 美元注册资本增加到了价值 3 亿多美元，10 年增值了 5 万倍。

1987 年,也就是逖曼在仔细阅读《GNU Emacs 手册》的时候,计算机软件正处于令人很不满意的状况。逖曼最感兴趣的编程工具软件情况更糟。

开发计算机软件的程序设计人员(又称编程人员)都要使用一些特殊的软件,称为编程工具软件。常用的编程工具软件包括:

- 编译器,用来将编程人员所编写的高级语言(如 C、Java)程序转换成计算机能懂得的二进制代码。
- 编辑器,用来编写高级语言程序和文档。
- 调试器,用来发现和纠正程序中的错误。

这三种工具是任何编程人员必须具备的、最基本的编程工具。其他还有很多编程工具,如文件处理工具、版本控制工具、脚本语言解释器等。

在 1987 年,这些工具主要是由专有软件厂商提供的。这些编程工具软件都专属于某一厂家,其源码不对大众开放,有很多问题。第一,这些工具很粗糙,功能很初级。第二,它们有很多功能和性能方面的局限,使用起来很不方便。第三,这些工具软件的技术支持很糟糕。如果用户遇到问题,从厂家得到的回答常常是"对不起,我们的软件现在就是这个样子"。第四,由于这些工具软件是专有软件,有一系列"许可证""版权""商业机密"之类的保护,用户没有办法修改这些软件来适合自己的需求。第五,各个软件厂商为了竞争,纷纷引入一些专有的"特点"或"特色"。如果用户采用了某种特点,就被绑死在这个厂商的产品上了。假如后来这个厂商停止了这个产品线,或者这个厂商倒闭,用户只好自认倒霉。

面对这种糟糕的情况,大多数编程人员除了抱怨以外只得接受,认为软件行业理所当然就是这个样子。

但是,像理查德·斯多曼这样富于创新的先驱者则拒绝接受这种现状。斯多曼认为软件的这种糟糕的状况是错误的、不正常的,其病因在于软件的专有性。他还提出了自由软件的哲学和思路作为解决软件问题的正确方法。

迈克·逖曼在斯多曼的基础上更有创新。他换了一个不同的角度看问题。斯多曼看出了专有软件的毛病,尤其是在道义上的错误,从而倡导自由软件的理想。逖曼则看出,专有软件完全不符合自由市场经济的精神。说得好听一点,专有软件处于市场经济的原始阶段,从本质上必然会具有市场经济原始阶段的通病,例如,低水平重复劳动、互不兼容、效率低、消费者不满意。而自由软件更符合市场经济的规律,因此最终必将战胜专有软件。自由软件最后能够成功,不是因为它代表了一种崇高的理想,而是它在市场中更具有竞争性。

于是,逖曼产生了第一个灵感:由于源码开放,自由软件可以不花成本地吸引全世界的软件爱好者加入到开发队伍中;由于可以免费复制,自由软件将有越来越多的巨大的用户群。因此,为自由软件提供**收费服务**的软件服务公司将具有无可比拟的规模效应,大赚其钱。这些服务包括软件的安装、配置、维护、升级、培训、故障排除、问题解答、集成方案等。

逖曼四处兜售自己的思路。他得到的普遍反应是:"这是一个很好的想法,但不可行,赚不了钱。"在 20 世纪 80 年代,软件公司的收入绝大部分是靠卖软件产品,服务只是

一种不受重视的"副产品",收入很少。如果用公式表示,大体是

$$软件＋服务＝99\%＋1\%$$

逊曼的思路则是革命性的变化:

$$软件＋服务＝0\%＋100\%$$

无怪乎大家都不看好他的商业模型。

逊曼并没有被普遍的负面反应弄得气馁,他反而产生了第二个灵感:如果大家都认为这是一个很好的思想,很可能它确实是一个好思想;如果大家都认为这种思路不可行,赚不了钱,也就意味着没有另外的人"打算干同样的事",因此也就没有竞争者。

于是,逊曼决定马上推进自己的思路,进入创业公司五步曲的第二步,即勾画出公司的远景。

迈克·逊曼当时在斯坦福大学攻读博士学位,是一名穷学生。尽管他对自己的灵感和创新思想充满信心,但他必须仔细思考,想清楚创业公司的远景,想通可能会遇到的关键问题。他觉得只有在想透了这些问题后,才能辍学去办创业公司。

经过长时间的思考,逊曼发现,尽管问题有许多,实际上他必须要回答的只有下面三个本质性问题:

- 为什么"为自由软件提供收费服务"的公司能赚大钱?
- 假设上述命题成立,为什么你逊曼最合适做这件事? 别人也可以开一家自由软件服务公司呀!
- 假设上述两个问题都解决了,别的公司看到了你的成功,很可能会蜂拥而至,复制你的模式,与你争夺市场。你凭什么持续地拥有市场,保持竞争优势?

对第一个问题,逊曼已经有了很多思考,从而有清晰的回答。一个创业公司要想赚钱,必须向市场提供价值。要想赚大钱,它必须提供唯一性的、大量用户需要而又只能从这一个公司获得的价值。这就是创业公司的**价值定位**(unique value proposition)。价值定位是一个公司最本质的特征,是它发展的根本。像生物的基因一样,价值定位是一个公司区别于其他公司的最基本的性质。

逊曼想要创办的公司将为自由软件提供高质量的收费服务。这个价值定位有什么样的市场优势呢? 首先,它利用了自由软件(或开放源码软件)的全部优势。当时市场上的软件绝大部分是专有软件,它们具有很多缺点。这些缺点正好都是自由软件的价值,也就是逊曼的公司的价值。仅此一条,就使得逊曼的公司能够向市场提供绝大多数软件公司不能提供的价值。另外,当时市场上有一些小公司开始出售和分发自由软件,但还没有一家公司为自由软件提供服务。

逊曼也找到了一个利用服务大赚其钱的行业例子,那就是律师业。法律从本质上是"开放源码"的,任何人都能自由地获得法律条文。法律没有专利、商标、许可证,没有"知识产权"。任何人都可以免费使用法律。但是,律师却是最赚钱的一个行业,而律师所做的事就是提供法律服务。

第二个问题就难回答多了。逊曼可以回答说,现在世界上除了他以外,还没有人想到靠为自由软件提供服务的思路。确实,硅谷和世界各地每天都有很多所谓的创新,它们的唯一价值就一种思路、一种观念,或者一种所谓的诀窍。这种诀窍"像窗户纸一样",

一捅就破。

但这并不是一个令人信服的回答。自由软件不同于专有软件,它的所有源码都是公开的,无秘密可言。逖曼也不能采用什么秘密的服务诀窍取胜,因为服务更是大家都看得见的东西。

幸好,逖曼还有两个更深层次的理由。首先,并不是别人不知道或没有想过"为自由软件提供服务"这件事。关键是除了逖曼以外,没有人认为这样做能赚钱。这就使得在相当一段时间内,不会有人与逖曼竞争,给予他足够的超前时间去实现他的核心价值。而这个核心价值才是逖曼的真正竞争力所在。

其次,逖曼仔细地分析了法律界和律师行业。既然法律是开放源码的,那么法律服务的价值在哪里呢?为什么有的律师生意不好,而有的律师却收费极高生意依然很好呢?

逖曼找到了原因,那就是知识的积累。高明的律师只是极少数。他们的特点在于不但有丰富的法律知识,还能创造法律知识、影响法律的解释。法律的条文本身并不是法律的全部,如何解释这些法律条文有时作用更大。最高明的、最有价值的律师(也常常就是收入最高的律师)能够通过影响判决而形成典型案例。这个典型案例就变成了法律的一部分,被后世的法庭审判所沿用。因此,高明的律师不仅提供法律服务,他还帮助创造新的法律。不过,律师只收服务的费用,他帮助创造的法律则是公共财产,任何人都可以免费使用。

于是,逖曼发现了他要创办的公司的核心价值定位,那就是"提供标准自由软件的服务公司"。

这个公司与其他软件产品和服务公司都不同。首先,它是一个自由软件公司,这就排除了大多数公司,因为当时大多数软件公司经营专有软件。其次,它是一个服务公司,而当时还没有自由软件服务公司。第三,它不是一个普通的服务公司,它还要花很大的精力开发自由软件产品并为其提供服务。不过,产品是免费的,只有服务是收费的。第四,这个公司不只是简单地开发软件产品,它的产品还是业界的标准。自由软件意味着全世界的人都可以自由地开发和使用软件。但逖曼的公司却控制着自由软件的标准化。由于控制着标准,这个公司的服务(培训、软件安装、维护升级、故障排除、系统优化、集成方案等)就更有价值和竞争力。

这样,逖曼明白了为什么别人开一家服务公司也难以与他竞争。没有几个人能够想通"自由软件服务公司能赚钱"这个道理,想通了真正能去做的人就更少了。在这少数人中,又没有几个能够想到和领悟"提供标准自由软件的服务公司"这个核心价值定位,即使想到了,要办成这样一个公司也需要很多时间。

想通了第二个问题,第三个问题也就迎刃而解了。逖曼认为,等到他的公司成功以后,别人很可能想复制他的思路,与他竞争市场。但这些后来的竞争者没有任何优势。逖曼并不担心来自另一家自由软件公司的竞争,因为思路相同就只有靠拼实力,而这家后进入的公司不会比他的公司实力强。逖曼担心的是另外一种情况:一个实力远比他雄厚的专有软件公司进入自由软件领域,与他竞争。但逖曼仔细分析以后,认为自己的担心是多余的。专有软件公司不会愿意进入自由软件领域,打击自己的专有软件产品,因为它们就靠着专有软件赚钱。有一种可能是存在的,那就是专有软件厂商不惜血本进入自由软件领域,其目的是消灭逖曼的公司。即使如此,逖曼觉得专有软件公司也处于十分不利的位置。自由软件的性质决定了专有软件公司的开发成果必须公诸于世,供全世界(包括逖曼的公司)使用。逖曼的公司控制着自由软件的标准,最后是由他说了算。专有软件公司越努力,逖曼的公司就越强。

逖曼想通了这些关键问题,创业公司的远景在他眼中日益清晰。他决定退学,全力创办公司。

1989 年 11 月 13 日,逖曼与另外两个志同道合的朋友在加利福尼亚州硅谷正式注册了赛格纳斯(Cygnus)公司。公司成立之初只有四个半员工:三个创始人、一名销售人员、一名还在上学的研究生。

尽管逖曼对公司的远景已经有了一个较为明晰的思路,但真正干起来完全是另一回事,有很多困难需要克服,有很多未知的问题需要解决。最大的问题是:这样一个创业公司应该遵循一个什么样的商业模式,去一步一步地实现公司的愿景?

逖曼和他的朋友们对这个问题并没有明确的回答。他们都没有办过公司,也没有任何经营管理的经验。于是,他们决定先干起来,从实践中学习。他们从书店里买了一些讲如何办创业公司的书籍,再结合自己的想法和公司的远景,制定了一系列公司的规章制度、财务思路、会计章程、市场和销售计划、客户服务模式。这些规章和计划都很简单,因为逖曼知道,公司的商业模式都还没有确定,一切都在变化之中,工作计划和章程只要勉强能用就行,用不着花很大的力气和资源去搞一套完备而严格的东西。

另一方面,赛格纳斯公司只有 6000 美元的注册资金,很快就会花光。因此,逖曼他们必须尽快找到收入,支持公司的运作。

于是,三个创始人商定了一个分工:逖曼白天负责从市场上拿到合同,晚上参加编写程序,其他人则负责技术工作和内部事务;同时,所有员工都要思考建立公司的商业模式。

1990 年 2 月,赛格纳斯公司与客户签订了第一个技术支持合同。到了 4 月,合同额增长到了 15 万美元。公司第一年的生存问题解决了。1990 年 6 月,赛格纳斯从市场上找出了 150 个潜在客户,向他们送出了销售材料。到了 1990 年 12 月,公司的技术支持和开发的合同额增长到了 72 万美元。

赛格纳斯公司之所以能在市场上比较迅速地拿到合同,是因为市场有需求。当时,自由软件已经渐渐开始流行,很多大公司已设置了一些技术人员专门从事自由软件的技术支持和再开发工作。由于赛格纳斯的三个创始人都是自由软件高手,更由于他们的口号"以一半到四分之一的成本提供二至四倍的品质",一些公司愿意把技术支持工作外包给赛格纳斯这个专注于自由软件技术服务的专业公司。他们知道,这样做不仅成本更低,效率也更高。

但是,逖曼却深深知道,公司第一年的历程看起来很成功,业绩也不错,却不是长久发展的正确模式。公司靠这种模式难以实现它的核心价值定位,因此是做不大的。公司能为客户提供高质量的服务,是因为有几个高手在拼命苦干。公司能把用户的可见成本压得很低,是因为向员工付出的报酬很少,而且员工常常无偿地通宵工作。赛格纳斯并没有走上实现规模效应的正确道路。而这些现象的根本原因,是因为赛格纳斯还没有建立一个长远的商业模式,并全力实现它。

到了1990年底,赛格纳斯的商业模式渐渐清晰起来。这个商业模式要回答三个关键问题:

- 赛格纳斯要为用户提供什么样的可见价值?
- 什么是赛格纳斯的核心价值定位?
- 赛格纳斯应该采用一种什么样的运作模式去一步一步地实现上述价值和定位?

创业公司尽可以"讲故事"给用户和投资商听。但说一千道一万,最基本的事实是,一个公司必须提供用户看得见的明显价值,用户才会愿意出钱买产品或服务。赛格纳斯将自己能提供的可见价值说得很简单、清楚:"自由软件的低成本、高品质技术服务",其中低成本和高品质是竞争优势所在。当时还没有自由软件的专业服务公司,赛格纳斯的竞争者是各个用户公司内部的技术支持人员。比起这些内部人员,赛格纳斯可以用1/4～1/2的成本,提供2～4倍品质的服务。

要为客户提供这种可见价值,赛格纳斯公司必须取得规模效应,也就是反复复制同样的东西,提供给很多用户。由于赛格纳斯提供的不是软件产品,而是软件服务,实现规模效应就难了许多。软件产品开发出来之后,只要销售渠道通畅,每份副本的成本很小。如果通过网络下载销售,成本可以变得趋近于零。但软件服务却需要人来实现,降低成本不是一件容易的事。赛格纳斯公司的核心竞争力,也就是它的核心价值定位,是"标准自由软件的技术服务"。公司要开发出业界的标准自由软件,运行在很多平台上,其服务在所有平台上、对所有用户几乎都是一样的。这样,很多用户都使用同样的标准软件产品和标准服务,规模效应就上来了。

为了实现上述可见价值和核心价值定位,赛格纳斯采用了很务实的业务模式。我们先看看它的财务模式。逖曼从市场上了解到,赛格纳斯的价值定位在风险投资市场上无人能理解,因此五年之内不能指望任何风险投资。这就意味着赛格纳斯必须依靠从市场上赚到的钱滚动发展。而要取得一定规模,公司必须快速增长,每年增长率不低于50%。于是,赛格纳斯采用了下面的运作模式:

公司的一部分人要尽力从市场上找到软件服务的合同。这些合同最好与公司的核心业务紧密相关,但其他领域的软件服务合同也可以。这个业务方向的目的是为公司找到收入,同时建立用户群。它的另一个目的是为建立公司的核心竞争力赢得时间。

另一伙软件高手则集中精力开发标准的自由软件产品和服务标准。这个业务方向在几年之内可能都没有收入,但却是公司的核心价值定位所在,是公司达到规模效应,从而取得大发展的关键。

自由软件的产品方向很多,包括各种应用软件、各种工具软件、各种操作系统软件。赛格纳斯必须遵循硅谷的"钉子定律",将全公司的力量都集中到一个产品方向。逖曼最后决定,公司只提供编程工具软件。这样的软件也有很多,逖曼反复问一个问题:这个编程工具是不是编程人员必须使用的? 如此筛选后,逖曼最终决定只提供编译器和调试器。这两个软件工具被集成为一个软件包,称为GNUPro。

硅谷的氛围鼓励创新,鼓励人们出新思想。但硅谷还有另一句话:"没有实际操作的灵感一钱不值(An idea is nothing without execution)。"赛格纳斯有了明确的价值定位和业务模式,但这还远远不够,它还必须克服很多困难,在一天一天的苦干中坚持,最终实现它的核心价值定位。

第一类困难是技术问题。赛格纳斯要推出的第一个标准软件产品是 GNUPro 软件包,只含两个软件(编译器和调试器)。逖曼估计只需要六个月就能推出产品,因为这些软件都是开放源码的,赛格纳斯只需要做一些集成工作,例如整理一下文档、写一点安装配置的脚本程序、做一点测试和包装,等等。但是,事情远不是这么简单。

这两个软件一直都没有主要维护人员,结果是市场上有很多不同的版本。GNU 编译器是理查德·斯多曼编写的。但斯多曼只编写了一个版本,另外还有几十个公司将他的版本修改后移植到了不同的计算机平台上,这几十个版本都有各自的特点,使用不同的文件格式,互相并不能很好地兼容,性能差别也很大。GNU 调试器的版本就更多了,共有 137 种不同版本。

逖曼和他的两个朋友决定,他们要成为这两个软件的主要维护人员,把它们集成为一个标准的软件包。这是一件很难的工作,主要包括下述两个方面:

- 从这 100 多个版本中,整理出一个公共版本(也就是 GNUPro)。它里面的所有软件都享有相容的数据结构和文件格式。
- 构建一套软件开发的基础设施,包括版本控制工具、安装和配置工具、自动测试工具等。

理查德·斯多曼听到赛格纳斯的计划后,认为工作量太大,难以实现。但逖曼和他的朋友们没有灰心,坚持干下去,一年半以后推出了 GNUPro 第一版。

第二类困难是销售。尽管赛格纳斯的销售额(即软件服务合同额)增长很快,每年增长率高达 60% 以上,这并不是说市场情况很好,有很多客户来买他们的服务。实际情况是,潜在市场很大,但要将这个潜在市场变成订单合同,则需要赛格纳斯克服很多困难去说服用户。

用户开始很不愿意使用赛格纳斯的服务。他们有很多看起来很有说服力的理由:

- 谁是赛格纳斯? 我为什么要从一个从未听说过的小公司购买服务合同?
- 赛格纳斯如果破产了我怎么办?
- 赛格纳斯干的事情以前没有人干过,因此是很不成熟的技术方案,值得我去冒这个险吗?
- 我为什么要出钱购买自由软件的服务? 为什么我不能自己干?

赛格纳斯之所以能在这样糟的客户反应中赢得合同,是因为他们耐心而坚持不懈地回答一个个用户的问题,是因为他们能够提供优良的技术方案为用户带来低成本、高品质的服务价值,还因为他们有优秀的销售人员,能把赛格纳斯为用户提供的价值讲清楚。有一位销售人员的做法很有效:她不是去讲赛格纳斯的产品和服务有什么技术上的优点,而是向用户阐明赛格纳斯在做什么事,这些工作的难度,以及这样做能为用户的业务带来什么好处。她向用户说明了,如果不买赛格纳斯的服务,这些烦琐困难的事情都会落在用户身上,结果花费更大。

第三类困难是缺乏优秀的管理人员。由于赛格纳斯的自由软件服务业务模式是一种全新的模式,很少有管理人员有类似的经验。赛格纳斯也招聘到了一些有经验的管理人员,但他们的经验都是管理专有软件公司的,与赛格纳斯的经营理念完全不合拍。这些管理人员出于习惯,常常要改变公司的业务模式以适应他们过去的经验,结果全都失败了。赛格纳斯一直没有找到很好的办法解决这个问题,只能要求管理人员多学习,同时从认同自由软件服务这个经营理念的技术人员和市场销售人员中提拔管理人员。

第四类困难有关公司的持续发展和规模经营。硅谷有很多创业公司是所谓的"流星公司",上市不久就迅速消失了。这些流星公司的一个共同缺点就是没有远见,缺乏持续创新的能力。这些公司往往只有一个产品,又不能及时地改进升级,不能保有和扩大市场,很快就被竞争者赶上,挤出了市场。

当 GNUPro 成功推出后,赛格纳斯公司有几年时间销售额持续增长,规模效应慢慢显现出来。但逊曼却从一开始就认识到,编程工具的市场是有限的,公司必须找到新的增长点,拓展新的市场。从公司创立之初,他就时时在思考这个问题,不断与用户交谈,留意市场机会。经过几年的积累,他在 1995 年选择了"嵌入式操作系统"作为公司的第二个产品。

那时,市面上已经有 100 多种嵌入式操作系统产品,最大的也只占了 6% 的市场份额。同时,还有 1000 多种嵌入式操作系统在各个公司内部使用着。这是一种典型的市场经济初级阶段,具有它的所有缺点,包括没有标准、互不兼容、不成规模、低水平重复、各厂家为争夺蝇头小利不得不打价格战。

逊曼并不想开发"又一个"嵌入式操作系统,他想开发的是一个标准,可以取代现有的 1000 多种系统。而要做到这点,他必须创新。经过一年多的思考,逊曼提出了他的全新的 eCos 嵌入式操作系统的两个创新思路。第一,嵌入式系统都比较便宜,而嵌入式操作系统只是整个系统的一部分,哪怕收很小一点软件使用费都会增加成本、影响销售。因此,eCos 必须免费提供。第二,要取代 1000 多个现有的嵌入式操作系统,eCos 必须能够支持 1000 多种嵌入式硬件平台。而要做到这一点,用户不仅应该能够修改 eCos 的源码,还必须能够修改 eCos 的体系结构。因此,eCos 不仅是开放源码(open source)软件,还应该开放体系结构(open architecture),用户可以通过一些简单的配置操作改变体系结构去适应需求。

那么,赛格纳斯如何赚钱呢? 对这个问题,逊曼还没有想出明确的答案。当然,eCos 也可以像 GNUPro 那样通过服务赚钱。但 eCos 是一个操作系统,而 GNUPro 是一种工具软件。GNUPro 的服务能赚钱并不等于 eCos 的服务也能赚钱。

让逊曼高兴的是,他用不着马上解决如何让 eCos 赚钱的问题。1997 年,两家风险投资商认同了逊曼的思路,向赛格纳斯注入了 625 万美元的资金,公司开始全力开发 eCos。

1999 年,赛格纳斯已经成长为一个成功的自由软件服务公司。公司的两个主要产品得到了广泛的应用。GNUPro 编程工具软件已在 170 种计算机平台上使用,eCos 也成为最有影响的嵌入式操作系统之一。公司的收入仍然保持了 50% 以上的年增长率,纯利润额也在逐年增长。

2000 年 1 月,红帽公司发行了市值三亿多美元的股票,购买了赛格纳斯公司。由于这次并购行动,红帽公司在自由软件的编程工具和嵌入式操作系统两个领域,已成为最有影响的公司。迈克·逊曼成为红帽公司的技术总监,继续从事自由软件的研究开发工作。

3.4　编　程　练　习

本书所有的编程练习参见 6.7 节。

练习:在自己的计算机中编写、编译并运行一个 Go 语言程序,用于实现快速排序算法。

练习:验证自己的程序确实实现了排序,即输出数据是输入数据从小到大的排序。

练习:通过理论分析,估计快速排序算法消耗的执行时间与内存空间。可以通过了解自己的计算机的基本参数,大致估算出执行快速排序算法的一个基本步骤需要多少时间(记为 τ 秒),并估计 N 个数的总排序时间是 $(N\log N)\tau$ 秒。例如,假如 $N=1024\times1024$,$\tau=1\mathrm{ns}$,那么理论估计的执行时间是 $20\times1024=20\,480\mathrm{ns}$。如果细心设计程序,可以只用 $O(N)$ 的内存空间。这只是一个近似的估计。

练习:通过改写快速排序程序,实际测量出快速排序算法消耗的执行时间与内存空间,并与理论估计出的时间与内存空间比较。

练习:改变 N 的值(例如,$N=128\times1024$,1024×1024,$8\times1024\times1024$),再重复上面的练习,体会快速排序算法的 $O(N\log N)$ 时间复杂度与 $O(N)$ 的空间复杂度。

6.7 节提供了供参考的 Go 语言代码示例 algo_complexity.go。下面我们逐行过一遍该程序。示例程序的源码共有 31 行语句代码。

```
1   package main
2   import(
3    "fmt"
4    "math/rand"
5    "runtime"
6    "time"
7   )
8   func main(){
9    rand.Seed(time.Now().UnixNano())
10   runtime.GC()
11   var m0 runtime.MemStats
12   runtime.ReadMemStats(&m0)
13   n :=128 * 1024 * 1024
14   var large_array=make([]int, n)
15   for i :=0; i<len(large_array); i++{
16       large_array[i]=rand.Int()
17   }
18   start :=time.Now()
19   quicksort(large_array[0:n])
20   elapsed :=time.Since(start)
```

```
21    runtime.GC()
22    var m1 runtime.MemStats
23    runtime.ReadMemStats(&m1)
24    memUsage :=m1.Alloc-m0.Alloc
25    fmt.Printf("Sort took %d milliseconds\n", elapsed/1000/1000)
26    fmt.Printf("Cost memory %d KB\n", memUsage/1024)
27    //TODO Your result checking code here
28    }
29    func quicksort(array []int){
30      //TODO Your quicksort code here
31    }
```

1. 代码 1～8 行,第 28 行

第 8 行的{与第 28 行的}配对。这段代码与第 1 章编程练习的区别是,导入语句 import(…)导入了多个软件包。其中,"math/rand"包提供了数学函数包里的随机函数 (第 9、16 行);"runtime"包提供了系统运行时函数,如查询和管理内存空间的函数(10～ 12 行,21～23 行);"time"包提供时间函数(第 18、20 行)。

2. 代码第 9 行

rand.Seed(time.Now().UnixNano())调用当前系统时间,精度为纳秒级,设置系统 随机发生器的种子。

3. 代码 10～12 行,21～23 行,第 24 行

代码 11、12 行将系统使用的当前内存空间状态读入变量 m0。为了获取准确的内存 空间使用情况,第 10 行代码先调用 runtime.GC()做一次垃圾回收,即将其他程序使用的 内存空间清理回收。

同理,代码 21～23 行将当前内存空间状态读入变量 m1。

这两段代码之间是快速排序代码。其执行后和执行前的内存空间之差,也就是 m1 和 m0 这两个变量值之差,就是快速排序代码所占用的内存空间大小,即快速排序的空间 复杂度。

第 24 行代码 memUsage :=m1.Alloc-m0.Alloc 求出了这个差值,并赋予变量 memUsage。注意:变量 m0 和 m1 的数据类型都是 runtime.MemStats,而 runtime .MemStats.Alloc 对应着占用的内存空间大小,其单位是字节。

4. 代码 13～17 行

这几行代码声明了一个数组变量 large_array,其大小是 n 个元素,每个元素是整数 类型的;再用一个循环语句将该数组的元素赋予随机值。

5. 代码 18～20 行

这三行代码调用 quicksort 函数执行排序任务,并统计出 quicksort 函数花费的执行

时间,其单位是纳秒。

6. 代码 25、26 行

这两行代码分别打印出 quicksort 函数所花费的时间(单位为毫秒)和内存空间(单位为千字节,即 KB)。格式%d 表示打印结果是整数。

7. 代码第 27 行

这是一行伪代码,用备注标出。各位同学需要自己开发出一段代码,检查 large_array 这个数组里面的元素确实是排好序了。

8. 代码 29～31 行

这是各位同学需要自己开发的 quicksort 函数代码。从第 19 行代码 quicksort 调用看,quicksort 函数只有一个参数 array,它的类型是整数切片。这个参数的含义是指明被排序的整数切片。

3.5 习　　题

1. 关于 $O(\cdot)$,$\Omega(\cdot)$ 和 $\Theta(\cdot)$,下列叙述正确的是(　　)。

    A. $2n^3+n\ln n$ 是 $O(n^2)$ B. n^2+3 是 $\Theta(n^2\log n)$

    C. 2^n 是 $\Omega(n)$ D. $n^{\log n}$ 是 $O(n^{100})$

2. 以下选项中,对渐近表达式 $O((\log n)^n)$、$O(n^{100})$、$O(n^{\log n})$、$O((\log n)!)$ 按量级由小到大排列正确的是(　　)。

    A. $O((\log n)!)$、$O((\log n)^n)$、$O(n^{100})$、$O(n^{\log n})$

    B. $O((\log n)^n)$、$O((\log n)!)$、$O(n^{100})$、$O(n^{\log n})$

    C. $O((\log n)!)$、$O(n^{100})$、$O((\log n)^n)$、$O(n^{\log n})$

    D. $O(n^{100})$、$O((\log n)!)$、$O(n^{\log n})$、$O((\log n)^n)$

3. 截至 2013 年 6 月,世界上运算速度最快的超级计算机是由中国研制的天河二号,它每秒能完成 5 亿亿次运算。如果使用该计算机来近似计算有 1000 个节点的斯坦纳树问题(Steinertree problem,该问题目前最好的算法的时间复杂度为 $n^{\log_2 n}$,n 表示斯坦纳树的节点个数),最坏情况下大约需要算(　　)。

    A. 5 个月   B. 50 年   C. 500 年   D. 500 000 年

4. 快速排序(quick sort)是最常用的排序算法之一,其平均复杂度是 $O(n\ln n)$(为什么?)。请问快排算法在最坏情况下的运行时间是(　　)。

    A. $O(n)$ B. $O(n\ln n)$ C. $O(n^2)$ D. $O(n^2\ln n)$

5. 求解下列递归式的渐近式:$T(n)=($　　$)$。

$$\begin{cases} T(1) = 1 \\ T(n) = 3T\left(\dfrac{n}{2}\right)+n^2 \end{cases}$$

A. $\Theta(n\ln n)$ B. $\Theta(n^2)$ C. $\Theta(n^2\ln n)$ D. $\Theta(n^3)$

6. 以下计算问题是否属于 NP 问题？（　　）

问题一：输入 n 个整数 $a_1,a_2,\cdots,a_n$ 和正整数 $k(<n)$，判定是否能从中找到 k 个数使得其和为 0。

问题二：输入两个正整数 a 和 b，判定 a 和 b 是否互素。

A. 是，是   B. 是，否   C. 否，是   D. 否，否

7. 考虑具有如下初始状态的"三柱汉诺塔"问题：其第一根柱子上的圆盘编号为 1 号、3 号和 5 号，第二根柱子上的圆盘编号为 2 号和 4 号，第三根柱子为空。请问至少还要（　　）步才能将所有圆盘搬到第三根柱子上。

A. 20   B. 21   C. 22   D. 23

8. 稳定匹配问题输入如下。

男生对女生的喜好排名（越靠前表示越喜欢）				
B1	G3	G2	G4	G1
B2	G2	G4	G3	G1
B3	G3	G4	G2	G1
B4	G4	G3	G2	G1

女生对男生的喜好排名（越靠前表示越喜欢）				
G1	B4	B1	B3	B2
G2	B1	B3	B2	B4
G3	B2	B3	B1	B4
G4	B2	B3	B1	B4

请问如果采用男生主动的算法求得的匹配是哪一个？（　　）

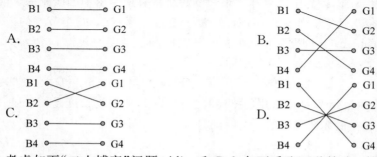

9. 考虑如下"二人博弈"问题，Alice 和 Bob 各可采取两种策略：策略 a_1、策略 a_2 和策略 b_1、策略 b_2。收益矩阵如下：

策略 a	策略 b	
	策略 b_1	策略 b_2
策略 a_1	$(1, -1)$	$(0, 0)$
策略 a_2	$(0.5, -0.5)$	$(0.75, -0.75)$

假如 Bob 采用策略 b_1、策略 b_2 的概率分别为 1/2 和 1/2，Alice 最大化自己收益的最优策略是什么？（ ）

    A. $(0,1)$ B. $(0.3,0.7)$ C. $(0.5,0.5)$ D. $(1,0)$

注：(p, q) 表示以 p 的概率选择策略 a_1，以 q 的概率选择策略 a_2。

10. 在题 9 中，Alice 和 Bob 的最优策略分别是什么？即在最坏情况下（对方知道他们的策略），他们该如何最大化自己的收益？（ ）

    A. Alice：$\left(\dfrac{4}{5}, \dfrac{1}{5}\right)$ Bob：$\left(\dfrac{3}{5}, \dfrac{2}{5}\right)$ B. Alice：$\left(\dfrac{4}{5}, \dfrac{1}{5}\right)$ Bob：$\left(\dfrac{2}{5}, \dfrac{3}{5}\right)$

    C. Alice：$\left(\dfrac{1}{5}, \dfrac{4}{5}\right)$ Bob：$\left(\dfrac{3}{5}, \dfrac{2}{5}\right)$ D. Alice：$\left(\dfrac{1}{5}, \dfrac{4}{5}\right)$ Bob：$\left(\dfrac{2}{5}, \dfrac{3}{5}\right)$

11. 今天，Linux 已经成为世界上最流行的操作系统。红帽的故事中，罗伯特·杨发现的 Linux 现象背后隐藏的可持续的经济模式是什么？你能用算法思维表达它吗？

12. 将迈克·逊曼的创业公司五部曲表达成一个算法。你能分析这个算法并得到有意义的结果吗？

13. 举出一个没有输入的算法例子。

14. 解释高德纳教授的算法定义中，为什么要规定算法五性质？例如，为什么一个算法可以没有输入，但必有输出？

15. 一个无穷步骤的计算过程不能用算法刻画（它违反了算法五性质之有穷性），那么，这样的计算过程用什么来刻画呢？

第 4 章

网 络 思 维

    很多计算过程需要将多个部件连接在一起形成一个计算系统。这些部件往往被称为**节点**（**node**），一个计算系统就是由多个节点连接通信而形成的**网络**（network）。网络计算系统中的一个节点可以是一台计算机，也可以是一个硬件部件、一个软件服务、一个数据文档、一个人或一个物理世界中的物体。因此，网络计算系统可以是一个硬件系统、软件系统、数据系统、应用服务系统、社会网络系统。

    强调计算过程中的连通性（connectivity）与消息传递（message passing）特征的思维方式称为**网络思维**。当代计算机科学发展了**名字空间**（name space）和网络**拓扑**（topology）概念来体现连通性，发展了**协议栈**（protocol stack）技术以实现消息传递。

    网络思维的一个核心抽象是**协议**（**protocol**），即确定节点集合以及两个或多个节点之间连接与通信的规则。作为计算思维的网络体现，协议的一个基本要求是无歧义地、足够精确地描述网络连接与通信的操作序列，而且每个基本动作应该是可行的。此外，协议还需要有助于解决资源冲突、异常处理、故障容错等问题。

    网络思维的另外两个核心概念是**名字空间**和网络**拓扑**。它们可以看作协议的重要组成部分，但往往单独说明。名字空间主要用于规定网络节点的名字及其合法使用规则，也可包括命名其他客体（如消息、操作等）的规则。拓扑有时也称网络拓扑结构。拓扑说明节点间可能的连接和连接的实际使用。拓扑往往可用节点和边组成的图表示（节点间的连接称为边）。在一个实用的网络计算系统中，一个协议往往不够，需要几个相互配合的协议一起工作。这些相互配合的协议称为一个协议栈。因此，**网络思维是名字空间、拓扑、协议栈形成的整体思维**。

    下面两个实例说明，对网络思维的不同理解会导致不同的应用系统。

    实例：今天最著名的网络大概是互联网，上面有上万亿个"网页"。这么多的信息在网上，我们怎样才能迅速获得自己最想要的信息呢？一个答案是使用搜索引擎。1996 年以前的搜索引擎没有网络思维，或者说它们的网络思维非常初步。这些搜索引擎仅仅利用了网页网络的名字空间，通过一种称为"爬虫"的技术，将网页汇集在一起。用户发一个搜索请求时，搜索引擎用搜索请求中的关键字去匹配各个网页的内容，并返回匹配最好的网页地址。

    1996 年左右，Larry Page、Jon Kleinberg 与李彦宏分别独立地观察到了一个现象，即网页网络不只是网页的集合；网页网络是一个图：除了作为节点的网页之外，还有连接网页的边(准确的名称是超链接),这些超链接也为网页搜索提供了重要的知识。他们三位据此现象发明了新的基于网络拓扑结构的搜索引擎技术,效果明显好于传统的搜索引擎。这种搜索引擎技术理解网络思维更加彻底,利用了网页网络的名字空间和拓扑两者的知识,并催生了两家服务十亿用户的搜索引擎公司,即谷歌公司和百度公司。今天的搜索引擎都利用了网页节点和边的知识,互联网搜索也成长为数十亿用户、千亿美元市场的产业。

实例:传统的电话通信系统采用专用的通信信令协议栈以保证语音通信质量。今天的很多通信系统(如微信系统)则采用通用的互联网协议栈实现,其优点是可以利用已经存在的全球互联网。由于这些当代系统是构建在互联网之上的,英文称其为 over the top (OTT) 系统,即 application systems over the top of the Internet,或 over the top of the Web。

4.1 从一个实例看网络与协议

图 4.1 显示了一个看起来很简单的网络通信例子,即腾讯公司的微信应用中,用户 X 向用户 Y 传递一个消息"到家了!"。在这个简单的网络实例中,节点、名字空间、拓扑、消息、操作与协议这些基本概念具有如下的含义。

用户X   消息M ="到家了!"   用户Y

图 4.1 用户 X 传递消息"到家了!"给用户 Y

- **节点**。该网络包括两个节点:用户 X 和用户 Y。在实际微信系统中,每个节点还包括该用户的微信客户端设备和客户端应用软件。
- **名字空间**。名字空间是一个简单的集合,包括用户 X、用户 Y。
- **拓扑**。网络拓扑是由节点"用户 X"、节点"用户 Y",以及连接这两个节点的有向边组成的图。
- **消息**。消息 M 是一个文本,即由"到家了!"这四个字符组成的字符串。事实上,一条消息在微信系统中称为一条微信,微信系统允许消息包含文本、图像、语音或视频等内容。
- **操作与协议**。该网络的协议很简单,只有一个通信操作,即用户 X 向用户 Y 传递一个消息"到了!"。这个通信操作也可通过一个更加具体的协议完成:用户 X 发送消息 M,然后用户 Y 接收消息 M。

注意:本书的微信例子并不是真正的微信系统,实际的微信系统要复杂得多。

微信系统大致上由三部分组成:①运行在数亿用户的桌面设备和移动设备上的微信客户端系统;②运行在腾讯公司的微信云端系统;③连接这两者的互联网,包括移动互联网。具体到用户 X 向用户 Y 传递消息 M(M="到家了!"),这个简单的宏观操作大致上由下列四个步骤的操作序列组成。

协议:微信系统中传递消息的四个步骤序列(见图 4.2)。

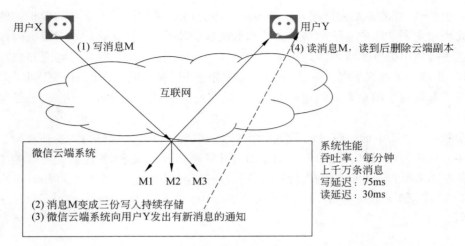

图 4.2　微信网络中消息传递的实现

步骤 1：用户 X 的客户端通过互联网（包括移动互联网）向微信云端系统写消息 M。

步骤 2：云端系统收到消息 M 后，复制成三份写入持续存储（硬盘或固态存储）。

步骤 3：云端系统向用户 Y 的客户端发送有新消息的通知。

步骤 4：用户 Y 的客户端从微信云端系统读取消息 M，然后删除云端副本。

这个系统看起来复杂多了。为什么微信系统要如此设计？为什么搞得这么复杂？系统性能和用户体验是重要的考虑因素。我们先问三个具体问题：

（1）为什么要有一个云端系统，使得消息通信要到云端系统绕一圈，而不是让用户 X 直接向用户 Y 传递消息"到家了！"？假如用户 X 与用户 Y 就在欧洲的一个房间内，已经通过 Wi-Fi 互连，消息通信还要从位于欧洲的客户端跑到位于中国的腾讯云端系统绕一圈，看起来是很笨的方法。

（2）为什么要将消息存为三份，那不是浪费了很多存储资源吗？

（3）为什么要发通知再让用户 Y 读取消息？为什么云端系统不直接发消息给用户 Y？

我们从网络思维角度可以有更清晰的理解。

（1）从名字空间角度看，上述简单网络只有两个节点，对应两个用户名。事实上，微信网络的名字空间包含数亿个微信用户的微信名的集合。更精确地，微信网络的名字空间是数亿个微信用户的微信账户的集合，每个微信账户可能包括该用户的电子邮件地址、微信名、手机号码等，甚至包括统一的内部名。

（2）从网络拓扑角度看，上述简单网络暗示微信网络的拓扑是由每一个节点到每一个其他节点的有向边决定的。推广到微信网络的数亿用户，将有一个巨大的图，包含数亿节点，以及每两个节点直接互连的数亿亿条边。考虑到每个微信用户可能只有几百个好友，微信网络也有上千亿条边。让用户两两直接通信需要维护上千亿条直连通信通道（直连边）。

（3）从网络协议角度看，让用户两两直接通信也有很多问题。某一个子系统坏了怎么办？好友手机没开怎么办？用户有 300 个好友难道送出 300 条微信消息吗？

（4）如何让微信系统能够有效地、及时地服务上亿用户？更具体地，如何让微信系统能够每分钟传递上千万条消息，同时能够保证读、写一条消息的延迟分别控制在 30ms 和 75ms 之内？

上述实例显示，不论是什么网络，都需要思考四个本质的问题：

（1）如何指定需要连通和通信的网络节点？主要解决思路是名字空间。

（2）哪些节点间需要连接和通信？这是网络拓扑关心的问题。

（3）节点间如何连接与通信，甚至做更高级的操作？这由网络协议栈回答。

（4）如何使得网络计算具有好的性能（即使出现各种异常和故障）？这是服务质量与用户体验需要回答的问题。

4.2　网络思维的要点

在数十年计算机科学的实践中，互联网（包括因特网和万维网及其应用）胜出，成为主流技术。我们以互联网技术为例讨论网络思维要点。微信网络也是以互联网作为技术基础的。

网络思维与算法思维有很大的不同。算法有如下基本定义和时间复杂度等基本度量。

实例：高德纳的算法定义。高德纳在《计算机程序设计的艺术》一书中如此定义算法：一个算法是一组有穷的规则，给出求解特定类型问题的运算序列，并具备下列五个特征。

（1）有限性：一个算法在有限步骤之后必然要终止。

（2）确定性：一个算法的每个步骤都必须精确地（严格地和无歧义地）定义。

（3）输入：一个算法有零个或多个输入。

（4）输出：一个算法有一个或多个输出。

（5）可行性：一个算法的所有运算必须是充分基本的，原则上人们用笔和纸可以在有限时间内精确地完成它们。

网络与协议尚未产生如此简洁精确的定义。人们往往通过一种规定"协议栈"的方法确定并理解网络。另外，一个算法是由基本运算和基本步骤组合而成的，其时间复杂度是执行的基本步骤所需时间之和。网络并不完全具备这样的组合性。

网络计算的高层抽象是通过节点内执行的算法以及节点间互连通信实现的。多个节点间通信往往通过两点间通信实现。两点间通信往往通过一种精心定义的称为协议栈的层次方法实现。

网络计算的这些细节都离不开名字空间、拓扑和协议栈三个核心概念。

4.2.1　名字空间

名字空间也称命名系统，是一组规则，通过给网络节点取名字，精确地说明一个网络有哪些节点，互连和通信的"对方"是谁。表 4.1 列出了一些名字空间的实例。

表 4.1　名字空间实例

名字空间实例	节点的名字举例	名字空间解释
微信名字	中关村民	腾讯公司规定的"合法的"字符串
电子邮箱地址	zxu@ict.ac.cn	用户名@因特网域名
手机号码	189-8888-9999	通信公司规定的 11 位十进制数字串
本机文件路径（本地路径）	/我的文件/教材.pdf	本机操作系统规定的文件名
本机网卡地址（MAC 地址）	00-1E-C9-43-24-42	全球统一规定的 12 位十六进制数字串
网站域名	www.ict.ac.cn	互联网协议栈规定的域名
网站 IP 地址	159.226.97.84	IP 协议规定的合法地址

在设计与理解一个网络的名字空间时，最基本的考虑是名字空间能够指称网络的所有节点。另外还有一些基本考虑。

(1) **名字的唯一性**：名字是否在全网唯一？名字的唯一性要求一个名字对应全网络唯一的节点。例如，zxu@ict.ac.cn 这个电子邮件地址在全球互联网上是唯一的，发往该地址的邮件不会误发到另一个用户。反之，"中关村民"这个名字在全球互联网上不是唯一的，甚至在微信网络中也不是唯一的，可能有多个用户使用"中关村民"这个名字，因此发往该名字的消息有可能误发到另一个也叫"中关村民"的用户。这种不唯一的现象称为名字冲突。

(2) **名字的自主性**：用户能够自主地确定和修改某个网络节点的名字吗，还是需要某种权威机构确定？自主性带来使用方便，例如"中关村民"如果想改成"海淀区民"，直接修改即可。但有时必须在某个权威机构登记在册，例如一个自然人的身份证号，必须到当地公安局注册。

(3) **名字的友好性**：名字是否容易理解和使用？一般而言，友好性是指对人而言是否容易理解、记忆和使用。当然，我们也关心计算机是否容易理解和处理。相比 00-1E-C9-43-24-42 这样的以太网网卡 MAC 地址或 159.226.97.84 这样的 IP 地址，"中关村民"这样的名字显然对人而言更加友好，而前两者则让计算机更易理解和处理。介于之间的是 zxu@ict.ac.cn 以及 www.ict.ac.cn 这样的名字，我们大体上猜得出这些是位于中国(cn)科技网(ac)计算所(ict)的用户 zxu 的电子邮件地址，以及中科院计算所的万维网网站网址。

(4) **名字解析**：相关但不同的两个名字空间的名字如何对应并自动地翻译？

实例：域名解析。因特网有两个最重要的名字空间：一个是域名空间（domain names），包含所有像 www.ict.ac.cn 或 ict.ac.cn 这样的域名；另一个是 IP 地址空间，包含所有像 159.226.97.84 这样的 IP 地址。当我们使用网页浏览器访问中科院计算所网站 www.ict.ac.cn 时，网络计算系统需要先将此域名翻译成计算机能够理解和处理的中科院计算所网站的 IP 地址 159.226.97.84。

网络中最重要的一个名字空间注册工作就是互联网域名注册绑定到一个 IP 地址。这件重要的工作在 1998 年以前长期由南加州大学的志愿者 Jon Postel 负责。1998 年

Postel 去世之后,美国联邦政府机构负责了一段时间。现在这项工作由一家国际志愿者管理的非营利组织负责,它叫互联网名称与数字地址分配机构(Internet Corporation for Assigned Names and Numbers,ICANN),其功能是负责在全球范围内对互联网唯一标识符系统及其安全稳定的运营进行协调。

一旦 ICANN 确定了域名 www.ict.ac.cn 到 IP 地址 159.226.97.84 的对应关系,浏览器每次访问域名 www.ict.ac.cn 时,一个称为 Domain Name System(DNS)的因特网域名系统会自动地将该域名解析成 159.226.97.84。

实例:公民身份证号。中华人民共和国第二代身份证采用了一个 18 位数字的名字空间设计,如图 4.3 所示。每个公民都在这个名字空间中有一个对应的名字,即对应的身份证号,例如公民"张三"对应 11010819950912152X。该名字空间由国家质量技术监督局于 1999 年 7 月 1 日实施的《公民身份号码》国家标准(GB 11643—1999)明确规定。第 18 位是校验码,如果不考虑出错可以忽略。前面 17 位组成真正的号码,学名是"本体码"。其中,前 6 位是地址码,指代属地;后面 8 位是出生日期码,指代出生日期;最后 3 位是顺序码,指代同一属地同一出生日期的公民的顺序号,奇数为男、偶数为女。因此,张三是属地为北京市海淀区的、1995 年 9 月 12 日出生的、顺序号为 152 的女性公民。

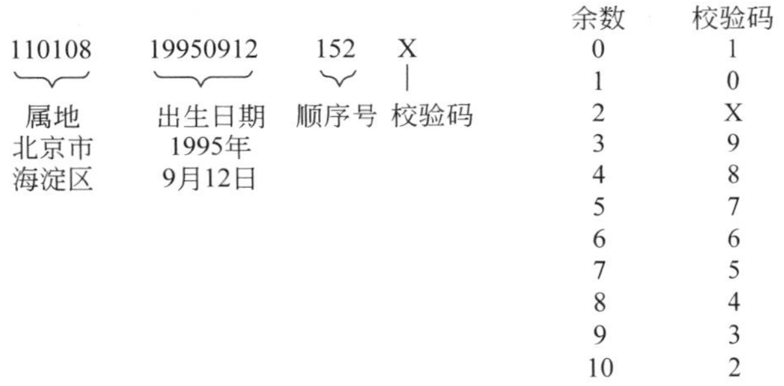

110108	19950912	152	X	余数	校验码
				0	1
				1	0
				2	X
属地	出生日期	顺序号	校验码	3	9
北京市	1995年			4	8
海淀区	9月12日			5	7
				6	6
				7	5
				8	4
				9	3
				10	2

图 4.3　中华人民共和国第二代身份证 18 位数字名字空间

这个名字空间(即命名系统)能否保证名字唯一性呢?大体上,只要同一属地在同一天出生的儿童不超过 1000 人,唯一性能够得到保证。也就是说,北京市海淀区在一年出生的儿童不能超过 36 万人。这个要求很合理。

这个名字空间的自主性如何呢?还是不错的。因为前 6 位数字规定了属地,全国的公民不用到公安部去统一去登记身份证号,只需要到属地公安分局甚至派出所登记即可。另外,身份证号并没有与身份证上的其他信息全部绑定,是相对独立的。例如,公民张三将姓名改成李四,或者改变了居住地址,并不用改变身份证号。

第二代身份证号的友好性也不错,容易理解和使用。前 6 位是属地,由国标 GB 11643—1999 规定了具体的省-地-县三级对应的具体数字;后面 8 位是显式的出生日期;第 17 位还显示了男、女信息。

为什么还要有一位校验码呢?它主要用于提醒错误出现,也进而提高了友好性。在学习、生产、生活的各种活动中,我们常常要输入身份证号,错误是难免的。例如,想输入身份证号 11010819950912152X,实际却输入了 11010819950912151X。这时,处理身份证号的系统会报错,给用户改正错误、重新输入正确号码的机会。

国标 GB 11643—1999 规定了校验码的计算规则。给定 17 位的本体码 11010819950912152,首先将其与国标规定的 17 位数字 7-9-10-5-8-4-2-1-6-3-7-9-10-5-8-4-2 逐位相乘后求和,即 Sum=1×7+1×9+0×10+1×5+0×8+8×4+1×2+9×1+9×6+5×3+0×7+9×9+1×10+2×5+1×8+5×4+2×2=266。再将和 266 除以 11 求余数,即 266 mod 11=2。最后在图 4.3 中查到对应的校验码 X。为什么会出现这个奇怪的 X 呢?由于是除以 11 求余数,一共有 11 种可能,即 0、1……9、10,十进制数字(0~9)已经不够了。因此,添加了罗马数字 X(十)。

当实际操作时输入了错误的身份证号 11010819950912151X,系统知道出错,因为本体码 11010819950912151 对应的校验码是 1,不是 X。

4.2.2　网络拓扑

任何一个网络,在特定时刻都可以被看成一个由节点和连接(也称边、连线)构成的图,也称该网络的拓扑。网络思维关注网络的拓扑及其演变的规律。一个节点的连线数称为该节点的**连接度**。从一个节点到另一个节点的最短路径的连线数称为这两个节点间的**距离**。一个图中任意两个节点间的距离的最大值称为该网络的**直径**。

根据网络的拓扑图随时间变化的情况,经常遇到的网络可分为三类拓扑,称为静态网络、动态网络、演化网络。

(1) **静态网络**。一个静态网络(也称直连网络)有 n 个节点(n 是有限正整数),以及直接连接这些节点的一些边。静态网络的特点是:①网络的节点完全确定,连接也完全确定;②节点之间直连。图 4.4(a)和图 4.4(b)显示了静态网络拓扑的两个例子:全连通图和星形拓扑。

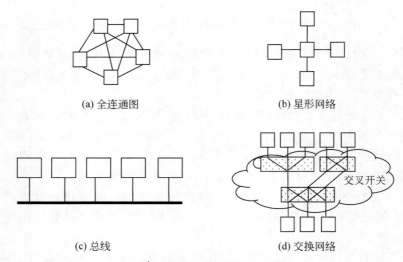

(a) 全连通图　　　　　　　　　　(b) 星形网络

(c) 总线　　　　　　　　　　(d) 交换网络

图 4.4　网络拓扑的四个实例

(2) **动态网络**。一个动态网络有 n 个节点(n 是有限正整数),以及连接这些节点的一些特殊节点和边。动态网络的特点是：①网络的节点完全确定,但连接部分不确定;②节点之间不是直连,而是通过特殊节点互连。特殊节点往往是总线或交叉开关。图 4.4(c)和图 4.4(d)显示了动态网络拓扑的两个例子:节点通过总线互连、节点通过交换网络互连。图 4.4(d)中的阴影框称为交叉开关,又称交换机。在动态网络中,哪两个节点在什么时候连通,取决于总线或交换机的连通仲裁动作。

我们已经遇到了在计算机科学技术领域的一个常见现象:名词很多,而且相互还似乎有重叠,甚至冲突。上述"网络"和"节点"这两个概念都有歧义。这与网络思维的"无歧义地、足够精准地描述网络连接与通信的操作序列"矛盾。我们有两种思路来正面地应对这个矛盾。

第一,在研究某个具体的知识点或应用问题时,"足够精准地"定义概念。例如,尽管在信息技术这个大领域及其产业界,"网络"和"节点"有多重含义,但在计算机网络这个子领域,它们可以有更精准的定义。一般节点称为边缘节点,特殊节点称为网络节点,而网络这个词,有时特指一个网络计算系统中除了边缘节点外的用于连接和通信的部分,即图 4.4(d)中的"云"框起来的特殊节点和边。在社交网络子领域,"网络"往往特指使用互联网上某个社交网络应用的用户交互形成的网络,此时用户是网络节点。

第二,客观地看到,与数理化相比,计算机科学是一门很年轻的学科,很多基本概念并没有定型。一方面我们接受这种矛盾和模糊性是行业的现实,另一方面把它们看成创新和成长的机会。例如,在传统计算机网络领域,网络节点用于连接和通信,边缘节点则用作信息的感知、计算、存储。在未来网络研究中,人们已经在网络节点中融入计算和存储功能。

（3）**演化网络**。一个演化网络有 n 个节点（n 是正整数,但不断变化）,以及连接这些节点的一些边。演化网络的特点是:网络的节点部分确定,连接部分确定,其拓扑不断变化。也就是说,网络在不断演化。互联网、万维网、微信网络都是演化网络,甚至城市交通网络、人脑神经网络、生物细胞的信号传导网络,都可被看作演化网络加以研究。这种动态演化性使得回答"一个演化网络的拓扑是什么"这个简单问题变得不简单。称为"网络科学"的新学科正在蓬勃发展中,试图回答这类问题。

静态网络、动态网络、演化网络可以相互转化。静态网络的某些节点可以用作交换机(即特殊节点),从而使一个静态网络变成动态网络。在某一个时刻,当交换机的连通仲裁动作已经确定,一个动态网络就是一个静态网络。甚至演化网络在某一个时刻也可被看作静态网络加以研究。

让我们小结一下对计算过程和计算思维的理解 6:连通性。

计算过程和计算思维理解 **6**:连通性

很多问题涉及用户/数据/算法的连接体,而非单体。

计算过程刻画:

（1）一个计算过程是解决某个问题的有限个计算步骤的执行序列。

（2）计算过程的整体或一个步骤可能需要将连接体作为处理对象。

（3）计算过程的整体或一个步骤可能需要在连接体上执行。

> **计算思维要点**："**精准地**描述信息变换过程的操作序列,并**有效地**解决问题"是如何体现的?
>
> (1) 用名字空间和网络拓扑精准地描述连接体,即将连接体作为操作对象或执行系统。
>
> (2) 在问题建模或解题过程中,不只使用单点做计算,而是采用连接体(即多个节点互联而成的网络)作为计算对象或计算系统。

4.2.3　互联网协议栈

一旦网络节点和拓扑确定,用户就可以通过传递消息来通信了。消息具体如何传递是由协议栈规定并实现的。我们通过一个实例来说明在互联网上一条消息是如何传递的。这个实例是:微信用户 X 从家里发一条消息"到家了!"给用户 Y,但我们只仔细考察从用户 X 到腾讯云端系统的写消息过程。我们关注下列问题:

- 该通信过程涉及互联网协议栈的哪些接口?
- 该通信过程涉及互联网协议栈的哪些层次?
- 该通信过程涉及哪些硬件?
- 一条应用层的微信消息"到家了!"如何解析成底层的消息包?

(1) **该通信过程涉及互联网协议栈的哪些接口**? 假设用户 X 在家里通过他的客户端设备(如智能手机)使用微信应用发一条消息"到家了!"给用户 Y。微信应用会执行自己内部的微信协议,将用户 X 发送消息"回家了!"给用户 Y 这个操作记录在微信应用中。这个微信协议涉及两种接口。一种是图 4.5 中虚线表示的**对等接口**,即同一层次的通信双方(如用户 X 客户端与微信云端系统)交互的接口。对等接口屏蔽了底层的细节,增强了易用性。另一种接口是图 4.5 中实线表示的**层间接口**,即在一个设备中协议栈相邻两个层次间的接口。事实上,互联网协议栈的一个特点是:每一层的通信过程都涉及这两类接口。

(2) **该通信过程涉及互联网协议栈的哪些层次**? 采用互联网协议栈的通信过程一般都涉及五个层次:应用层、传输层、网络层、数据链路层、物理层。其中,应用层可有多个,包括 HTTP 这样的通用的应用层或微信协议这样的专用的应用层。数据链路层和物理层往往集成在一个设备中统一考虑。例如,俗称 Wi-Fi 的 IEEE 802.11 协议,当实现在设备中时,一般包括了数据链路层和物理层两层的内容。简略地讲,这些层次的功能分工如下。

- 应用层:实现由应用定义的内容语义规定的通信。例如,HTTP 实现万维网规定的通信。这个功能可简称为**到应用**。
- 传输层:实现两个应用进程之间的消息通信,不关心消息的应用语义。例如,TCP 实现用户的智能手机微信应用进程与微信云端系统应用进程之间的消息通信。这个功能可简称为**到进程**。
- 网络层:实现两个网络节点设备之间的通信,这两个设备可能连在两个不同的物理网络上。例如,IP 实现智能手机与微信云端系统服务器的通信。这个功能可简称为**到跨网设备**。

- 数据链路层:实现同一个物理网络中两个节点设备之间的通信。例如,Wi-Fi 实现用户智能手机与用户家中 Wi-Fi 交换机(市场上一般称为 Wi-Fi 路由器)之间的通信。这个功能可简称为**到网内设备**。

(3) 该**通信过程涉及哪些硬件**? 上述通信过程(见图 4.5)涉及如下硬件:用户的智能手机、家庭无线网(Wi-Fi)、Wi-Fi 交换机、广域网、两个 IP 路由器、腾讯云端系统交换机、腾讯云端系统数据中心局域网、腾讯云端系统服务器。

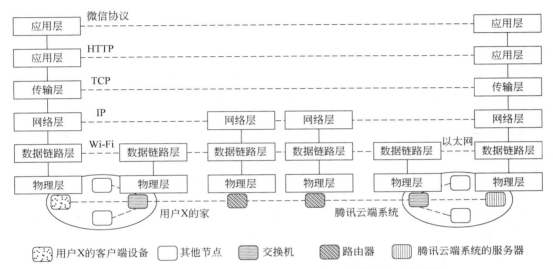

图 4.5　微信网络协议栈(实线表示层间接口,虚线表示对等接口)

(4) **一条应用层的微信消息"到家了!"如何解析成底层的消息包**? 简单的回答是两条:①发送端从上到下逐层解析和分解消息,最后到物理层实现信号传递,接收端再从下到上逐层解析和合并消息;②每层消息由包头和载荷两部分组成。

首先,智能手机的微信应用会执行自己内部的微信协议,将用户 X 发送消息"到家了!"给用户 Y 这个操作记录在微信应用中。微信应用在设计时就规定好了,这个操作的信息不应直接发送给用户 Y 的手机,而应该通过 HTTP 发送给腾讯云端系统。

因此,用户 X 的智能手机上的微信应用调用下一层的 HTTP 的 GET 操作,向腾讯云端系统上运行的一个万维网服务器微信应用发送一个 HTTP 请求(request)消息。这条 HTTP 消息当然包含"到家了!"这个用户真正想传输的信息(载荷,payload)。同时,它还包含 GET 操作码、万维网名字(用统一资源标识符,即 URI 表示)http://mp.weixin.qq.com/等控制与管理信息。

这条"分组交换"原则又称**包交换**(packet switching)原则,贯彻整个互联网协议栈(见图 4.6)。每个层次传输的一条消息都包含两个部分:一部分是用户真正想传输的载荷信息;另一部分是用作控制或管理的其他信息,称为该消息的**首部**。因为消息又常被称为**包**(packet),首部又称**包头**(header),载荷信息又称包体(body)。这就像通常写信一样。信的内容(包体)是信纸上写的东西,包头就是信封上写的信息。

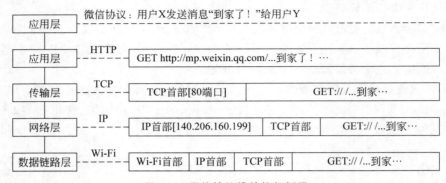

图 4.6   网络协议栈的执行例子

接下来,发送 HTTP 请求消息会调用传输层的 TCP 和网络层的 IP,这两者一般同时使用。应用层消息可以很短(例如"到家了!"消息的内容只有 8 个字节),也可以很长(例如用语音或视频表达"到家了!")。每条 TCP 或 IP 消息有最大的字节数限制,因此,一条应用层消息可能被分解成多条 TCP/IP 消息传递,在接收端再合并起来。图 4.6 显示"到家了!"被分成两条消息,其内容是分别是"到家"与"了!"。应用采用了 HTTP 协议控制信息被解析到 TCP 首部的 80 端口,应用请求的目的地域名 mp.weixin.qq.com 则被解析成 IP 址 140.206.160.199。最后,到了数据链路层,IP 包被解析成 Wi-Fi 消息包,每个 Wi-Fi 消息包含一个 Wi-Fi 首部,以及由"IP 首部+TCP 首部+TCP 包体"组成的 Wi-Fi 包体。

现在我们可以小结对计算过程和计算思维的理解 7:协议栈。

计算过程和计算思维理解 7:协议栈

节点之间通过协议栈传递消息。

计算过程刻画:

(1) 计算过程可包含消息传递步骤。

(2) 消息传递的核心操作是包交换,即通过"包头+包体"的消息包传递信息。

计算思维要点:"精准地描述信息变换过程的操作序列,并有效地解决问题" 是如何体现的?

(1) 精准地描述协议栈整体,以及每个协议的消息格式、层间接口、对等接口。

(2) 针对应用问题,确定应用协议层次,充分重用通用的互联网协议。

4.2.4   服务质量与用户体验

在设计和理解一个网络计算系统时,人们往往需要知道该系统的使用效果,称为**服务质量**。服务质量可能有很多不同的度量,有些度量是网络计算系统的开发者和运营者关心的,有些度量则暴露给最终用户,后者称为**用户体验**。

例如,人们期望一个网页搜索引擎系统能够搜得"全""准""快"。"全"是指搜索引擎应该返回全部相关结果,不要漏掉重要的网页。"准"是指搜索引擎应该返回用户想要的结果,并按照相关性将网页排序,密切相关的网页排在前面。"快"是指搜索引擎应该立即返回结果,最好能够将响应时间控制在 250ms 之内。响应时间是指从提交搜索请求到看见搜索结果的时间。这个响应时间就是用户体验的一个度量。上述 250ms 是一个经验值,与人(用户)的心理感受相关。当响应时间在 $100\sim250$ms 之内时,用户基本感受不到延时。

再如,微信系统为了保证好的用户体验(如在网络畅通的情况下将微信消息的传递时间控制在 1s 之内),内部设定了运营者关心的两个服务质量度量,即在微信云端系统中,写一条微信消息的延时控制在 75ms 之内,写一条微信消息的延时控制在 30ms 之内。

思考题。2013 年 6 月 20 日,中央电视台实况直播了神舟十号宇航员面对全国青少年"太空授课"的视频。王亚平老师除了讲课演示外,还当场回答地球上同学们的语音问题。当时,神舟十号在距地球 340km 的轨道运行。我们可以通过观看中央电视台实况直播视频,用秒表测试出来回延时时间。如果将来回延时定义为:

来回延时＝视频上王亚平老师反应时刻－视频上同学语音问题结束时刻

那么,来回延时大约是 5s 左右。

问题 1:光速是 3×10^8m/s,即 3×10^5km/s。340km 来回也就是 680km,造成的来回延时应该只有 $(680/(3\times10^5))$s＝2.267ms,为 5s 的 1/2000。为什么延时这么长? 请给出三个不同的原因。

问题 2:历史上,神舟五号实现了航天员杨利伟与妻子儿子的音频对话,神舟九号实现了航天员与地面的双向视频可视通话,神舟十号实现了宇航员视频太空授课。未来可能实现响应时间小于 275ms 的实时视频太空授课吗?

问题 3:未来,能不能实现中学生同学们向神舟 X 号宇航员送礼物? 例如,能不能向神舟宇航员送一个同学们制作的神舟飞船的小模型或一朵鲜花?

4.2.5　网络的规律举例

1. 无为而治原理

无为而治原理(the end-to-end argument,又称 E2E 原理):计算机系统平台应该只提供必需的、中性的共性技术,尽量让应用去做事,以最好的方式提供应用价值。E2E 原理是因特网和计算机系统设计的一条基本体系结构原理。一个计算机网络的部件可分为网络中的部件(如交换机和路由器)和网络边缘(end 或 edge)的部件(如客户端设备、服务器)。E2E 原理是说,网络中的部件只应该完成最简单的共性功能,如数据的传输,其他所有功能应该由边缘的服务器承担。

这条原理与计算系统设计的另一条 KISS 原理异曲同工。KISS 原理(见 B. Carpenter. Architectural Principles of the Internet,RFC 1958):在设计一个计算系统时,一定要保持简单、傻瓜(Keep It Simple,Stupid)。我们需要的是简单、傻瓜型的网络,不需要自作聪明的网络。智能是应用的事,应该在边缘的服务器和终端上由应用实现。

E2E 原理的一个推论是：正是因为简单、傻瓜，因特网这样的计算机网络才会有中性（neutral）、灵活（flexible）的特征。因特网与应用无关，对各种应用保持一种中庸之道，并不偏向任何一种应用，更不偏向某一个厂家的产品。这样一来，无为而无不为，因特网也就非常灵活，适用于所有应用，包括因特网发明之后才产生的应用。

2. 病毒性市场现象

病毒性市场现象是要回答下面这个问题："在网络计算时代，在计算机的全民普及阶段，什么样的产品和服务最能够快速、广泛地流行呢？"一个答案是，这些产品和服务需要具有病毒的特征。事实上，计算机病毒的流行是如此之快而广泛，人们每年都要花费大量的财力和精力去应付它。那么，能不能把有用的产品和服务做得像病毒那样易于流行呢？这需要了解病毒的市场特征。

为什么计算机病毒易于流行呢？是不是因为功能和性能呢？显然不是。没有用户会去有意地"使用"病毒的功能。当然，正常的产品和服务必须为用户提供功能和价值。但功能和价值并不是病毒流行的原因。专家们总结出了病毒的六个市场特征。

（1）连通性。病毒必须通过一个连通的网络才能流行。在一个充满孤岛的支离破碎的网络中，病毒很难流行。事实上，人类社会应对病毒疫情的重要手段是隔离。

（2）幂数律。病毒性市场现象在经济学中早已有所涉及。这些传统研究表明，病毒必须积累到一定的临界数量或临界阈值（critical threshold）才能流行。最新研究则表明，当病毒作用于一个满足幂数律（power law）的网络时，这个临界阈值几乎不存在。病毒用不着在网络中积累到一定临界数量，而是可以通过中心节点迅速传播。

（3）低价格（购买成本为零）。对用户而言，"买"一个病毒的价格极低。事实上，没有人会出钱去买一个病毒来使用，病毒的"购买价格"是零。

（4）好使用（使用成本为零）。病毒的"使用"是非常方便的。用户用不着花费任何金钱和精力去获取、安装、使用和维护病毒，也用不着去接受任何培训、去看使用手册。一切都是病毒自己自动完成的，用户没有金钱和精力的开销。这样，不仅病毒的购买价格是零，它的总拥有成本（total cost of ownership，TCO），即用户拥有该项产品的全部的相关成本，也是零。

（5）易传播（传播成本为零）。病毒的传播也是很容易的，用户不需要干任何事，没有任何开销。用户在自己的计算机上每"使用"一次病毒，该病毒就会自动地传播出去，使另外一个或多个用户成为该病毒的客户。由于传播成本为零，随着每次"使用"，病毒的用户群日益扩大，病毒迅速流行。

（6）强黏糊（sticky）。病毒的黏糊性很强，如果用户不花精力刻意去删除它，病毒会一直在系统中持续地发挥作用。一旦用上，用户会一直"使用"病毒。

什么是造成强黏糊的因素呢？什么东西使得用户一旦用上，就会一直使用下去呢？在过去很长一段时间内，计算机界认为好的功能和性能是强黏糊的主要因素。近年来，人们也在重新审视并定义功能和性能，并已经开始研究非功能因素和非性能因素。一类思路是以用户为中心，千方百计改善用户体验。还有一类思路是，能不能从正面利用计算机游戏等应用中呈现出来的激励、上瘾的现象呢？社会学、心理学、伦理学、法学，甚至哲学等社会科学将在 21 世纪的计算机发展中大有用武之地。

在 21 世纪初,计算机业界已经出现了一些试图充分利用病毒市场现象的技术、产品和服务。一个代表就是互联网搜索服务(搜索引擎),它具有病毒市场现象的低价格、好使用、易传播、强黏糊四个特征。

(1)低价格:互联网搜索服务的"购买价格"是极低的。其搜索服务对用户免费,成本为零。

(2)好使用:当代搜索引擎一般都提供一个简洁的用户界面,用户不用看任何说明书、受任何培训就能立即使用,也不需要任何维护管理工作。因此,搜索引擎的总拥有成本也很低。

(3)易传播:搜索引擎的传播方式也有特色,主要通过用户的口碑传播。例如,Google 公司在 1998 年 9 月成立。短短六年之后,BrandChannel 网站根据全球 80 多个国家的网民投票,将 Google 评选为 2003 年最具影响力的全球第一品牌,超过可口可乐等老品牌。但是,Google 公司并不是通过传统的广告营销方式宣传产品。事实上,Google 公司所花的广告费几乎为零。它的流行主要依靠用户的口碑和媒体的免费报道。

(4)强黏糊:用户一旦用上搜索引擎,一般就会一直使用它。例如,Google 反对"眼球经济"。很多网站公司采用花里胡哨的页面和"技术",让用户在网站尽量长时间地停留。Google 则反其道而行之,让用户尽量短时间地停留,尽快搜索到所需信息,尽快离开 Google。

3. 网络效应

人们在网络计算系统中常常观察到一个现象,称为网络效应(network effect),即网络整体价值大于其节点价值之和。当 n 个节点连接成为一个网络计算系统时,该整体系统的价值并不只限于节点价值的线性叠加,而是可以涌现出非线性、超线性的整体价值。假设节点数为 n,则整体价值可以正比于 $n\log n$、n^2、2^n。

梅特卡夫定律(Metcalfe's law)是以太网的发明人梅特卡夫在 20 世纪 80 年代初总结出来的一条网络定律。这个定律说:网络的价值与网络节点数的平方成正比。另一种说法是:网络的价值与上网人数的平方成正比。这个定律在 20 世纪 90 年代开始流行开来,不仅影响信息产业界,也被经济学界关注,甚至出现在各国政要的讲演报告中。

2013—2015 年期间,梅特卡夫本人和中科院计算所的最新研究考察了脸书公司(Facebook)与腾讯公司(Tencent)的 10 余年的历史数据[①]。结果表明:假如 n 是月活跃用户数(网络节点数),网络价值以公司的年收入作为代值,那么梅特卡夫定律确实成立。例如,采用 2003—2013 年的数据,这两个社交网络的对应的梅特卡夫定律公式分别为

$$\text{脸书网络的价值(年收入)} = 5.03 \times 10^{-9} \times n^2 \text{ 美元}$$
$$\text{腾讯网络的价值(年收入)} = 7.39 \times 10^{-9} \times n^2 \text{ 美元}$$

---

① 见 Metcalfe B. Metcalfe's Law after 40 Years of Ethernet[J]. IEEE Computer,2013,46(12):26-31. 以及 Zhang X Z, Liu J J, Xu Z W. Tencent and Facebook Data Validate Metcalfe's Law[J]. Journal of Computer Science and Technology,2015,30(2):246-251.

当采用 2003—2014 年的数据时,这两个社交网络的对应的梅特卡夫定律公式分别为

$$脸书网络的价值(年收入) = 5.70 \times 10^{-9} \times n^2 \text{ 美元}$$
$$腾讯网络的价值(年收入) = 7.42 \times 10^{-9} \times n^2 \text{ 美元}$$

脸书网是全球最大的社交网络公司,为全球近 14 亿人提供社交网络服务,其主要业务收入是广告。腾讯是中国最大的社交网络公司,其月活跃用户数达 13 亿,广告收入不到其总业务收入的 10%。两个公司用户群不同、服务产品不同、商业模式不同,但都能被梅特卡夫定律刻画,说明梅特卡夫定律有一定普适性。

里德定律(Reed's law)的表述很简单:网络价值 $= 2^{C-1}$,其中 C 是网络中的"群组"或"社区"个数。简言之,增加一个社区就能让网络的价值翻番。社区是因特网上提供的一种针对一群用户的高质量服务。它与一般服务的不同之处在于:社区具有不可见但非常重要的社会资本,其中最重要的一项就是信任。社区的成员间彼此可以信任,社区成员也能信任社区的工作人员。因特网是一个开放的系统,任何人都可以往上贴任何消息,包括假消息和垃圾消息。而在一个高质量社区中,不良消息很少。假设有五家因特网公司,分别提供新闻、股票交易、人才市场、房地产租售、医疗五项高质量的群组服务。分开来,这五家公司的总价值是 5。但当它们联合在一起,总价值就变成了 16。Google 公司鼓励大胆想象,它的工程师将里德定律拓展为:互联网价值 $= 2^W$,其中 W 指代万维网。目前,里德定律还缺少实证支持。

4.3 网络的创新故事

1957 年 10 月 4 日,苏联成功地发射了人造卫星,震动了美国朝野。艾森豪威尔总统紧急召集他的科学顾问委员会商讨对策。1958 年 1 月,白宫设立了一个专门从事高科技先进研究的机构:先进研究项目局(Advanced Research Projects Agency,ARPA)。ARPA 的一个主要研究方向是信息处理,并为之专门成立了一个部门,叫信息处理技术办公室(Information Processing Technology Office,IPTO)。ARPA 和 IPTO 没有自己的研究队伍,他们的职责是选择有前景的技术方向,从全国的学术界和企业界组织科研项目和队伍,出钱资助他们完成科研项目。

计算机网络的思想。IPTO 的第一任主任是一位名叫利克莱德(J. C. R. Licklider)的心理学家。1960 年,利克莱德发表了一篇题为《人与计算机的共生》(*Man-Computer Symbiosis*)的文章,他首次勾画了人们应该研制的未来计算机网络系统的模样。他认为,在 10～15 年的时间内,人们将会有一种计算机网络。未来世界上所有的计算机都联为一体,任何人都可以使用地理上很遥远的计算机,获取任何计算机中的数据,使用很多计算机来干一件事。利克莱德把这种计算机网络称为"思维中心",它就像一个巨大的图书馆,但比图书馆的功能强得多;而全世界有很多这种中心,用通信线路互相连接。这些中心需要庞大的数据存储装置和很复杂的软件,成本会很高。但巨大的成本可以由更加巨大的用户群分担。

4.3.1　ARPANET

1. 启动 ARPANET

1966 年,鲍伯·泰勒(Bob Taylor)被任命为 IPTO 的主任。他着手实现利克莱德的计算机网络思想。一个关键问题是制定计算机网络的技术大方向,即它做出来有什么用。在与技术人员商量后,泰勒确定了网络的两个主要用途,其目的都是提高资源利用效率。一个主要的用途是计算机共享。当时,ARPA 在全国各地支持了很多科研项目,很多项目都申请了 50 万美元(相当于今天的 500 万美元)以上的经费购买大型计算机。有了网络,全国的用户可共享大型计算机,用不着每家买一台大型计算机。另一个主要用途是数据共享。科研工作需要经常交流信息,例如计算结果、程序、原始数据。当时的办法是把这些东西放在磁带里邮寄给对方。计算机网络则允许用户更快地传输数据,更方便地共享数据。泰勒还想到了第三个用途,即通信。计算机网络允许用户互相之间送一些短消息,讨论彼此关心的问题。但其他技术人员却认为这个通信功能用处不大。

另一个关键问题是找人。泰勒明白,计算机网络项目的成功实施须要一群技术人员的努力,而最关键的是找到一名首席科学家,帮助泰勒确定技术上的关键问题,领导并管理整个项目的实施。泰勒与全国顶尖的计算机人员都很熟。他最看好的项目负责人是拉瑞·罗伯兹(Larry Roberts),当时在林肯实验室工作。但是,罗伯兹不愿意接受这个工作。林肯实验室是美国空军设立的一个科研机构,挂靠在麻省理工学院。罗伯兹愿意在军方的实验室做研究,但不愿意到华盛顿去当一名军方的技术官僚。泰勒花了大半年时间,找罗伯兹谈了六次,软硬兼施,在 1966 年秋天,29 岁的罗伯兹到达了五角大楼(美国国防部),开始了后来被称为 ARPANET 的网络项目。

2. ARPANET 的设计与实现

罗伯兹到达五角大楼后,马上开始了制定总体规划的工作。他首先界定了几个关键问题。它们与本章关注的网络的名字空间、拓扑和协议密切相关。

第一,网络应该有哪几个节点? 也就是说,这个实验网络第一步应该互联几台计算机,它们应该分布在全国哪些地方? 从行政管理的简单性出发,这些节点都应该是 ARPA 能够控制的。如果使用跨部门的节点,政府部门之间的协调不当就会导致一事无成。从技术上考虑,这些节点不宜多,因为这毕竟是一个实验性科研项目,节点的数目应逐步增加,这样可以降低复杂性。另一方面,这些节点应该跨越东部和西部,这样可以检验远程使用的可行性。罗伯兹决定第一期的网络应该有四个节点,分布在美国大陆的西部和东部。

第二,网络应该如何互联? 这个问题比较容易回答。从当时的技术条件和经费考虑,最简单的办法是租用现成的电话线。最终租用了电信专线,速度为 50kb/s。

第三,节点之间怎样通信? 这个问题罗伯兹也有现成的答案。他在麻省理工学院念博士时的同学列奥纳德·克莱因洛克(Leonard Kleinrock)已经研究出一种叫"分组交换"的理论,其效率远远高于像打电话那样使用通信线路。不过,这个通信问题貌似有解,但还只有理论,从来没有被实施过。ARPANET 项目的一个目的和创新就是要将这些理论付诸实践。

第四个问题是如何解决网络节点计算机的不兼容问题。这些计算机来自不同厂家,采用不同的体系结构。如何使它们能够互相通信,互相理解,互相能执行用户的作业,后来被证明是因特网发展的最关键的问题之一。对此,罗伯兹没有答案。

第五,网络应不应该支持交互式计算?罗伯兹咨询过其他技术人员,得到的回答都是肯定要。那么应该定多长的响应时间呢?由于跨节点的长途通信,不可能要求使用远程计算机像使用本地计算机反应这么快。罗伯兹和其他技术专家都不知道网络能够支持多短的响应时间。最后他们任意决定了 0.5s。这不是因为肯定计算机网络能够支持 0.5s 的响应时间,而是因为如果超过 0.5s 的话,用户会感觉网络太慢。

第六个问题是可靠性。这么多计算机通过长途电话线联在一起,很容易出故障。尤其是电话线可能有很多噪声。这个问题罗伯兹也没有解答。

一旦整体设计完成,ARPANET 的实施还是很快的。

1968 年 8 月,罗伯兹完成了 ARPANET 的技术规范,并向 140 家公司发出了招标书。

1968 年 12 月,马萨诸塞州剑桥的 BBN 公司中标,并与 ARPA 签了合同。

1969 年 9 月 1 日,第一个 ARPANET 节点安装在加州大学洛杉矶分校。

1969 年 10 月 1 日,第二个节点安装在斯坦福研究所。

1969 年 10 月 29 日,ARPANET 进行了第一次试验,是在加州大学洛杉矶分校节点和斯坦福节点之间进行的。试验采用了"双轨制"。两边的操作人员除了使用计算机网络通信外,还使用了电话。试验的目的是让洛杉矶的操作员能登录到斯坦福的计算机上,然后做一些简单的操作。

试验的第一步是要让洛杉矶操作人员把登录命令(英文是五个字母 LOGIN)传送到斯坦福的机器上。洛杉矶这边在计算机上输入一个 L,然后用电话问:"你们有没有得到 L?"斯坦福那边用电话回答说:"我们看到了 L。"然后是:"你们有没有得到 O?"回答:"我们得到了 O。""你们得到 G 没有?"这时,系统死机了。

因此,因特网上传送的第一个消息是 LO,也就是"你好"(Hello)的简称。

3. 第一个计算机网络与第一个交换机

第一期 ARPANET 共有四个节点(见图 4.7)。每个节点除了作为本地计算机的局部功能外,还必须支持与其他节点的通信,允许本地用户使用远程节点的资源。另外,每个节点还被指派负责整个网络的一部分全局性的工作。其中,加州大学洛杉矶分校的节点分工负责一个最关键的任务:整个网络的测试和性能分析。

ARPANET 的每个节点计算机不是与其他节点计算机直接相联,而是通过一台称为接口消息处理机(interface message processor,IMP)的小的计算机连上 50kb/s 的电信专线而连通。假如计算机 A 想与计算机 B 通信。计算机 A 先把消息传给它的 IMP,转换成一种 IMP 之间能够理解的格式,传给计算机 B 的 IMP。这个 IMP 再把消息翻译成计算机 B 能够理解的格式传给它。IMP 就是第一个网络交换机(switch)。

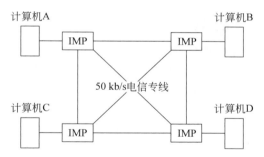

图 4.7　ARPANET 的拓扑与工作原理

　　为解决可靠性问题,BBN 提出了"回应机理"。当节点 A 的 IMP 向节点 B 传送一条消息时,它会一直存储着完整的消息,直到节点 B 的 IMP 收到这条消息并送回一个确认信息。如果在一段预先规定好的时间里节点 A 的 IMP 没有收到确认信息,它会认为传输失败,再重新传送同样的消息。

4. 第一个计算机网络标准

　　ARPANET 的研制还导致了另外一些新概念和机制的产生。其中的一项就是开放的技术标准文档,名为"征求意见书"(request for comments,RFC)。事实上,一个 RFC 在公布前已经经过详细的设计和修正,已经相当成熟。大部分 RFC 直接被作为技术标准使用。世界上第一个 RFC 是加州大学洛杉矶分校的一名研究生斯蒂夫·克罗克尔(Steve Crocker)写的,定义了网络节点间的软件协议。

5. 分组交换

　　1962 年底,克莱因洛克完成了他的麻省理工学院博士论文,奠定了因特网通信机理的理论基础。那个时候的电话通信都采用"线路交换"(circuit switching)的办法。假设洛杉矶的客户 A 想与旧金山的客户 B 通话。A 首先用他的电话拨通 B 的电话。在这个过程中,电信局通过自动交换机临时建通了一条从 A 到 B 的线路。于是,电话"通"了。在整个通话时间,这条线一直被 A 和 B 独占,直到双方挂上电话。

　　独占线路的效率很低。有人研究过,只有 2% 左右的通信能力被用上了。但是,在 20 世纪 60 年代,人们只知道独占线路的方法。这个方法已经被用了几十年,能够满足人们的需求。渐渐地,人们把独占线路想象成理所当然的通信方法。

　　但这种方式应用于计算机网络中进行数据通信很不合适。除了明显的效率低的缺点外,它还无法支持多个用户的交互式计算。假设节点计算机 A 上有 100 个用户,他们都需要使用节点计算机 C 的资源。如果采用独占线路的方法,他们只能一个一个地循环排队等候,让排在前面的 99 个用户做完他们的操作后再使用 A 和 C 之间的线路做自己的操作。哪怕一个用户的操作一共只有 2min,用户也会感觉到 200min 的延迟。

　　克莱因洛克的思想叫"分组交换"(packet switching)。它的原理很简单。一个用户的消息被分成很多小的单元,称为"包"(packet)。通信线路每个时候只传输一个包。但在 1s 的时间内,它可以传输很多包,而这些包可以来自不同的用户。这样,从用户的角度看,100 个用户的消息是同时在一条线路上传播的。这不仅提高了线路的利用率,而且增加了用户感觉的实时性和交互性。

　　克莱因洛克的主要贡献是用概率论和排队论的数学工具,研究出了一套分组交换数据通信的数学理论,对计算机网络的很多具体技术问题给出了理论指导。例如,包应该多大,分组交换到底能提高多少性能,如何控制通信交通堵塞,如何优化通信流量和延迟时间等。

　　今天,世界上的大多数电子通信采用了分组交换的技术。即使是打固定电话,电信局的主干网上也采用了分组交换。一条线路实际上在同时进行很多用户的谈话,不过是用户感觉不到罢了。

4.3.2　以太网、路由器和 TCP/IP 协议

　　1973 年,ARPANET 已经扩展到了几十个节点,甚至联到了英国和挪威。三个新的问题出现了。第一,尽管远程的计算机可以互联通信,但本地的计算机,哪怕就在一个房间里的两台计算机却无法通信。当然,人们可以用 ARPANET 的方式把本地计算机联起来,但这没有道理。本地通信应该不用像 ARPANET 那么昂贵(一台 IMP 需要 8 万美元,相当于今天的 80 万美元),而且应该有更好的性能。第二,这些越来越多的节点再也不能像最初的 ARPANET 那样,每台计算机与每一台其他计算机直接相联,不然 100 个节点需要接近 1 万条通信线路。第三,对于这么多不同的网络和节点,计算机相互之间都不兼容,如何在这个 ARPANET 上开发应用程序就很麻烦。

　　这三个问题的提出和解决产生了因特网的三个核心技术,即以太网、路由器和 TCP/IP 协议。

1. 以太网

　　鲍伯・麦特考夫(Bob Metcalfe)从小就喜爱科技,特别是计算机。他上初中二年级的时候就造了一个老师称之为计算机的东西。这台计算机是用继电器、开关和霓虹灯做成的。它能够把 1、2、3 与另一组 1、2、3 相加,点亮表示结果 2、3、4、5、6 的某一个灯。

　　麦特考夫的博士学位是在哈佛大学念的。但他不喜欢哈佛,结果论文工作大部分是在麻省理工学院做的。当时,提出了"人与计算机共生"思想的利克莱德转到了麻省理工学院教书,麦特考夫参加了他的小组,亲手安装和使用了麻省理工学院的 ARPANET 节点。

　　麦特考夫的博士论文选题是比较 ARPANET 与一个叫 ALOHANET 的无线计算机网络的区别,后者是夏威夷大学的诺姆・阿布兰姆森(Norm Abramson)教授在 1970 年发明的。毕业以后,麦特考夫应聘到施乐公司(Xerox)在硅谷研究所即著名的 PARC (Palo Alto Research Center)工作。但是,在他报到之前,他说服上司让他先去夏威夷阿布兰姆森教授那儿考察。他在夏威夷学到了一个新的机理,即如何解决信息通信的冲突问题。无线信息的传输要使用频道。假如很多人同时向一个频道发送信息,就出现了冲突。阿布兰姆森教授提出了一种概率重传的技术,可以解决这个问题。

　　1973 年,麦特考夫到了硅谷,开始研究如何把本地(例如一个房间或一栋楼里)的多

台计算机互联起来。这种网络叫局域网(local area network，LAN)，而 ARPANET 这样的远程网络叫广域网(wide area network，WAN)。用以太网和四台计算机构成的局域网如图 4.8 所示。

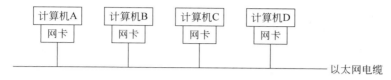

图 4.8　以太网和四台计算机构成的局域网

最简单、最经济的方法是用一组电缆互联多台计算机。但是，如何告诉网络哪两台计算机需要通信呢？经过多方面的研究后，麦特考夫采用了最简单的办法。例如，假设计算机 A 想送一个消息给计算机 C，计算机 A 在消息之外再附上计算机 C 的地址，然后把这个带目的地地址的消息放在电缆上。每台计算机随时都在侦测有没有消息传来。如果有，就把消息的目的地地址与本机地址相比较。若地址匹配就接收这个信息，如果地址不匹配就不接收消息。

但是，这个方法有一个致命的缺点。如果几台计算机同时发送信息，电缆上会产生冲突，结果是混乱的垃圾信号。这时，麦特考夫想到了他在夏威夷学到的思想。每台计算机在往电缆上发送消息之前先检查一下，是否已经有其他计算机把消息放在电缆上了。如果有，就等一会儿再试。

但这还是没有解决问题。再试的时候可能其他计算机也刚好"等了一会儿"再试，结果仍然是冲突。这种情形可能会无限地延续下去，结果是所有计算机都不停地在做"等待－再试－等待－再试……"的无用功。

问题的关键在于要让计算机等待不同的时间，使得它们在不同的时刻"再试"。也就是说，"等一会儿"的"一会儿"大有文章可做。但是，这些计算机并没有一个完全同步的时钟，如何让它们等待不同的时间呢？

麦特考夫最后提出的思路相当简单。当第一次传输的试图失败后，计算机等候从 $0\sim T$ 的一个随机时间值（T 是一个可调节的时间常数，例如 1ms）；第二次重试失败后，计算机则等候从 $0\sim 2T$ 的一个随机值；第三次重试失败后，计算机等候从 $0\sim 4T$ 的一个随机值……以此类推。理论分析和实验都证明，采用了这个方法，任何计算机都有很大的概率不会无穷地等待。这就是著名的**指数退避**(exponential backoff)方法。

所有上述的工作实际上并不需要计算机本身执行，而是交给了一个专门设计的电路，叫"网卡"。这个网卡只干网络通信这一件事，可以做得既便宜又高效。

就这样，一种实用的局域网技术在 1973 年诞生了。麦特考夫将它称为以太网(Ethernet)。

今天，以太网仍然是局域网的主流技术，而且性能越来越高，价格越来越低。1973 年的以太网只有每秒几兆比特的速度，到了 2014 年，每秒万兆位的以太网已经开始大量使用，人们已经在研制每秒 100 万兆比特的以太网产品。

麦特考夫后来创办了 3Com 公司。到 1997 年，3Com 已经成长为市值 50 亿美元的大公司。但是,发明以太网和创办 3Com 这些事业上的成功并不让阿布兰姆森教授惊奇。他最赞叹的是麦特考夫的公关能力,居然能说服老板在报到之前让他去夏威夷度过三个月的工作假期。

2. 路由器

到了 1980 年,ARPANET 已经互联了 100 多个节点,以太网技术也得到了广泛使用。ARPANET 这样的广域网可以把不同城市的计算机互联起来,而像以太网这样的局域网可以把一个办公室或者一栋楼里的计算机互联起来。但处于中间层次的网络却没有。例如,一个大学可能有很多楼房,分布在方圆几千米的地方,这就需要一个校园网。一个企业可能有几个办公室和工厂,分布在一个城市的不同地方,这就需要一个城域网。这些网络如果采用 ARPANET 技术可能太浪费,采用以太网技术距离又太远。

斯坦福大学就面临这个问题。当时,斯坦福大学已经有了 5000 多台计算机,分布在 15 平方英里(1 平方英里$\approx$7.6km^2)的校园内的各个大楼里。这些计算机在大楼内部已经用局域网联起来了,但是大楼之间的计算机却无法通信,形成了很多局域网的孤岛。

对斯坦福大学计算机系的计算机设备主管伦·波沙克(Len Bosack)来说,这是一个让人头痛的问题。学生们一直在向他抱怨,他们需要在多个地方工作,计算机互相不通很不方便。

斯坦福大学已经意识到了这个问题,并已经开始构建一个"斯坦福大学网"。但这个项目尽管花了很多钱,还没有什么实际效果。

波沙克等不及了,决定自己干。他联合了他的妻子桑蒂·勒纳尔(Sandy Lerner),她是商学院以及另外两个部门的计算机设备主管,开始偷偷地构造校园网。好在他们用不着做很多研究开发,技术都是现成的。唯一特殊的是一些接口电路,让这些众多种类的局域网能够连接起来互相通信。斯坦福的老师和学生很快发明了这些接口电路。波沙克他们要做的事是要把这些零散的技术集成起来,实际地应用到斯坦福大学的校园网中。当时,世界上还没有这样的产品可买,也没有其他兄弟院校的成功经验可以参考。

由于是偷偷干的,他们既没有经费也没有人员。除了学生和志愿者帮忙,有很多事情都是波沙克和勒纳尔亲自干的,包括利用废弃了的下水道拉通信线路。

三年以后,这个偷偷干的"重复建设"成功了。斯坦福的师生们纷纷转来使用这个"地下网络",于是校方把它正式命名为"斯坦福大学网"。不久,这个网络迅速增长到互联 100 多个局域网,几千台计算机。

其他大学听到这个消息后纷纷向波沙克联系,要求购买这个校园网技术。波沙克向校方申请,许可他们为其他院校生产校园网,但斯坦福大学一反通常的开明,拒绝了他们的请求。同时,斯坦福大学本身也不愿意成立一个实体来做这件事,因为大学不是做生意的地方。

波沙克和勒纳尔在无奈之中,决心不让自己多年的创造就这样无声无息地消失。于是他们在 1984 年注册了一家公司,自己干。他们没有钱租办公室,就把公司办到自己三居室的家里。一间卧室用作实验室,另一间卧室是办公室,起居室则是生产测试车间。

大概由于公司是在旧金山(又名圣弗兰西斯科,San Francisco)注册的,桑蒂·勒纳尔把公司命名为 Cisco,就是今天在中国叫作"思科"的著名网络公司。公司的商标也是勒纳尔自己设计的,是旧金山金门大桥的一个艺术加工。

　　加上波沙克和勒纳尔,思科公司只有五名员工。他们在波沙克和勒纳尔的家里工作,每周要干 100h 以上。每个人都没有薪水,一干就是三年。为了糊口,他们在白天不得不去做一些技术咨询工作。但是,他们大部分时间都在开发一个名叫"思科路由器"的核心产品。经费实在周转不开的时候,他们只好用自己的信用卡。

　　思科公司实际上不需要发明新技术,而是要把现有技术集成为一个质优价廉的产品。他们采用的技术路线是专用系统,即不是用一个通用计算机来实现路由器,而是把路由器的功能用一个价格低廉的专用系统来实现。

　　思科公司也没有钱做广告。他们的市场渠道主要是个人之间的口头宣传和电子邮件。但是,由于市场上急需思科路由器这类产品,他们的订单迅速增加。到了 1986 年 11 月,公司的销售收入已经达到了每月 25 万美元。

　　思科公司不是不想吸引风险投资来加速产品开发和扩大市场。他们不断与风险投资商洽谈,但开始洽谈的 75 个风险投资商都拒绝为他们投资。直到 1987 年 12 月,红杉树投资公司才给他们投入了 200 万美元,换取思科公司三分之一的股权。到了 1988 年底,思科的年销售收入达到了 2700 万美元。今天,思科已成长为世界上最大的网络公司,市值上千亿美元。

　　路由器示意图如图 4.9 所示。

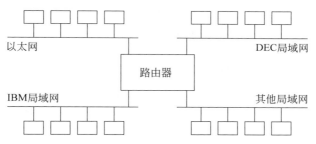

图 4.9　路由器示意图

3. TCP/IP 协议

　　1966 年 10 月,罗伯特·康恩(Robert Kahn)暂时离开了麻省理工学院的教师职位,去 BBN 公司做网络通信方面的研究工作。由于在通信方面有很强的理论背景,他很快参加了 BBN 公司的 ARPANET 工作。尽管要到两年后 BBN 公司才正式签约参加 ARPANET 项目,但公司早就开始做这方面的预研工作了。后来,康恩参加了 BBN 公司为 ARPANET 研制 IMP 的项目。

　　1970 年初,ARPANET 的前两个节点成功地安装到了洛杉矶加州大学和斯坦福研究所,并成功地完成了初步的实验。康恩和另一个 BBN 的同事一起到了洛杉矶,与克莱因洛克教授的研究小组一起对网络进行全面的测试。小组的成员之一是一位叫文森特·舍夫(Vincent Cerf)的研究生。

　　康恩设计出一系列测试,然后舍夫运行这些测试程序,检查网络的硬件和软件有没有问题。他们测试了各种通信模式和网络负载情况,发现了很多问题,然后交给 BBN 的工程师去纠正。其中一类问题叫死锁,就像十字路口车辆无序拥塞一样,造成网络速度变得极其慢,甚至网络全面崩溃。

　　三年以后,康恩到了 ARPA 去做项目管理,舍夫到了斯坦福大学任教。康恩这时面对了一个新问题。网络已不再只有 ARPANET 一种了。人们发明了无线网、卫星网、移动网技术,它们都采用分组交换技术,但各自有不同的通信协议。如何让这些网络能够互联起来,互相通信呢?

　　康恩找到了舍夫。两人经过几个月的研究,发明了一种后来称为 TCP/IP 的解决方法。这个方法有两个基本要点,后来这种思想在因特网中被广泛使用。第一,网络的通信要分层次,每个层次只实现一种特定的功能。例如,物理层的功能就是把通信内容从同一个物理网的一台计算机传到另一台计算机。IP 层的功能是把一个包文从一个物理网传到另一个物理网。但是,IP 层并不管包文是否传丢了,也不管从什么途径传输。这些工作由 TCP 层来完成。例如,TCP 层保证了,每一个包收到后都应该发一个回执。如果在一定时间内得不到回执,就假定该包文传丢了,于是就重传一次。第二,每层之间用“信封”方式把上一层的内容封起来,再加上一些本层的信息,叫作包头,用来告诉网络和目的地的计算机如何处理这个信息包。这整个过程有点像邮局传递信件的过程。每封信件就是一个包。信包含的信息本身是内容,信封上的信息(尤其是邮政编码,以及是否快递、航空、挂号等)就是 TCP/IP 的包头。我们可以假设一个邮政编码所辖地区是一个物理网。邮局收到信后,并不看内容,而是根据信封的信息负责把信件送到邮政编码指定的邮局,并做出是用飞机、火车、汽车或是轮船的方式从何条路线传递信件的决定。一旦到了指定目的地邮局,工作人员再根据物理地址将邮件送到收信人手中。在这个过程中,邮政编码有点像 IP 地址,而是否航空或挂号则像 TCP 层的信息。

　　这些物理网络内部可能采用不同的通信方式(又叫协议),但是,它们之间的通信方式都采用 TCP/IP。这些协议之间的翻译和转换则由路由器来完成。

　　1974 年 5 月,康恩和舍夫的论文在《IEEE 通信技术汇刊》杂志上发表。于是,TCP/IP 正式诞生了。它可以把很多计算机网络互联起来组成一个大的网络之网。这也就是因特网(Internet)的本意。到了 1983 年,ARPANET 与美国国防部的另一个网络“国防数据网”开始使用 TCP/IP。有人把这个时间认为是因特网的真正诞生年代,因为我们今天所说的因特网,是指使用 TCP/IP(或至少是 IP)的网络之网。20 多年后,TCP/IP 协议不仅在因特网,也在电信网中普及。人们把它应用到了各种领域。

　　到了 1972 年,ARPANET 上已经互联了近 20 个节点。但是,应用还非常之少。人们发明了一种叫作 FTP 的通信协议,用它来把一个文件从一台计算机送到远处的另一台计算机。另一个叫作 TELNET 的协议则允许人们通过 ARPANET 从一台计算机登录到另一台远程计算机,使用它的资源。还有一种协议叫作“电子公告牌”(BBS),它允许人们把自己的文章“张贴”到网上。电子公告牌常常分成很多不同题目的“版面”(又叫讨论区),技术人员可以用这种方式快捷地与全球的同行交流意见、讨论技术问题。

　　FTP 的程序是一位叫雷·汤姆林生(Ray Tomlinson)的 BBN 工程师开发出来的。

他在快完成 FTP 的编程工作时突发奇想：为什么不能用 FTP 来自动地传送网络电子邮件呢？

当时的计算机中，每个用户都有一个电子邮箱。同一台计算机里的用户可以相互发送和接收电子邮件。但是两台计算机之间就不行了。既然现在两台计算机之间可以相互传递文件了，而在计算机的内部表示中，电子邮箱和文件差别很小，用传递文件的方式来实现远程电子邮件传送就是很自然的事。

汤姆林生采取了计算机高手们常用的做法：当发现一个很有趣的思想时，先干起来实现它，从实干中发现问题，找出改进的路子，发明核心技术。汤姆林生运气很好，他只花了三个星期就写出了发送电子邮件和接收电子邮件的两个程序。随后不久，曾经是 ARPANET 项目的首席科学家的拉里·罗伯兹编写了第一个电子邮件管理软件，使得邮件的列举、转递、发送和回答更为方便。

电子邮件的应用迅速蔓延开来。到了 1973 年，ARPANET 上的四分之三的通信是电子邮件。1976 年，英国女王为庆祝登基 25 周年发送了电子邮件。

今天我们接收或发送每一个电子邮件，都还看得到汤姆林生的发明，那就是字符 @（这个字符念作"花 a"或者 at，是"在某地"的意思）。汤姆林生用它来标识电子邮件地址。例如作者的地址是 zxu@ict.ac.cn，其中 zxu 是作者姓名，@这个字符说作者"在"ict.ac.cn（即中科院计算所）这个"地方"。

但是，因特网和它的前身 ARPANET 都不是设计来收发电子邮件的，而是资源共享。难道除了 FTP、TELNET、BBS 和电子邮件以外就没有更有趣的应用了吗？历史证明，这样的应用是有的，但它还要再等几年，到 1980 年才会被第一次发明，然后还要再过 10 年才会被再次发明，随后产生革命性的影响。

这个发明就是万维网。

4.3.3　万维网

提姆·伯纳尔斯-李（Tim Berners-Lee）出生于英国一个科技家庭。他的父母都参与了英国第一台商用电子计算机的设计工作。伯纳尔斯-李从牛津大学物理系毕业后，又在英国计算机公司工作过。因此尽管他的专业是物理学，他对信息领域也有所涉及。

1980 年，伯纳尔斯-李在日内瓦附近的欧洲粒子物理实验室（CERN）工作了六个月。这个实验室需要用计算机处理和分析大量的实验数据。因此，CERN 拥有很强的计算能力，不论在设备还是在人力资源方面。伯纳尔斯-李写了一个叫作《内部问询》（*Enquire Within*）的计算机程序，试图把大量的数据资料按照内容的关联组织起来，以方便用户查找资料和相关文件。但是，他的思想并没有流传开来。

1989 年 10 月，几乎过了 10 年，伯纳尔斯-李再次来到 CERN，重新实现他的按内容组织和访问文件的思想。他把这种技术叫作"全球网"（World Wide Web，简称 WWW 或 Web，中文翻译为万维网）。

欧洲粒子物理实验室的主业是研究高能物理，伯纳尔斯-李对万维网的研究开发实际上是副业，并没有正式的科研项目支持。但伯纳尔斯-李相信自己工作的重要性，他坚持不懈地做了下去。1990 年 12 月，他完成了世界上第一个万维网的服务器程序和浏览器的编码工作,万维网正式诞生了。1991年,万维网已在CERN内部广泛使用。同时,伯纳尔斯-李在因特网上公开了万维网的全部技术资料和软件源码,供国际社会免费使用。今天,万维网已成为因特网的主要应用。人们通常说的上网,一般都是指上万维网。

万维网的一个具体的目标是:全球的计算机文件应该按内容组织为一体。

在万维网出现之前,人们熟知和使用的文件组织方式就是目前微机上的那种目录树方式。这常常很不方便也不灵活。例如,一个物理学家可能正在研究J粒子。他希望所有与J粒子相关的理论分析和实验数据的文件都放在一个逻辑的地方。但事实上,文件可能分布在多台计算机上,也不是按粒子类型分的子目录。很可能出现的情况是:理论文件放在一个目录里,按照理论物理的某种分类法,甚至按照研究小组分成一些子目录;实验数据则按实验时间分成一些子目录。物理学家要找到相关的文件就像大海捞针一样困难。这个物理学家希望有一种方法能够把与J粒子有关的信息都放在一起。

万维网要解决哪些关键问题呢?

第一个问题是,万维网的信息组织应该是物理的还是虚拟的?这个问题伯纳尔斯-李很快就解决了。不应该把信息按照内容物理地存储在计算机里。因为这些信息资料是很多人创造的,各有自己的分类存储方式。另外,一个文件很可能与多种粒子有关。把它按J粒子的内容存储了,就失去了为另一种粒子提供信息的灵活性。因此,万维网的组织必须是虚拟的,它可以建筑在现有的目录树的物理存储基础上,用一些指针把内容指向相应的目录树中的文档。这又引出了一个新问题,这个指针应该是什么样的形式呢?

第二个问题是,如何根据内容访问某个文档?在万维网之前,这也是非常麻烦的一件事。例如,物理学家需要知道J粒子的半衰期,他必须先到处询问,找到知道这个信息的人,然后了解到这个信息在某台计算机的某个目录中的某个文件里。然后,物理学家需要使用FTP程序登录到该台计算机,再进入该目录中,把文件下载到自己的本地计算机。能不能大大简化上述过程,只要按一个特殊的键就能得到所需的信息呢?

第三个问题是,如何处理文字和图像信息?CERN的计算机文件既有文本文件,也有图像文件,还有许多其他格式的文件。能不能只按一个键,让计算机自行处理中间过程,最终能够让用户看到各种格式的文件内容呢?

为了解决上述问题,伯纳尔斯-李提出了四个基本概念和机理,即超文本(hypertext)概念、通用资源定位(universal resource locator,URL)概念、超文本传输协议(hypertext transfer protocal,HTTP),以及超文本标识语言(hypertext markup language,HTML)。

超文本概念不是伯纳尔斯-李发明的。事实上,在1960年,一位叫特德·尼尔生(Ted Nelson)的计算机专家就发明了超文本的概念。所谓超文本,是指它在一般文本文件之外有些新东西。像本书这样的文本文件都有一个特征,就是它们都是顺序的,一句话顺序接着上一句话,一段接一段,一页接一页。而在一个超文本里,这种顺序性可以用一种称为"链接"的东西打乱。例如,在看到J粒子的描述时,我们读到半衰期这个词,它有一个链接指向到对半衰期的描述。我们可以按一个特殊键,然后直接跳到半衰期的描述部分。

伯纳尔斯-李的贡献是将超文本的概念从一台计算机扩展到了整个因特网(因此他才称自己的发明为World Wide Web)。在他之前,一个词的链接只能指向同一个文件的另一个段落,或者同一台计算机中的另一个文件。而伯纳尔斯-李的链接则可指向因特网上任何一台计算机的任何一个文件。

这种链接显然功能要强大得多,但如何来定义这种世界范围内的链接呢? 伯纳尔斯-李发明了 URL 来解决这个问题。一个 URL 实际上包含三个部分,中间用分隔符号隔开。

```
http://www.kepu.com.cn/Dongwuguan.html
```

http 是协议名,表示这个链接要用万维网的 HTTP 协议去访问远程计算机。万维网还支持一些其他协议,例如,telnet 是用 TELNET 协议去登录某个远程计算机,ftp 是用 FTP 协议去远程计算机下载一个文件,mailto 是用电子邮件协议去发一个电子邮件,bbs 是去登录一个电子公告板,等等。www. kepu. com. cn 是计算机的域名,即指定因特网上的某一台计算机。Dongwuguan. html 是特定该台计算机中的一个文件。很多时候,人们并不指定文件名。这里用的实际上是一个默认文件,人们俗称"首页"(home page)。

HTTP 是一个新协议,它大大简化了远程文件的传输。人们只需说明 URL,HTTP会让本地计算机和远程计算机自动完成很多的中间工作。

HTML 所起的作用是在一个文档中标识出哪些词语需要链接,链接到何处,以及链接的文件是文本还是图像。经过这样标识后的超文本文件通常称为 HTML 文件,它们的扩展名常常是. html。

万维网有哪些核心技术? 伯纳尔斯-李主要发明了两个软件技术,一是万维网服务器软件,它用在远程计算机上,负责处理 HTTP 协议,把用户所需要的文件传出来。另一个软件是客户端的 HTML 浏览器。它用在本地计算机上,负责向万维网服务器发出HTTP 请求,将所链接到的万维网服务器传回来的文件在本地显示出来。

浏览器。1992 年 12 月,伊利诺伊州的乌尔班那小镇。伊利诺伊大学的国家超级计算应用中心有个小伙子在思索着自己是否要开发万维网软件。这个 21 岁的小伙子名叫马克·安德雷生(Marc Andreeseen),正在伊利诺伊大学攻读计算机科学的本科学位。由于超级计算应用中心需要很多人编软件让科学家们更方便地使用超级计算机,中心雇了很多学生做计时工。安德雷生是其中一个,薪水是每小时 6.85 美元。

当时的很多大型计算机和因特网的主要使用方式是命令行方式,即用户用键盘输入命令,再在显示屏幕上看到文字输出。就连伯纳尔斯-李的万维网,也不用鼠标。这种方式对科学家是勉强适用的,但对一般老百姓就比较困难了。

安德雷生的想法是把微机上的图形界面搬到因特网上,让用户只需单击一下鼠标就能获得所需的信息。安德雷生一直想到深夜,最终决定以伯纳尔斯-李的万维网软件为基础,开发出一套使用更为方便的万维网浏览器。他找到了自己的同事和朋友埃瑞克·比纳(Eric Bina)。比纳已经 30 岁出头,是个编程高手。两人迅速干了起来。他们每天工作18 小时,一直做了三个月。结果是一个运行在 UNIX 平台上的 9000 多行的计算机程序,他们把这个万维网浏览器软件叫作马赛克(Mosaic)。随后两位朋友又找到了另外三位志同道合的同事,把马赛克移植到了微机上。

安德雷生把马赛克浏览器软件放在因特网上,供全世界的网民免费使用。用户对马赛克的需求是如此之大,第一天就有大量的下载,结果服务器超载死机。马赛克迅速普及开来,一年后有了 100 多万用户。1993 年 12 月,安德雷生从伊利诺伊大学毕业。学校想让他留下来继续马赛克的开发。当时,由于马赛克的广泛流传,学校把它"集中起来管理",想组织人力加大开发和维护工作。学校的初衷是好的,但集中管理和繁多的会议室息了年轻人的创造力,于是安德雷生离开了伊利诺伊大学,到硅谷一家公司打工。

就在那个时候,硅图公司(SGI)的创始人吉姆·克拉克(Jim Clark)正在考虑离开硅图去办一个更有活力的创业公司。他到处打听什么是下一波的热点。硅图的一位市场人员比尔·富斯告诉他,下一波很可能是万维网,而一个叫安德雷生的小伙子做了一个马赛克软件,现在用得很火。

克拉克马上与安德雷生取得了联系。两人畅谈了几个星期。开始,安德雷生主要听克拉克的,因为克拉克不仅是个老练的计算机专家,在斯坦福大学当过教授,而且创办过一家富于创新的计算机大公司。但渐渐地,克拉克决定在技术方向上听安德雷生的。他告诉安德雷生:"你决定干什么,我来找钱。"

两人的交谈内容集中在新的创业公司的技术方向、人才和商业模式这几个关键问题上,其中谈得最多的是公司的技术方向。克拉克最初的想法是做与所谓的"信息高速公路"有关的内容。当时,美国的政府和媒体都在大炒"信息高速公路"。人们在谈"交互式电视""视频点播""网上游戏""宽带电视网"等。人们坐在家里就可以通过信息高速公路从网上实时地获取多媒体信息和娱乐。

但安德雷生指出,信息高速公路已经有了,就是因特网。新的创业公司应该做因特网有关的东西,让更多的人能把因特网用起来。更具体一点,应该做马赛克这样的软件。

两人也谈论过比尔·富斯的思想。富斯当时在买房子,坐着汽车一家一家看,费了很多周折。他想,能不能把售房信息通过因特网提供呢? 这样,潜在的买主可以很方便地通过万维网从自己的微机看到房子的照片和其他信息,先删去一些不想考虑的房子,既方便了买主又方便了房产商。

但安德雷生觉得,做这种专用的系统还不如做通用系统。像马赛克这样的软件是任何万维网用户都需要的,不管他是想通信、浏览信息,还是想做网上交易。

两人最想不出来的就是商业计划。当时,除了卖服务器和路由器的公司,还没有人能从因特网赚钱。两人决定先不考虑如何赢利。他们估计,按照因特网和万维网这种几乎每年翻番的速度,用不了多久,就会有 5000 万用户。而他们的创业公司还没有竞争者,因此,他们的产品将会有 5000 万用户。一个这么大用户量的产品总想得出办法赚钱。

1994 年 4 月 4 日,克拉克和安德雷生创办了网景公司(Netscape),开发万维网浏览器和万维网服务器软件产品。有了技术方向,克拉克又自己投入了启动资金,最急迫的事就是招聘技术人员。安德雷生告诉克拉克,他在伊利诺伊大学的同事正在纷纷找工作。克拉克怕这些人被别的公司招走。于是,他和安德雷生迅速飞到了伊利诺伊大学,将马赛克小组的五名开发人员全部招聘了。克拉克给这些大部分是二十几岁的小伙子们丰厚的待遇,包括 8 万美元的年薪和 1% 的股权。

1994 年 10 月,网景公司推出了第一代浏览器产品,名称是网景导航器(Netscape

Nevigator)。它不仅纠正了马赛克的很多故障,功能更强、性能更快,而且用户界面也更便于使用。导航器软件的主要市场渠道仍然是放在因特网上,供公众免费下载使用。很快导航器的用户数达到了 200 多万。

为了避免产权纠纷,网景公司在开发导航器软件时从头开始编写每一行程序,没有用马赛克的任何代码。但伊利诺伊大学认为网景侵犯了它的知识产权,准备起诉。网景马上在加州起诉伊利诺伊大学诬告。双方最后通过调解达成协议,以网景支付 300 万美元给伊利诺伊大学,摆平了这个官司。

4.3.4　社交网络

2003 年 11 月 19 日,哈佛大学的校园期刊 *Harvard Crimson* 刊登了一条消息,称大学管委会决定放二年级学生马克·扎克伯格(Mark Zuckerberg)一马,不予他离校处分。

学校调查 19 岁的扎克伯格,是因为大学计算机服务处和多个学生团体投诉他搞了个 facemash 网站,未经允许使用同学们的照片,涉嫌破坏计算机网络安全、侵犯版权和侵犯个人隐私。

扎克伯格喜欢计算机,从中学就开始写软件。在高中阶段,他写了一个称为 ZuckNet 的通信软件,让父亲的牙医诊所里的计算机可以与家里的计算机传消息;他还写了一个音乐播放器,放在网上供大家使用。他的父亲鼓励他的这个爱好,请了软件工程师当家教,还鼓励他选修了附近大学的研究生计算机课程。进入哈佛大学后,他选择了计算机科学与心理学作为学习方向,并继续软件开发。他编写了一个名为 CourseMatch 的选课软件,可利用其他同学的选择更好地选课,并帮助建立学习小组。

哈佛的书院,也包括其他大学和一些中学,常常将同学们的人脸大头照和其他基本信息(年级、电话、好友等)收集成书,称为脸书(facebook)。脸书反映了大学同学的基本社交信息。2003 年 10 月下旬,扎克伯格使用黑客手段进入学校的计算机网络,复制了九个书院的同学们的脸书照片放在他的 facemash 网站上,并写了一个软件让访问者投票,根据两个同学的照片选出"更辣的"同学。扎克伯格觉得这个网站最有趣的特征是用户喜好排序算法以及高效率的软件。扎克伯格将网站地址发给好友征求意见,结果网址很快流传开来。一天之内,有 450 个同学成为用户,他们投了 2 万多次票。同时,facemash 网站也引起了哈佛社区的抱怨和大学的关注。

扎克伯格不想冒犯任何人,他很快(2003 年 11 月 2 日)就将 facemash 网站下线了。但是,他看到了同学们对社交网络信息的需求。那么,能不能够构造一个社交网络服务,既不侵犯用户的隐私,又提供好用有趣的社交网络信息呢?扎克伯格决定联合一些同学,以他在哈佛大学的宿舍为基地,开发一个专门的社交网络服务。

2004 年 2 月 4 日,脸书网(也就是今天的 Facebook 社交网络服务)正式上线。2012 年,脸书公司在纳斯达克股票市场上市,同年用户数增长到 9 亿。2014 年,脸书网在全球累计用户数接近 14 亿。

脸书网并不是第一个社交网络服务,也不是发展最快的。2003 年 8 月上线的 MySpace 实力雄厚,并有其父网站带来的 2000 万初始用户。2005 年 7 月,默多克的新闻集团出资 5.8 亿美元购买了 MySpace。2006 年 6 月,MySpace 超越谷歌搜索,成为美国第一热门的网站,占据了 80％的社交网络流量。同期,脸书网是第二大的社交网络公司,占据 7.6％的社交网络流量。

但今天,根据 Alexa 全球网站访问量排名,Facebook 排名第二,MySpace 排名第 1710。

MySpace 的衰落有很多因素。宽带资本的田溯宁博士认为,可能的原因之一是,MySpace 采用了封闭的商用软件技术路线,而 Facebook 采用了开放软件路线。Facebook 既使用开放源码软件,也是开源软件社区的积极贡献者。例如,Facebook 的一个核心技术竞争力就是它的计算平台能够快速地处理大数据,从 300PB 到 1EB 的数据中,挖掘出各种社交网络信息,更好地服务用户。Facebook 专门开发了一个针对大数据的数据仓库系统,称为 Hive,并将它于 2008 年在 Apache 社区中开源。今天,Hive 已经在数据挖掘领域得到广泛使用。

300PB 是多大规模呢? 2008 年的时候,一个 U 盘大约可存放 1GB 的数据。1PB 大约等于 1000TB,等于 100 万 GB。300PB 意味着 3 亿个 U 盘的容量。1EB＝1000PB,相当于 10 亿个 U 盘的容量。

这么大的存储系统带来了一个**数据放置问题**:如何放置数据,使得读取数据的速度最快、硬盘空间最省?

2008 年,这个数据放置问题落入了在中科院计算技术研究所攻读博士学位的何永强同学的视野。他发明了一种行列混合存储的新技术 RCFile(见图 4.10),有效地整合了列存储和行存储的优点,能够提高读取速度、节省硬盘空间。2009 年,他的工作成果引起了 Facebook 公司和雅虎公司的注意,聘请他去硅谷改进它们的系统。效果很明显: 使用 RCFile 可为这些公司节省 20％的硬盘空间,同时提高读取速度 10％。2010 年,何永强将 RCFile 软件开源贡献给 Apache 社区,很快得到社区批准,何永强成为 Apache Hive 社区的 committer。今天,RCFile 在全球数据挖掘和数据分析系统中得到了广泛使用。

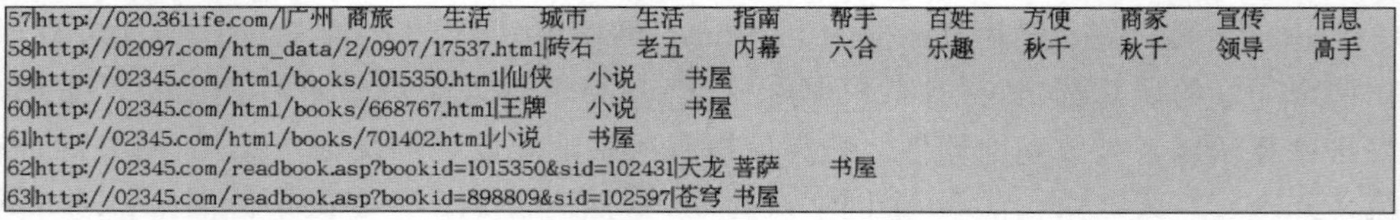

(a) 普通文本格式,10.11MB

(b) 行存储压缩格式,2.13MB

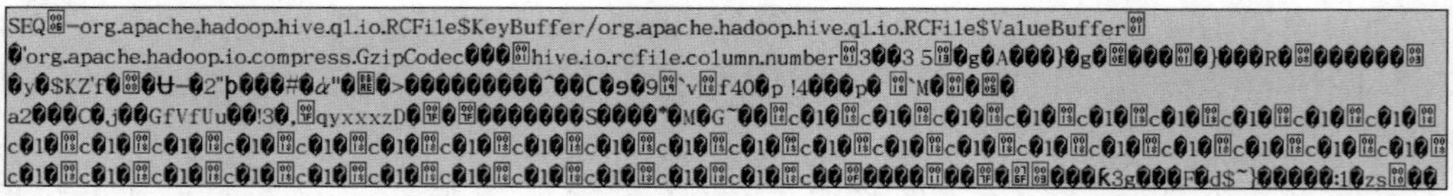

(c) 行列混合存储压缩格式,1.80 MB(RCFile格式)

图 4.10　RCFile 节省存储空间示意

何永强还是一位热心助人、推动公益事业的志愿者。

他与查礼老师在 2008 年发起了 Hadoop in China 技术沙龙,将开源大数据计算技术引入中国的志愿者社区。2008 年 11 月,第一届 Hadoop in China 技术沙龙在中科院计算技术研究所举行,来自美国硅谷和中国北京的 60 多位科技人员参会。自 2012 年起,Hadoop in China 成为中国计算机学会最大的大数据技术会议,每届参会人员都超过千人。在 2012 年,何永强也双喜临门:他的博士论文《百 PB 级数据规模的离线处理关键技术》在中科院计算所通过答辩,同年他成为一对双胞胎的父亲。

今天,何永强已经离开了 Facebook,在硅谷创办了创业公司。

4.4 编 程 练 习

本书所有的编程练习参见 6.7 节。

练习:编写并运行一个 Go 程序,使用 HTTP 协议,从课程网站(csintro. ucas. ac. cn/)下载信息隐藏课程实验所需的资料,包括文档和图片。

6.7 节提供了供参考的 Go 语言代码示例 remote_txt. go。下面我们逐行过一遍该程序。示例程序的源码共有 23 行语句代码。

这个程序要应对和处理各种网络访问错误,有较多的条件判断语句及其大括号{},初次看代码容易混淆{与}的配对。代码中,第 8 行的{与第 23 行的}配对;第 9 行的{与第 16 行的}配对;第 10 行的{与第 12 行的}配对;第 12 行的{与第 14 行的}配对;第 16 行的{与第 22 行的}配对;第 17 行的{与第 19 行的}配对;第 19 行的{与第 21 行的}配对。

```
1    package main
2    import(
3        "fmt"
4        "io/ioutil"
5        "net/http"
6        "os"
7    )
8    func main(){
9        if httpresp, err := http. Get ("http://csintro. ucas. ac. cn/static/code_
         project/Richard_Karp. txt"); err != nil || httpresp. StatusCode != http.
         StatusOK {
10           if err !=nil {
11               fmt.Fprintln(os.Stderr, err.Error())
12           } else {
13               fmt.Fprintln(os.Stderr, httpresp.Status)
14           }
15           return
16       } else {
17           if data, err :=ioutil.ReadAll(httpresp.Body); err !=nil {
18               fmt.Fprintln(os.Stderr, err.Error())
```

```
19          } else {
20              fmt.Println(string(data))
21          }
22      }
23  }
```

1. 代码 1～8 行, 第 23 行

这段代码与第 1 章编程练习的区别是, 导入语句 import(…)导入了多个软件包。其中,"io/ioutil"提供了输入/输出函数;"net/http"包了提供了使用 HTTP 协议访问远程资源的函数;"os"包提供了标准故障输出规定。

2. 代码第 9 行

这个条件判断语句可简写为 if A; B {C} else {D}。先执行 A,再判断 B。如果 B 为真,则执行 C,否则执行 D。

A 是 httpresp, err ：= http. Get("http://csintro. ucas. ac. cn/static/code_project/Richard_Karp. txt")。

B 是 err ! =nil || httpresp. StatusCode! =http. StatusOK。

C 是代码 10～15 行;D 是代码 17～21 行。

代码 A 调用 Go 语言提供的 http 包的 Get(http. Get)函数,从网址 http://csintro. ucas. ac. cn/static/code_project/Richard_Karp. txt 获取一个 txt 文件,将结果放入变量 httpresp 中,并将差错码放入变量 err 中。这两个变量的类型继承了 Get 函数的规定。

代码 B 是一个布尔表达式"X 或 Y",其中 X 是 err ! =nil,Y 是 httpresp. StatusCode ! =http. StatusOK。它们的直观意义是:如果差错码不为空值(有差错)或者结果状态不是 OK,那么 B 为真。X 反映 http 协议是否不返回结果,Y 反映返回的结果是否 OK。

3. 代码 10～15 行

这几条语句判断到底是差错码不为空值,还是结果状态不 OK,并将相应的错误码输出到操作系统规定的标准差错输出(Stderr,通常是显示器)。然后程序退出,此时程序没有获取到正确的网络文件。

4. 代码 17～21 行

此时我们已经知道获取网络文件成功了。这几条语句将获取的 Richard_Karp. txt 文件内容(存放在 httpresp. Body 中)读取到变量 data 中。如果读取有错误,那么打印出错误码;如果读取没有错误,那么打印出 data 的字符串值,也就是将获取到的 Richard_Karp. txt 文件打印出来。

对教师的建议:不直接打印 httpresp. Body。

有些喜欢钻研的同学会问:为什么不直接打印 httpresp. Body? 即将 17～21 行精简为一行代码:fmt. Println(string(httpresp. Body))? 为什么要先将 httpresp. Body 读取

到 data 中再打印?

一个简单的回答是:remote_txt.go 这个程序涉及三个名字空间:远程名字空间、本机 Go 语言系统的名字空间、用户程序 remote_txt.go 的名字空间。打印语句只能打印用户程序名字空间中的值。第 9 行代码调用 http.Get 函数将远程名字空间中的 Richard_Karp.txt 文件内容传到了本机,放在 Go 语言系统的名字空间中,用户程序变量 httpresp.Body 只是指向文件内容的地址。程序 17~19 行将 Go 语言系统中的 Richard_Karp.txt 文件内容读取到了用户程序的名字空间的 data 变量中。第 20 行再将程序变量 data 的值打印出来。

对教师的建议:应平衡精确性与简明性。

根据课堂调查,中国科学院大学的一年级同学 90% 以上都从未编写过计算机程序。"计算机科学导论"不是一门程序设计课。在面向全班时,要兼顾简明性与精确性,简明性的优先级更高。对喜欢钻研的同学,可个别讨论更加细致的细节,满足他们对精确性的要求。例如,可让同学看源码,了解上述问题更加细节的原因:httpresp.Body 对应的类只提供了文件读操作接口。

4.5 习　题

1. 在某个特定时刻,从网络协议栈的应用层看,微信网络可被看成是一个静态网络,每个微信用户客户端是一个节点,微信云端系统也是一个节点。这个网络的拓扑是(请三选一):

(1) 全连通图;

(2) 星形拓扑;

(3) 其他拓扑。

2. 假设微信网络有 2 亿用户,每个用户都使用一个智能手机微信客户端,每个用户有 100 个好友。如果每个用户每天发送一条 4 个字节的文本消息,请问整个微信系统每天需要处理多少条 HTTP GET 操作(请六选一)?

(1) 2 亿个,因为每个用户都要微信云端系统发一条消息;

(2) 200 亿个,因为每个用户都要向 100 个好友各发一条消息;

(3) 202 亿个,因为每个用户都要向微信云端系统发一条消息(共 2 亿个 GET 操作),每个用户的 100 个好友都要从微信云端系统各取一条消息(共 200 亿个 GET 操作);

(4) 202 亿个,因为每个用户都要向微信云端系统发一条消息(共 2 亿个 GET 操作),每条消息要被好友取 100 次(共 200 亿个 GET 操作);

(5) 大于 2 亿个小于 4 亿个,因为每个用户都要向微信云端系统发一条消息(共 2 亿个 GET 操作),微信云端系统将消息按目标用户打包,每个用户只需做一次 GET 就可以将全部消息取到,另外,并不是每个用户每天都看微信。

(6) 上述五个答案都不对。

3. 运行微信云端系统的众多服务器可能出错。假设微信云端系统的某台服务器出错,会有什么后果？请三选一：

(1) 微信应用不会出错,因为每条消息都有三个副本,存放在三个不同的物理服务器；

(2) 微信应用出错概率很低,因为每条消息都有三个副本,存放在三个不同的物理服务器上,这三个服务器同时出错的概率远低于一个服务器出错的概率；

(3) 微信应用出错概率与没有采用三副本技术一样。

4. 下列哪个命名方法产生的名字具备全网唯一性(请三选一)？

(1) 电子邮件地址；

(2) IP 地址；

(3) 两者都具备。

5. 为什么说总线网络是动态网络(请三选一)？

(1) 因为连在同一总线上的节点是确定的,但哪两个节点通信是变化的；

(2) 因为连在同一总线上的节点是变化的,但哪两个节点通信是确定的；

(3) 因为连在同一总线上的节点是确定的,哪两个节点通信也是确定的。

6. 交换机与路由器的区别(请四选一)：

(1) 交换机用于局域网,路由器用于广域网；

(2) 交换机用于以太网,路由器用于 Wi-Fi 网；

(3) 交换机用于有线网,路由器用于无线网；

(4) 交换机用于一个物理网的节点互连,路由器用于连接多个物理网。

7. DNS 的作用是(请三选一)：

(1) 将 HTTP 地址解析成 IP 地址；

(2) 将域名解析成 IP 地址；

(3) 将 IP 地址解析成域名。

8. 图书馆中学术期刊论文及其参考文献引用的集合可以看成是一个网络,每篇论文是一个节点,引用是边,节点和边的集合形成的图构成网络。判断论文及其引用是否构成一个静态/动态/演化网络(请三选一)：

(1) 不是网络,因为论文是死物,之间没有通信,而网络就是用于传递信息的；

(2) 是网络,而且是演化网络；

(3) 是网络,而且是静态网络。

9. 分组交换是(请三选一)：

(1) 将一个用户的多条消息组合成一个信息包整体传送；

(2) 将一个用户的多条消息中的每一条消息拆分成多个信息包轮流传送；

(3) 将多个用户的多条消息中的每一条消息拆分成多个信息包,多个用户的多个信息包轮流传送。

10. 在网络协议栈中,每一层的信息包都有包头和包体两部分,它们的作用是(请三选一)：

(1) 包头包含名字(地址)与控制信息,包体包含应用要传输的数据；

(2) 包体包含名字(地址)与控制信息,包头包含应用要传输的数据；

（3）包头包含名字（地址），包体包含应用要传输的数据与控制信息。

11. 2017 年，因发明 World Wide Web（WWW），提姆·伯纳尔斯-李荣获图灵奖。请阅读英国报刊对他的访谈（https://www.theguardian.com/technology/2017/apr/04/tim-berners-lee-online-privacy-interview-turing-award），并解释为什么他认为美国政府关于互联网中性的法案是个"令人厌恶的法案"（a disgusting bill），以及为什么他在努力推动 re-decentralize the Web。

第 5 章

系 统 思 维

计算系统思维的要点是：**通过抽象，将模块组合成为系统，无缝执行计算过程**。更准确地说，计算系统思维的要点是通过巧妙地定义和使用计算抽象，将部件组合成为计算系统，该系统流畅地运行所需的计算过程，为用户提供应用价值。模块就是精心设计的部件。

计算机科学研究的计算过程需要在计算系统中运行。前面 4 章讲述的数字符号操作、计算模型、计算逻辑、算法、程序、网络，归根结底都需要通过计算系统实现。一个计算系统由多个部件组合而成，支持一个或多个计算过程的运行。

计算系统包括抽象的计算系统或真实的计算系统。抽象计算系统的例子包括各种计算模型，如图灵机、自动机等。真实的计算系统形成具体的产品和服务，包括计算机硬件系统（如微处理器芯片、内存芯片、硬盘、网卡等部件，以及智能手机、笔记本电脑、服务器等整机）、计算机软件系统（如操作系统、数据库管理系统、互联网浏览器、办公软件系统等）、服务系统（如互联网搜索引擎、微信社交网络、淘宝电子商务系统等）。

研究、理解和使用计算系统的最大挑战是应对系统的复杂性。破解系统复杂性挑战的主要思维方法是抽象化或抽象，其英文都是 abstraction。

实例：微信系统的复杂性。当仔细考察一个计算机系统时，往往会惊叹其内部的复杂性。粗略地计算一下腾讯微信系统涉及的晶体管个数，可以稍微认识一下该系统有多么复杂。微信系统有上亿用户同时在线。假设每个用户使用一台智能手机或笔记本电脑这样的终端设备，那么至少有上亿个处理器芯片在同时工作，执行着微信的计算过程。这还不包括微信云端系统以及互联网系统。

每个处理器芯片大约包括 20 亿个晶体管（如苹果公司 iPhone 6 使用的 A8 处理器芯片）。如果将每个晶体管看成一个家庭住房，晶体管之间的连线看成道路（从高速公路一直到楼道），那么一个芯片的电路图比全中国的米级地图（显示了全中国每一套住房以及全部的道路）还要复杂，微信系统则比全世界的米级地图复杂得多。

显然，理解和设计微信系统不能从每一个晶体管做起，更不能靠简单地堆砌 20 亿亿个晶体管。在理解和设计微信系统时，需要有一套特殊的方法，称为计算**系统思维**，它包括三个利器，即**抽象化**、**模块化**、**无缝衔接**。系统抽象是最本质的考虑，模块化与无缝衔接是对抽象的补充。

5.1 从一个实例看计算系统

1. 抽象化

系统思维的第一个利器是**抽象化**（abstraction），即从多个层次（角度）理解一个系统，每个层次仅考虑该层次特有问题，忽略其他问题；并用一套抽象概念和方法统一地处理该层次所有的计算过程，解决这些特有问题。

先考察一个看起来很简单的微信消息通信系统实例。可以通过三个抽象层次理解微信系统，见图 5.1。

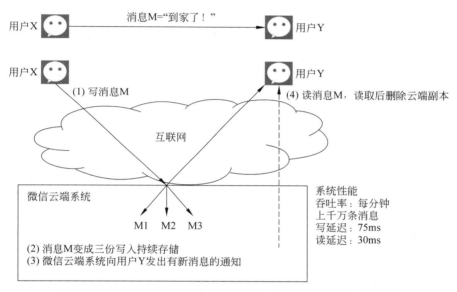

图 5.1　微信网络消息传递的三种抽象：用户层、应用层、系统层

最上一个层次可称为用户层。这里只有三个抽象概念：用户、客户端设备、消息。每个用户涉及的基本计算过程也只有三个：浏览消息、收消息、发消息。一个完整的典型计算过程是：用户 X 用他的智能手机客户端设备向用户 Y 传递一个消息“到家了！”，而用户 Y 则用她的平板电脑客户端设备收到消息“到家了！”。

用户层需要考虑的特有问题比较少，包括“如何浏览消息”“如何收消息”“如何发消息”“消息可以包括自拍的视频吗”“如何加好友”“发完消息后多久好友才能收到”等。更加罕见的问题也包括什么样的终端设备、什么样的网络支持微信。至于微信系统如何实现消息的处理和传递、如何保证消息不丢失、不发错，以及微信系统能够支持多少用户同时在线这类问题，用户层不用考虑。由于一个用户的朋友圈可能只有数十个或数百个其他用户，比起需要考虑 20 亿亿个晶体管的蛮力方法，理解微信系统的复杂性大幅度降低了。

第二个层次可称为应用层。这个层次的微信应用系统实现微信消息的处理和传递。

它主要涉及五个抽象概念：用户、客户端设备、客户端应用软件、消息、微信云端系统。实现用户 X 向用户 Y 传递消息 M（上面例子中 M＝"到家了！"）的典型的计算过程如下。

步骤 0：用户 X 使用客户端设备上的客户端应用软件（俗称 App）编写并发送消息 M。

步骤 1：用户 X 的客户端通过互联网（包括移动互联网）向微信云端系统写消息 M。

步骤 2：云端系统收到消息 M 后，复制成三份写入持续存储（硬盘或固态存储）。

步骤 3：云端系统向用户 Y 的客户端发送有新消息的通知。

步骤 4：用户 Y 的客户端从微信云端系统读取消息 M，然后删除云端持续副本。

理解和设计应用层的最大挑战是：如何支持数千万个上述计算过程同时执行，并保证消息的及时传递。应用层必须关注如何实现消息的处理和传递，如何保证消息不丢失、不发错，以及微信系统能够支持多少用户同时在线这类问题。但是，应用层较少考虑这些计算过程如何由系统软件和系统硬件实现。例如，为了保证消息 M 不丢失，应用层的云端系统需要执行将 M 存储到 M1、M2、M3 的三副本持续存储操作。但是，应用层并不需要考虑如何实现这个三副本持续存储操作，也不关心 M1 存储到了哪台服务器上、在哪块硬盘中。

第三个层次可称为系统层。这个层次涵盖系统软件和系统硬件，包括客户端和云端系统所涉及的硬件、操作系统软件、数据库软件、应用框架软件等。这个层次关注如何让微信系统能够有效地及时地服务上亿用户，如何让微信应用系统能够每分钟传递上千万条消息，同时能够保证读/写一条消息的延迟分别控制在 30ms 和 75ms，如何控制系统成本等问题。它也需要解决如何有效地实现三副本持续存储的问题，包括 M1 存储到了哪台服务器上、在哪块硬盘中等系统细节。

如有必要，还可以继续考虑更具体的层次，一直到最终的电路层次甚至晶体管层次的抽象。

2. 模块化

系统思维的第二个利器是**模块化**（modularity），即理解每一个系统是由多个模块按一定规则连接组合而成的。也可以反过来理解：一个系统如何分解成多个模块的组合。有时候模块也被称为子系统。模块化可用来应对复杂性。理解一个系统可以通过理解每一个模块，以及这些模块的组合规则，得以简化。

例如，微信应用系统大致上由三部分（即三种模块）组成：①运行在数亿用户的客户端设备（桌面设备和移动设备）上的微信客户端软件系统；②运行在腾讯公司的微信云端系统；③连接这两者的互联网，包括移动互联网。在理解微信系统时，可以首先理解客户端设备、微信云端系统、互联网这三者的分工合作以及相互间的接口，然后进一步理解客户端设备、微信云端系统、互联网的应用层、系统层，从而降低理解微信系统的复杂性。在理解某个模块（如云端系统）时，可以不用考虑另一个模块（如客户端设备）的内部细节。例如，微信云端系统如何有效地实现三副本持续存储，这个问题与微信客户端的内部细节无关。

3. 无缝衔接

系统思维的第三个利器是**无缝衔接**（seamlessness），即让计算过程在全系统中流畅地运行，不出现或少出现缝隙和瓶颈。一个系统包含多个部件（又称子系统），一个计算过程在运行中可能涉及多个子系统，但子系统之间的过渡不应该出现缝隙和瓶颈。如果做不到完全的无缝，至少也要控制瓶颈，使系统的功能和性能满足用户体验需求。

例如，微信系统传递消息的计算过程涉及多个计算机硬件、多个操作系统、多个网络，这些环节或模块需要实现无缝衔接，使得整个微信系统同时流畅地执行上千万个传递消息的计算过程。腾讯公司不可能百分之百地保证所有用户的每一条消息都能够被及时送达，因为互联网和移动互联网不在它控制之中，客户端设备的硬件和操作系统也不在它控制之中。即使不能百分之百的保证，微信系统也需要精心设计其云端系统和微信客户端应用软件系统，使得这两者不成为微信服务的瓶颈。为此，微信系统设定并实现了具体的性能指标，即微信云端系统在支持每分钟处理上千万条消息的前提下，每条消息在微信云端系统中的写延迟不超过 75ms、读延迟不超过 30ms。

上述微信系统实例显示，不论是什么系统，都需要思考以下三个本质的问题。

- 系统需要什么样的抽象？
- 系统由哪些模块如何组合而成？
- 系统的部件如何无缝衔接，流畅地执行计算过程？

5.2　计算系统思维要点

计算机科学在多年的发展中，产生出了一套系统思维方法：**通过抽象将部件组合成为系统**。构造计算系统是有条理、有门道的，不是随意而为；系统思维产出一个系统整体，而不是一堆部件的罗列堆砌；计算系统往往用一套统一的方法来支持万千应用场景，而不是每个场景对应一个计算系统。在英文语境里，往往用 systematic（系统地），而不是 ad hoc（随意地），来形容这种系统思维。这些条理、门道往往体现为系统抽象。

同时，系统性不是僵化的教条，不是用于阻碍创新，更不是遏制应用的丰富性和多样性。构造计算系统是有条理、有门道的。但是具体是什么条理、门道就是创新的重要目标。这使得理解和设计计算系统富有令人激动的挑战性。系统思维不是让计算系统设计者机械地执行一些教条方法，而是要求创造性和综合性。这也是为什么在英文中，计算系统设计者被称为 **architect**（直译为建造师或建筑师，信息技术领域则称为**架构师**）。

计算机科学在过去 70 年中发展出来的系统思维方法还是很有成效的。全球只有几百万名计算机科学技术的专业人员，却支持着数十亿用户，使用近百亿台计算设备，体验万千种应用服务的价值。当然，这套系统思维方法也仍有许多不足之处。例如，与生物界相比，计算系统界的多样性欠缺，使得一个病毒可迅速影响上亿台计算设备。

本书初步介绍系统思维的抽象化、模块化、无缝衔接三个要点。它们不是三个孤立的东西，而是系统思维不同角度的体现。其中，系统抽象是最本质的考虑，模块与无缝衔接是补充。这三个概念既是动名词也是名词，前者体现方法，后者体现该方法的产物。

5.2.1　抽象化

计算抽象既是计算机科学最重要的方法,也是最重要的产物。作为动名词的抽象也被称为**抽象化**,而抽象化的产物也称**抽象**,两者对应的英文都是 abstraction。

抽象化的要点是:一个系统可从多个层次(或多个角度、多个视野)理解,每个层次仅仅考虑有限的、该层次特有的问题,并用一套精确规定的抽象概念和方法,统一处理该层次所有的计算过程,解决这些特有问题[①]。其他问题则留给其他层次考虑。该层次甚至看不见这些其他问题,因此也可以忽略与这些问题相关的所有细节。换句话说,抽象化和抽象具备三个性质(称为**抽象三性质**)。

- **有限性**:抽象化意味着从多个层次(或多个角度、多个视野)理解一个计算系统,每个抽象仅仅考虑一个层次的有限的特有问题,忽略其他层次,忽略同一层次的其他问题。
- **精确性**:抽象化的产物是一个计算抽象,它是一个语义精确、格式规范的计算概念。
- **通用性**:计算抽象强调用一个通用抽象代表多个具体需求。它意味着用统一的一套方法处理该层次所有的计算过程,解决该层次的特有问题。它不是只对特定的具体问题实例有效,而是可以触类旁通、用于其他实例。这也被称为抽象的**泛化**(generalization)能力。只对某个实例有效的抽象,不是好的抽象。

抽象化是所有科学技术学科共有的方法。那么,什么是计算机科学的抽象化特色呢?就是可自动执行的、比特精准的信息抽象,即数据以及对数据的操作,包括存储操作、运算操作、通信操作。典型的**存储操作**包括将数据存放在某个地方(例如内存),或者从某个地方取出来放在寄存器中。该"地方"的名字称为存放该数据的**地址**。基本的**运算操作**包括加、减、乘、除、与、或、非等算术逻辑运算。典型的**通信操作**包括将数据从一个地方(例如硬盘)传递到另一个地方(例如内存)。数据传递到显示器时,相应的信息就被显示出来了。

将某一类数据及其操作(存储操作、运算操作、通信操作)合起来称为**数据抽象**(data abstraction),也称数据类型(data type)或数据结构(data structure)。通常,针对这些数据抽象的多个操作步骤组合起来才能解决一个问题。控制多个步骤如何组合起来实现计算过程的操作抽象称为**控制抽象**(control abstraction),它确定某个步骤何时激活。数据抽象和控制抽象是计算机科学的抽象特色的重要体现。

1. 数据抽象

下面简要介绍七种常见的数据抽象,包括比特、4 比特、字节、字、指针、文件、数据。它们也体现了基本上从小到大的七个抽象层次。

[①]　由于抽象化和抽象在计算机科学中使用普遍,来源众多,含义丰富,反而没有一个众所周知的、达成广泛共识的统一定义。例如,关于"系统可从多个层次理解"这个思想,即抽象化层次(level of abstraction)概念,牛津大学的 Luciano Floridi 教授将它归功于图灵在 1950 年发表的图灵测试论文。本书对抽象化和抽象的定义综合了多个来源。

（1）**比特**（bit）是最基本二进制数位。单个比特取值可为 0 或 1,其涉及的运算操作主要是布尔逻辑运算。

（2）**4 比特**（hexadecimal,简写为 hex,也称十六进制数,或**半字节**）是用四个比特合起来形成的一个十六进制数位。它可以取 16 个值之一,从 0 到 F。由于十进制不够用,人们增加了从 A 到 F 六个字符来表示从 10 到 15 的六个额外数值。这 16 个值的二进制表示是 0:0000,1:0001,2:0010…9:1001,A:1010…F:1111。

（3）**字节**（byte）是用 8 个二进制数位组合而成的。

（4）**字**（word）可由 8、16、32、64 或 128 个二进制数位组合而成。字往往是算术逻辑运算的基本单位。一次运算通常会产生一个结果字,而不仅仅是一个结果字节或结果比特。人们一般所说的"32 位计算机"或"64 位计算机",通常指的是该计算机采用了 32 位（32bit）或 64 位（64bit）的字,32bit 或 64bit 是计算机的**字长**。早期的计算机也采用40bit、48bit 等字长。

假如要将 30 亿个数求和,该如何办呢? 往往是先将每个数对应到一个字,将这30 亿个数存放在内存里相邻的地址,形成一个**数组**（array）。执行求和计算时,先将结果"和"置零,然后再将数组里的这 30 亿个字与"和"逐一相加,最终得到结果。

（5）很多时候,多个数据不能放置在相邻的地址,这时需要**指针**（pointer）：一个数据对应的地址之后,存放的不是下一个数据,而是下一个数据的地址。

数组与指针示例如图 5.2 所示。

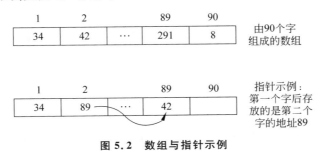

图 5.2　数组与指针示例

（6）**文件**（file）是一个常用的更大粒度的数据结构。它可能采用了上述所有的数据类型。例如,一本书可以是一个以 pdf 格式存储的文件。它包括中文字符（每个中文字符需要两个字节表示）,还包括了需要的各种格式排版与图形图像和公式信息。这也是为什么一本书的 pdf 格式文件比 txt 格式文件大得多的原因。

（7）**数据**（data）是一个范围较广的术语,是指一个或多个数字符号。一个比特、4 比特、字节、字、指针、文件都是数据。数据不只是数值,还有对应的含义,称为数据的**语义**。

实例：字符数据的语义。计算机如何表示人类语言的各种字符呢? 表示英文字符比较简单。英文只有 26 个字母,区分大小写也只有 52 个字母。加上 10 个十进制数字字符、各种标点符号等,一个字节足以表示全部英文字符。1967 年,美国国家标准学会正式发布了美国信息交换标准代码（简称 ASCII 码）,用一个字节的 7 位表示英文字符,剩余的 1 位用于纠错。7 位字长有 128 个组合,可表示 128 个符号。其中,32 个组合用于表示回车、换行等控制符,另外 96 个组合用于表示 52 个字母（A～Z,a～z）、10 个数字（0～9）、各种标点符号(！@＃＄％,.等)。(用户可通过键盘输入"Alt＋小键盘数字键"看到对应的 ASCII 码对应的字符显示。例如,输入 Alt＋64 将看到@,输入 Alt＋65 将看到 A。)

中文字符表示也可采用类似的方法。但是,康熙字典中就有数万个中文字符,单字节表示显然不够。其他非拉丁语言也可能有同样的问题。一个国际性的非营利组织 Unicode Consortium 应运而生,推出了双字节 Unicode 码,即采用两个字节(16 比特)表示语言字符。后来又推出了四字节(32bit)Unicode 码。这样,一共有 2^{32} 个组合,可表示 400 万个字符,基本能够覆盖世界上所有语言。这也是为什么 Unicode 被翻译成"万国码""国际码""统一码""国际标准字符集"的原因。采用双字节 Unicode 码,每个中文字符对应于一个由四个十六进制数字符号组成的数值。例如,"中""国"两个中文字符分别对应两个 Unicode 码 4E2D 和 56FD。

小结一下,在理解一个特定的数据抽象(例如 Unicode 码)时,需要从四个角度考虑才能完整理解。

- 该数据的数字表示。由四个十六进制数字符号表示的数值,如 Unicode 码 2632。
- 该数据的存储格式。例如,2632 存放在相邻两个字节中。
- 该数据的语义。例如,2632 对应的语义是中文八卦中的离卦☲字符。
- 该数据的操作(存储操作、运算操作、通信操作)。大致上讲,从键盘输入该字符到计算机中,可以看成一种通信操作。计算机将 2632 存放在内存,再读出来进行后续处理,这些是存储操作。计算机将 2632 根据 Unicode 规则变成☲以便于显示,这是运算操作。

一个文件数据(如一本书的 pdf 文件)也可以从这四个角度理解。

- 该数据的数字表示。例如,一本书的 pdf 文件的数字表示是由接近一亿个二进制数字符号(0 或 1)组成的数值。
- 该数据的存储格式。一本书的 pdf 文件按照 pdf 格式存放在连续的大约 1000 万个字节中。
- 该数据的语义。就是打开该书 pdf 文件后看见的内容。
- 该数据的操作(存储操作、运算操作、通信操作)。打开该书 pdf 文件,意味着从硬盘将文件"读"到内存和处理器中,是一种存储操作。将文件加密或压缩,是运算操作。将该文件上传到某个网站,是通信操作。

上述字符数据例子中,"为世界上的所有语言的所有字符规定二进制数字符号"是抽象化的过程,而 Unicode 码是抽象化的产物。Unicode 码已经体现了抽象三性质。

- 有限性。Unicode 这个抽象解决了如何用数字符号表示世界上各种语言字符的问题,但忽略了字体(是宋体、隶书还是黑体)、大小(是小五还是四号字体)、如何对齐、如何具体显示打印等问题。
- 精确性:Unicode 这个抽象是一个语义精确、格式规范的计算概念。它没有歧义。它的格式也是规范的,每个字符存放在相邻两个字节中。
- 通用性:Unicode 这个抽象并不是针对某个计算机、某个软件或某个应用场景设计的。它用一个通用抽象支持多个具体应用需求。不论何时何地,不管是什么计算机、使用什么操作系统和应用软件、处于何种应用场景,Unicode 用统一的一套方法解决了"用数字符号表示世界上各种语言字符"这个特有问题。

2. 控制抽象

下面简要讨论三种常见的控制抽象,包括**顺序**、**条件跳转**、**调用**。顺序(sequential order,或 sequence)是最基本、最常用的控制抽象,在很多情况下是默认的控制抽象。例如,如果没有特别说明,在描述一个计算过程时,列出的步骤都是一步一步顺序执行的。

步骤 0:开始计算过程。

步骤 1:Sum=0。

步骤 2:i=0。

步骤 3:Sum=A[i]+B[i]+Sum。

步骤 4:i=i+1。

步骤 5:如果 i<30 亿,跳转到步骤 3。

步骤 6:打印出结果 Sum。

步骤 7:终止计算过程。

上述计算过程中,步骤 5 通过条件跳转抽象来确定下一步骤是步骤 6 还是步骤 3。除此之外,所有步骤都采用默认的顺序下一步骤。

步骤 6 值得特别关注。在一般的计算机中,打印并不是一条基本的指令,而是通过一段子程序来实现的。步骤 6 事实上应该是一个子程序调用,是一种特殊的控制抽象。

这些抽象可被组合,产生更多的抽象。例如,顺序、条件跳转、调用可组合成循环抽象。

步骤 0:开始计算过程。

步骤 1:Sum=0。

步骤 2:for(i=0;i<30 亿;i++)Sum=A[i]+B[i]+Sum。

步骤 3:打印出结果 Sum。

步骤 4:终止计算过程。

在这个过程中,步骤 2 变成了一个更加抽象的循环语句。它的含义是调用下列子程序。

步骤 A:i=0。

步骤 B:Sum=A[i]+B[i]+Sum。

步骤 C:i=i+1。

步骤 D:如果 i<30 亿,跳转到步骤 B。

显然,该 for 循环语句抽象比相应的子程序更加简洁易懂。

3. 硬件抽象

抽象化涉及的数据抽象和控制抽象不只局限于看起来偏"软"的数据格式与算法步骤规定,它们也可以体现为硬件抽象。

实例:运算器抽象化。在计算机发展历史中,一个关键的抽象化工作是确定运算器抽象。具体的问题是：一个处理器中的运算器应该如何设计，才能产生一个通用处理器？早期的计算机采用了比较随意的（ad hoc）方式，而非系统的（systematic）方式，因此，不能回答这个问题。例如，ENIAC 的运算器包括了计数器、乘法器、除法器、平方根器等硬件单元，能够支持一些数值计算（科学计算）。当代计算机则需要支持科学计算、企业工作流、事务处理、文字处理、数据分析、游戏、上网、社交网络等多种应用。1964 年的 IBM 360 系统地回答了这个问题，提出了**定点部件**和**浮点部件**硬件抽象，使得 IBM 360 成为了通用计算机。通俗地讲，定点部件处理整数的加、减、乘、除、与、或、非运算，而浮点部件处理有限精度的实数加、减、乘、除运算。

用定点部件和浮点部件硬件抽象支持所有的应用所需的运算，而不是为科学计算设计几种运算器，又为企业计算设计几种运算器，再为文字处理设计几种运算器，这就是"用一个通用抽象支持多个具体应用需求"的体现。x86、ARM、龙芯、RISC-V 处理器指令系统体系结构等，都继承了这种硬件抽象。

抽象化需要人们付出辛勤努力和聪明才智。即使浮点部件这样粗看起来较小的硬件，也是汗水和灵感浇灌而成的。加拿大计算机科学家威廉·卡汗（William Kahan）从 20 世纪 70 年代开始长期致力于计算机浮点部件硬件抽象的研究，并促成了 IEEE 754 浮点算术标准的建立。人们今天使用的计算机，包括超级计算机、微机、平板电脑、智能手机，都用到了他的研究成果。卡汗教授也因此在 1989 年获得了图灵奖。

小结一下计算抽象的要点。

计算过程和计算思维理解 8：抽象化

少数精心构造的计算抽象可产生万千应用系统。

计算过程刻画：

（1）一个计算过程是解决某个问题的有限个计算步骤的执行序列。

（2）每个计算步骤都是对数据抽象的操作，并受控制抽象约束。

（3）计算步骤有大有小。大的计算步骤由小的计算步骤组合而成，是一组小的计算步骤的组合抽象。

计算思维要点：计算系统思维方法的要点是**通过抽象将部件组合成为系统，执行计算过程**。

计算抽象既是计算机科学最重要的方法，也是最重要的产物。与其他学科的抽象不同，计算机科学的抽象强调可自动执行的、比特精准的信息变换抽象。

抽象化和抽象具备**抽象三性质**。

- 有限性：每个抽象仅仅考虑一个层次的有限的特有问题，忽略其他层次和其他问题。
- 精确性：每个抽象是一个语义精确、格式规范的计算概念。
- 普遍性：每个抽象都具有泛化能力。

5.2.2　模块化

有一类特殊的抽象化方法在设计和理解计算系统时得到广泛应用,这就是模块化方法。模块化方法的要点是理解如何从部件(即**模块**)组合系统。有时候,模块也被称为**子系统**。模块化方法需要回答三个问题,它们合起来称为**系统架构三问题**。

- 系统是由哪些模块组成的? 也可以反过来问:一个系统如何分解成多个模块?
- 系统是由这些模块如何组成的(模块之间如何连接、有什么接口)?
- 计算过程在系统中如何执行?

系统由多个模块组合而成,这句话表面上看来是显而易见的。例如,一个计算机系统可以由下列模块(子系统)组合构成:

$$计算机 = 硬件 + 系统软件 + 应用软件$$
$$计算机硬件 = 处理器 + 存储器 + 输入 / 输出(I/O) 设备$$
$$处理器 = 运算器 + 控制器 + 寄存器 + 数据通路 + \cdots$$
$$\cdots\cdots$$

最终到达计算机的基本操作,例如逻辑门电路。

事实上,"系统由多个模块组合而成"大有讲究,是计算机科学领域的重要创新环节。人们将"系统由多个模块组合而成"的成功的特定方法称为**系统架构模型**,并赋予特定的名称,例如,布尔函数的组合电路模型、时序电路的自动机模型、计算机硬件系统的存储程序计算机模型(也称冯·诺依曼模型)、数据管理系统的关系数据库模型,等等。

下面通过几个从小到大逐级的抽象,看看如何使用模块化方法构成系统。每个抽象本身也是一个系统,但在更大的系统中扮演了子系统(模块)的角色。这些抽象是逻辑门、组合电路、时序电路、自动机、存储程序计算机、应用程序执行模型。组合电路和时序电路合起来称为**数字电路**。我们还阐述模块化的一个核心原理,即信息隐藏原理。

1. 逻辑门

从逻辑设计角度看,计算机系统的最基本的抽象是布尔逻辑门电路,简称**门**(gate)。图 5.3 和图 5.4 列出了五种常见门的符号与真值表,即与门、或门、非门、异或门、与非门。

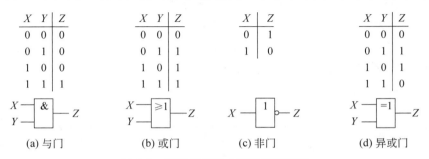

X	Y	Z
0	0	0
0	1	0
1	0	0
1	1	1

X	Y	Z
0	0	0
0	1	1
1	0	1
1	1	1

X	Z
0	1
1	0

X	Y	Z
0	0	0
0	1	1
1	0	1
1	1	0

(a) 与门　　　　(b) 或门　　　　(c) 非门　　　　(d) 异或门

图 5.3　四种逻辑门电路及其真值表

这些逻辑门之所以是计算抽象,是因为它们集中考虑计算逻辑设计层次,忽略了具

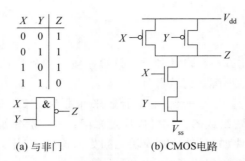

(a) 与非门　　　　(b) CMOS电路

图 5.4　与非门及其 CMOS 电子电路实现示意图

体的电路实现细节。例如,与非门可以用如图 5.4 所示的 CMOS 电子电路实现,也可以用其他电路实现,但其符号和真值表保持不变。

从模块化角度看,在图 5.4 所示的例子中,与非门是系统,晶体管是模块。下面介绍与非门系统如何回答系统架构三问题。

- 系统是由哪些模块组成的? 与非门由两类共四个晶体管组成,即两个负晶体管与两个正晶体管。
- 系统是由这些模块如何组成的(模块之间如何连接、有什么关系)? 与非门由四个晶体管按如图 5.4 所示连接而成。其要点是:上面两个负晶体管并联,下面两个正晶体管串联,每个输入变量同时接到一个负晶体管和一个正晶体管。
- 计算过程在系统中如何执行? 当任何一个输入变量为低电平(逻辑 0)时,相应的负晶体管导通(该晶体管变成了一条导线),同时相应的正晶体管断开,这使得输出变量 Z 连接到高电平 V_{dd}(逻辑 1)。当两个输入变量同时是高电平($X=Y=1$)时,两个正晶体管处于导通状态,而两个负晶体管处于断开状态,相当于有一根导线从低电平 V_{ss} 连接到 Z,即 $Z=0$。因此,该电路实现了与非门逻辑功能。

2. 组合电路

由多个逻辑门连接而成的电路称为**逻辑电路**。不含回路的逻辑电路称为**组合电路**。单个逻辑门可以看成最简单的组合电路。一个组合电路不仅可以用一个逻辑电路图来表示,而且可以等价地用一个(或一组)布尔逻辑表达式来表示。

实例:常见逻辑门的逻辑表达式。非门只有一个输入变量,其表达式是 $Z=\overline{X}$。图 5.3 和图 5.4 显示的与门、或门、异或门、与非门是两个输入变量、一个输出变量的逻辑门。表 5.1 显示了与门、或门、异或门、与非门所对应的布尔逻辑表达式。包含 n 个输入变量、一个输出变量的逻辑门的布尔逻辑表达式可以自然推广定义出来。

表 5.1　四种门电路的逻辑表达式

逻辑门名称	两个输入变量表达式	n 个输入变量表达式
与门	$Z=X \cdot Y$	$y=x_1 \cdot x_2 \cdot \cdots \cdot x_n$
或门	$Z=X+Y$	$y=x_1+x_2+\cdots+x_n$

续表

逻辑门名称	两个输入变量表达式	n 个输入变量表达式
异或门	$Z = X \oplus Y$	$y = x_1 \oplus x_2 \oplus \cdots \oplus x_n$
与非门	$Z = \overline{X \cdot Y}$	$y = \overline{x_1 \cdot x_2 \cdot \cdots \cdot x_n}$

3. 模块化的信息隐藏原理

在设计或理解一个计算系统时,不论采用或提出什么体系结构模型(系统架构模型),都可以利用一个重要的原理来控制系统的复杂度,即**信息隐藏原理**。这是模块化的核心原理。它强调:精心定义模块的接口,将外界调用模块所需要的信息放在模块接口处,将外界调用模块不需要的信息放在模块内部隐藏起来。这样,一个系统中别的模块只能看到和使用该模块的接口,看不到模块内部。模块接口信息通常比较稳定(变化较少、较不频繁)。模块内部实现的变化不影响模块接口。这样一来,不仅模块变得更容易理解,模块的优化、升级、替换不会对系统带来负面影响。

也就是说,信息隐藏原理有以下三个要点。

- **隐藏内部信息**(**information hiding**)。每个模块仅仅暴露其接口(interface),以及通过接口可见的外部行为,隐藏该模块的所有内部细节行为和所有内部信息。
- **区分规范与实现**(**separation of specification and implementation**)。在设计或理解一个系统时,精确地给出每个模块的规范(specification),即其接口和外部行为规定,独立于该模块的内部实现(implementation)。任何符合规范的实现都可以使用。
- **抽象并重用模块**。给出每种模块的抽象化描述,给予每种模块抽象特定的命名指称,并尽量重用模块的抽象。

这三个要点不是三件事,而是从不同方面看的一件事。

实例:信息隐藏原理实例。图 5.5 显示了一个由两个与非门级联而成的组合电路系统。它有三种表示:一个逻辑门电路图、一个布尔表达式、一个由两个与非门 CMOS 电路级联而成的电子电路。

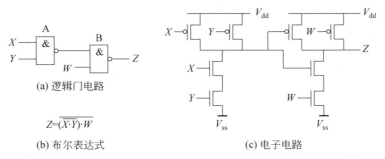

(a) 逻辑门电路

$Z = \overline{(\overline{X \cdot Y}) \cdot W}$

(b) 布尔表达式　　(c) 电子电路

图 5.5　信息隐藏原理示意:两个与非门的级联系统

从布尔逻辑角度看,这三个表示都是一样的,实现了图 5.6 所示的真值表。

W	X	Y	Z
0	0	0	1
0	0	1	1
0	1	0	1
0	1	1	1
1	0	0	0
1	0	1	0
1	1	0	0
1	1	1	1

图 5.6 与非门级联电路真值表

但是,前两个表示更加简洁,因为它们体现了模块化之信息隐藏原理的三个要点:

- 隐藏内部信息。隐藏了模块(逻辑门)内部的 CMOS 电子电路具体实现的细节,仅仅暴露了必要的逻辑门模块接口行为。
- 区分规范与实现。精确规定了模块(逻辑门)的接口与外部行为,即两个输入一个输出的逻辑门,其行为由与非门的真值表规定。这个规范与具体实现无关,与非门模块的具体实现可以是 CMOS 电子电路,也可以是其他电路。这个分离带来的一个好处是,人们可以不断使用性能更好、能耗更低、成本更省的电路去实现满足同样规范的模块,从而优化整个系统。
- 抽象并重用模块。由两个与非门级联而成的组合电路是整个系统。它有两个模块(门 A 和门 B),重用了同一种模块抽象(与非门)。被命名为"与非门"的模块抽象不是在具体的内部 CMOS 电子电路层次(例如,高电平、低电平、1.5V 电压、0.2V 电压),而是在布尔逻辑层次(逻辑 0、逻辑 1),通过真值表得到抽象化的描述。

上面的例子说明,在抽象化过程中,我们往往需要跳出模块内部具体实现的框框,在更高的层次描述模块行为。这些抽象描述往往会涉及模块内部所没有的名词术语和度量。

4. 加法器电路

下面再用三个例子说明组合电路如何构成有用的操作。

实例:全加器(full adder)。加法是使用最广的一种操作。最简单的加法器体现两个单比特(一位)输入变量相加的结果。考虑进位的一位加法器称为全加器,其真值表如图 5.7 所示。其中,X、Y 是本位输入变量,C_{in} 是从上一位来的进位输入,S 是本位结果输出,C_{out} 是本位进位输出。全加器的布尔表达式如下:

$$S = X \oplus Y \oplus C_{in}$$

$$C_{out} = (X \cdot Y) + ((X \oplus Y) \cdot C_{in})$$

由于全加器这个抽象使用很广,除了赋予它一个名称之外,也给它规定了一个如图 5.8 所示的符号。

C_{in}	X	Y	S	C_{out}
0	0	0	0	0
0	0	1	1	0
0	1	0	1	0
0	1	1	0	1
1	0	0	1	0
1	0	1	0	1
1	1	0	0	1
1	1	1	1	1

图 5.7　全加器真值表

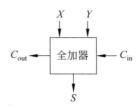

图 5.8　全加器符号

实例：四位波纹进位加法器。将四个全加器串行级联起来，可以得到一个四位加法器。由于五个进位变量的值像池塘中波纹一样逐级传递，这种加法器又称波纹进位加法器(ripple-carry adder)。采用全加器符号，四位波纹进位加法器可表示如图 5.9 所示。

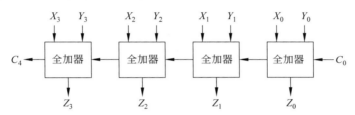

图 5.9　四位波纹进位加法器

将全加器展开成对应的逻辑门符号，四位波纹进位加法器可表示如图 5.10 所示。为了更加清晰地显示出四位波纹进位加法器的计算过程，图 5.10 还标出了该加法器计算 $1011+1001=10100$ 的四个大步骤($T=0$，1，2，3)，对应四个全加器的操作。

输入：$X_3X_2X_1X_0=1011$，$Y_3Y_2Y_1Y_0=1001$

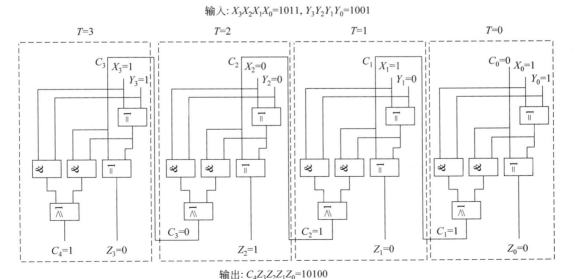

输出：$C_4Z_3Z_2Z_1Z_0=10100$

图 5.10　四位波纹进位加法器的逻辑门电路展开

波纹进位加法器真实地反映了人们用纸和笔做加法的计算过程,见图 5.11。有下画线的五个比特值构成了最终的结果,即 10100。

可以看出,第 0 位($T=0$)全加器需要三级门延时产生进位输出,其他各位只需两级门延时产生进位输出。四位波纹进位加法器一共需要 $2\times4+1=9$ 级门延时。推而广之,N 位的波纹进位加法器需要 $2N+1$ 级门延时。

$X_3X_2X_1X_0$		1	0	1	1
$Y_3Y_2Y_1Y_0$	+	1	0	0	1
C_1				1	0
C_2			1	0	
C_3		0	1		
C_4	1	0			
$Z_3Z_2Z_1Z_0$	1	0	1	0	0

图 5.11　人们用纸和笔做四位加法的计算过程

实例:性能更高的四位加法器。提前算出进位,可以得到性能更高的加法器。图 5.12 的四位加法器,完成全部加法操作仅需 4 级门延时。它的外部逻辑功能与波纹进位加法器一致。

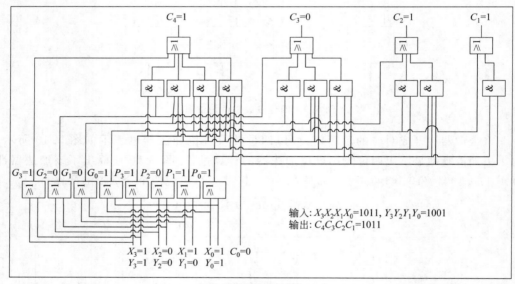

输入:$X_3X_2X_1X_0=1011$, $Y_3Y_2Y_1Y_0=1001$
输出:$C_4C_3C_2C_1=1011$

(a) 四位加法器1

输出:$C_4Z_3Z_2Z_1Z_0=10100$

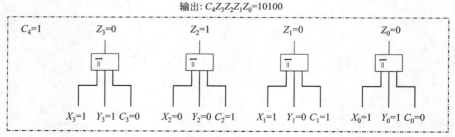

输入:$X_3X_2X_1X_0=1011$, $Y_3Y_2Y_1Y_0=1001$, $C_4C_3C_2C_1=1011$

(b) 四位加法器2

图 5.12　性能更高的四位加法器的实现

5. 时序电路与自动机

组合电路不包含回路(反馈线路)。例如,上面介绍的加法器都是从输入到输出的单向电路。单输出的组合电路可用一个等价的布尔逻辑表达式表示。多输出的组合电路可用一组(多个)等价的布尔逻辑表达式表示。

引入反馈回路之后,情况变得更加复杂,因为输出变量的值并不只是取决于输入变量的值,还依赖于输出变量的值。在计算机科学技术领域,人们特别关注一类称为**触发器**(flip-flop)或**门闩**(latch)的含有反馈回路的基本电路,它们能够保持输出变量的值不变,从而为系统提供**状态**(state)或记忆功能。

图 5.13 显示了一个仅含两个与非门的触发器电路,称为置位-复位门闩(set-reset latch),简称 S-R 门闩(S-R latch)[①]。

从与非门的真值表可以推出,这个 S-R 门闩电路的真值表如图 5.14 所示。

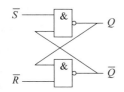

Q	S	R	Q	$\bar{S}$	$\bar{R}$	Q_{next}
0	0	0	0	1	1	0
0	0	1	0	1	0	0
0	1	0	0	0	1	1
0	1	1	0	0	0	禁止
1	0	0	1	1	1	1
1	0	1	1	1	0	0
1	1	0	1	0	1	1
1	1	1	1	0	0	禁止

图 5.13　两个与非门通过反馈回路连接而成的 S-R 门闩　　　　**图 5.14　S-R 门闩的真值表**

也就是说,上述电路有四种可能的行为。

- **保持状态**:当 $S=R=0$ 时,该电路的输出 Q 保持原来的值不变($Q_{\text{next}}=Q$),即该电路保持了原有的状态。
- **置位**:当 $S=1$, $R=0$ 时,该电路的输出 Q 被置位为 $1(Q_{\text{next}}=1)$。
- **复位**:当 $S=0$, $R=1$ 时,该电路的输出 Q 被复位为 $0(Q_{\text{next}}=0)$。
- **禁止**:当 $S=R=1$ 时,我们看到一个矛盾的情况:$Q_{\text{next}}=1$ 同时 $\bar{Q}_{\text{next}}=1$。这个矛盾必须被禁止出现,也就是说,在使用 S-R 门闩电路时,要避免出现 $S=R=1$ 的情况。

图 5.15 显示了一个包含四个与非门的触发器电路,称为数据门闩(data latch),简称 D 门闩(D latch)。它包含一个数据输入(data input)D 和一个使能输入(enable input)E。当使能输入 $E=0$ 时,该门闩的状态 Q 保持不变;当使能输入 $E=1$ 时,该门闩的状态 Q 被赋予数据输入的值。

从与非门的真值表可以推出,图 5.15 所示 D 门闩电路的真值表如表 5.16 所示。

---

① 更准确地说,这是一个 $\bar{\text{S}}$-$\bar{\text{R}}$ 门闩($\bar{\text{S}}$-$\bar{\text{R}}$ latch)。

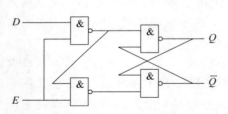

E	D	Q	Q_{next}
0	0	0	0
0	0	1	1
0	1	0	0
0	1	1	1
1	0	0	0
1	0	1	0
1	1	0	1
1	1	1	1

图 5.15　四个与非门通过反馈回路连接而成的 D 门闩　　图 5.16　D 门闩的真值表

也就是说,上述电路有两种可能的行为。

- **保持状态**:当 $E=0$ 时,该电路的输出 Q 保持原来的值不变($Q_{next}=Q$),即该电路保持了原有的状态。
- **赋值**:当 $E=1$ 时,该电路的输出 Q 被赋予输入 D 的值($Q_{next}=D$)。

用 64 个触发器组合起来可以存储 64 位的状态,称为 64 位的**寄存器**。除了触发器和门闩外,人们还发明了其他方式来表示和存储电路的状态。一类方式采用多个晶体管组成的具备反馈回路的电路,另一类方式采用具有存储信息功能的物理器件(如电容)。

图 5.17 显示了由六个晶体管组成的 CMOS 电路,称为**静态存储器**单元(static random access memory cell,SRAM cell)。其中,W 是 word line,B 是 bit line。这个电路使用中间的四个晶体管存储一个比特的信息,并通过 W 控制的外边两个晶体管支持读、写操作。它被称为**静态**存储器,因为只要电源保持供电,存储的信息就不会消失。图 5.18 显示了由一个晶体管和一个电容器组成的电路,称为**动态存储器**单元(dynamic random access memory cell,DRAM cell)。它被称为**动态**存储器,因为即使电源保持供电,存储在电容中的信息也会逐渐消失。因此,需要定时刷新(refresh)。

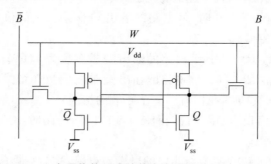

图 5.17　六个晶体管组成的静态存储器单元(SRAM cell)

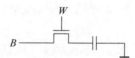

图 5.18　一个晶体管和一个电容器组成的动态存储器单元(DRAM cell)

上面的例子显示,通过含有反馈回路的电路(触发器和门闩)、静态存储器、动态存储器,人们可以构造出能够存储状态的电路,简称**状态电路**或**存储电路**。

由组合电路与状态电路组合产生的电路称为**时序电路**。由一个系统时钟驱动的时序电路又称**自动机**(automaton,复数是 automata),它在时刻 $t=1,2,3,\cdots$ 执行一系列变换,产生一系列状态值和输出值,如图 5.19 所示。其中,状态电路是一个或多个记忆单元(触发器或存储单元)。带时间的两个布尔函数,即输出函数 F 和状态函数 G,分别是:

图 5.19　时钟驱动的时序电路(也称时钟同步的时序电路,自动机)

- 第 t 时刻的输出 $\mathrm{Out}(t)$ 是 t 时刻输入 $\mathrm{In}(t)$ 与 $t-1$ 时刻状态 $\mathrm{State}(t-1)$ 的布尔函数 F,也就是说,$\mathrm{Out}(t)=F(\mathrm{In}(t),\mathrm{State}(t-1))$。
- 第 t 时刻的状态 $\mathrm{State}(t)$ 是 t 时刻输入 $\mathrm{In}(t)$ 与 $t-1$ 时刻状态 $\mathrm{State}(t-1)$ 的布尔函数 G,也就是说,$\mathrm{State}(t)=G(\mathrm{In}(t),\mathrm{State}(t-1))$。

实例:串行加法器。使用自动机,可以实现逐位相加的串行加法器,其真值表如图 5.20 所示。

这里 C、X、Y、Z 分别是 $C(t-1)$、$X(t)$、$Y(t)$、$Z(t)$ 的简写,C_{next} 是 $C(t)$ 的简写。串行加法器与全加器的区别是使用了状态电路(只含一个记忆单元,如一个 D 触发器),存放进位值 C。初始进位是 $C=0$。输入 $\mathrm{In}(t)$ 包含两个变量 X 与 Y,输出 $\mathrm{Out}(t)$ 包含一个变量 Z。输出函数 F 和状态函数 G,分别是:

- $Z=X\oplus Y\oplus C$。
- $C_{\mathrm{next}}=(X\cdot Y)+(X\oplus Y)\cdot C$。

C	X	Y	C_{next}	Z
0	0	0	0	0
0	0	1	0	1
0	1	0	0	1
0	1	1	1	0
1	0	0	0	1
1	0	1	1	0
1	1	0	1	0
1	1	1	1	1

图 5.20　串行加法器的真值表

实现 $1011+1001=10100$ 的 4 位加法总共花费 4 个时钟周期,其详细计算过程如下。

- $t=0$ 的初始状态:$C=0$。
- $t=1$:$X=1,Y=1$;$Z=1\oplus1\oplus0=0$,$C=(1\cdot1)+(1\oplus1)\cdot0=1$。
- $t=2$:$X=1,Y=0$;$Z=1\oplus0\oplus1=0$,$C=(1\cdot0)+(1\oplus0)\cdot1=1$。
- $t=3$:$X=0,Y=0$;$Z=0\oplus0\oplus1=1$,$C=(0\cdot0)+(0\oplus0)\cdot1=0$。
- $t=4$:$X=1,Y=1$;$Z=1\oplus1\oplus0=0$,$C=(1\cdot1)+(1\oplus1)\cdot0=1$。

最终结果是输出 $Z(t)$ 在 4 个时钟周期分别产生了 $Z(1)=0$,$Z(2)=0$,$Z(3)=1$,$Z(4)=0$,并在状态电路中记忆了 $C(4)=1$。合起来就是正确的加法结果 $C(4)Z(4)Z(3)Z(2)Z(1)=10100$。

自动机还有另一类常见的表示方式,称为**状态转移图**。该图用一个圆圈表示一个状态值,并将状态值标记在圆圈中。一个 n 个状态值的自动机具有 n 个圆圈,有时也简称

该自动机具备 n 个状态。用有向边表示从一个状态值转移到另一个状态值,指向圆圈自身的有向边意味着转移前后的状态值是相同的(即状态值没有变化)。每个有向边还标记了转移的"输入/输出"值。

图 5.21 显示了 4 位串行加法器的自动机状态转移图。该自动机只有两个可能的状态值,即 $C=0$ 或 $C=1$。初始状态值是 $C=0$。"输入/输出"值刚好有 8 种可能:$XY/Z=$ 00/0,00/1,01/0,01/1,10/0,10/1,11/0,11/1。

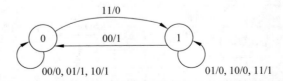

图 5.21　4 位串行加法器的自动机状态转移图

当状态值为 $C=0$ 时,只有一种情况会引起状态值变为 1:输入 $XY=11$。此时,相应的输出为 $Z=X \oplus Y \oplus C=1 \oplus 1 \oplus 0=0$。因此,状态转移图(见图 5.21)中最上面那条有向边被标记为 11/0。其他有向边的标记可同理得出。

实现 $1011+1001=10100$ 的 4 位加法计算过程如下。

- $t=0$,即初始状态:$C=0$。自动机处于左边状态。
- $t=1$:$X=1,Y=1$;有向边 11/0 适用,自动机转移到右边状态,输出 $Z=0$。
- $t=2$:$X=1,Y=0$;有向边 10/0 适用,自动机保持在右边状态,输出 $Z=0$。
- $t=3$:$X=0,Y=0$;有向边 00/1 适用,自动机转移到左边状态,输出 $Z=1$。
- $t=4$:$X=1,Y=1$;有向边 11/0 适用,自动机转移到右边状态,输出 $Z=0$。

这个结果与上述自动机时序电路方法是一致的。输出 $Z(t)$ 分别产生了 $Z(1)=0$,$Z(2)=0$,$Z(3)=1$,$Z(4)=0$,最终状态值是 $C(4)=1$。合起来就是正确结果 $C(4)Z(4)Z(3)Z(2)Z(1)=10100$。

6. 存储程序计算机

有了自动机,从直觉上我们可以自动执行任意计算过程。我们只需将计算过程的每一个步骤映射到自动机的每一个时刻的变换,即将第 i 个步骤映射到 $\mathrm{Out}(i)=F(\mathrm{In}(i)$,$\mathrm{State}(i-1))$,以及 $\mathrm{State}(i)=G(\mathrm{In}(i)$,$\mathrm{State}(i-1))$。输出函数 F 与状态函数 G 应当考虑了所有步骤的需求。

但是,世界上有无穷个计算过程,如何能够考虑到它们的所有步骤的需求呢?计算机科技工作者采用了一个**指令集抽象**(instruction set abstraction)来解决这个难题。用指令集抽象实现计算过程自动执行的思路包含下面三个要点。

(1) **指令集**:用一个指令集合刻画并实现在计算机上自动执行任意计算过程的需求。每个计算过程体现为执行一个指令序列。今天的计算机大体上具备如图 5.22 所示的体系结构,其指令集一般拥有几十条到几百条指令。

(2) **指令流水线**:每条指令的执行都可以被映射到自动机的一次变换或多次变换的序列。这些变换构成了计算机的指令流水线的阶段(stage)。假设计算机的指令流水线

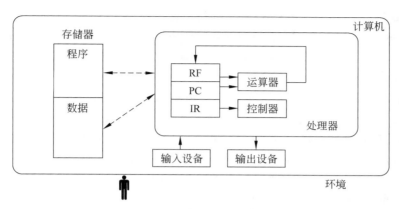

图 5.22　存储程序计算机

(instruction pipeline)包含四个操作阶段(operation stages),具体如下。

- **取指**操作:将当前执行的指令读取到处理器中,放在指令寄存器(instruction register,IR)里。
- **译码**操作:控制器解析当前指令,产生控制信号。
- **执行**操作:处理器执行当前指令的操作码规定的操作,如算术逻辑运算,或计算出访存指令所需的存储器地址。
- **写回**操作:将运算结果写回到寄存器堆(register file,RF)里,或使用存储器地址实现**取数**(从存储器到寄存器)或**存数**(从寄存器到存储器)操作。

上述四个操作每个都对应于自动机的一次变换。为了提高速度,多个指令的这四个操作可以通过一个指令流水线的方式重叠执行。

(3) **下一指令**:提供一种机制,确保一条指令执行完毕后,能够确定并自动执行下一条指令。今天的计算机将下一条指令的地址放在一个特殊的寄存器中。该寄存器称为程序计数器(program counter,PC)。在执行一般指令时,PC=PC+8(假设指令是 64 位字长,即 8 个字节)。在执行跳转指令时,PC 被赋予跳转目的地址的值。

这样的计算机称为**存储程序计算机**(stored program computer),如图 5.22 所示。它将完成计算过程所需的指令序列(即**程序**,或 program)当作数据一样,事先存储在计算机的存储器中。每条指令都通过"取指—译码—执行—写回"四个操作组成的指令流水线得以自动执行。输入设备包括鼠标、键盘等。输出设备包括显示器、打印机等。硬盘、网卡等设备既支持输入又支持输出。这三类合起来统称为输入/输出设备,简称 I/O 设备。

上述计算机模型也被称为**冯·诺依曼体系结构**①。其要点是:

- 二进制数据及其算术逻辑操作。

---

①　尽管冯·诺依曼体系结构(又称冯·诺依曼结构、冯·诺依曼模型)已经成为计算机界的一个基本术语,但它是有争议的。一个重要的原因是,该术语来源于冯·诺依曼撰写的一份无作者名手稿 *First Draft of a Report on the EDVAC*,后来被美国陆军部官员以冯·诺依曼为唯一作者发布了。但是,该手稿中的很多思想,包括最核心的"存储程序"思想,并不是冯·诺依曼原创,而是来自于 ENIAC 团队。因此,国际上一些权威的计算机体系结构教科书不用"冯·诺依曼体系结构"这个词语,而采用"存储程序计算机体系结构"这样的词语。

- 如图 5.22 所示的系统组成,即计算机包含处理器(运算器、控制器、寄存器)、存储器、输入/输出设备。注意处理器和存储器是分开的两个单元。它们之间的连接(今天称为内存总线)后来被称为计算机的**冯·诺依曼瓶颈**(von Neumann bottleneck)。

- **存储程序计算机**(stored program computer)。计算机包含一个统一的存储器,可存储数据与程序。这种统一的存储器又称**普林斯顿体系结构**,另一种体系结构(称为**哈佛体系结构**)采用两个存储器:一个是数据存储器,一个是指令存储器。今天的大多数计算机往往具备一个多级存储器层次,在最内层的高速缓存(cache)采用了哈佛体系结构,其他层次往往采用普林斯顿体系结构。

- **指令驱动的串行执行**。不仅指令是一条一条串行执行的,在冯·诺依曼的文稿中,就连加法也是一位一位串行计算的。假设单比特加法需要 $1\mu s$,则两个 30bit 的数相乘大约需要 1ms。

7. 应用程序执行模型

有了上述从基本电路到存储程序计算机模型的讨论,我们对计算机系统的模块化方法也就有了更为具体的认识。让我们回到模块化方法需要回答的**系统架构三问题**:

- 系统是由哪些模块组成的?
- 系统是由这些模块如何组成的(模块之间如何连接? 有什么接口)?
- 计算过程在系统中如何执行?

在设计一个计算系统,回答系统架构三问题时,要用设计出来的一套系统方法去处理万千应用,而不是每一个应用采用不同的方法。

实例:Java 应用软件的执行模型。当前计算机行业使用最广的一个编程语言是 Java。全球运行着千千万万的用 Java 编写的计算机应用程序,称为 Java 应用软件。我们将执行 Java 应用软件的计算系统简称为 Java 系统。Java 系统如此回答系统架构三问题。

第一,系统是由哪些模块组成的?

一个 Java 系统由下列模块组成:程序员、用户、Java 编程语言、万千应用算法、万千 Java 程序、一个 Java 编译器、万千 Java 字节程序、一个 Java 虚拟机、一个操作系统(如 Linux)、一个计算机硬件(使用 x86 处理器)。

第二,系统是由这些模块如何组成的(模块之间如何连接? 有什么关系)?

Java 系统模块之间的关系部分体现在图 5.23 中。

第三,计算过程在系统中如何执行? 尤其是它如何回答"万千应用,万千算法,如何用统一方法执行"这个问题? Java 系统提供下列统一方法来回答这个问题:

- 程序员使用 Java 编程语言,针对每个应用算法开发一个 Java 应用程序(应用软件)。

- 用户使用 Java 编译器将 Java 应用程序编译成 Java 字节程序(bytecode)。

- 当运行某个 Java 应用软件时,用户启动一个包含 Java 虚拟机与 Java 字节程序的**进程**,Java 虚拟机解析 Java 字节程序,解析结果是 x86 处理器的二进制指令

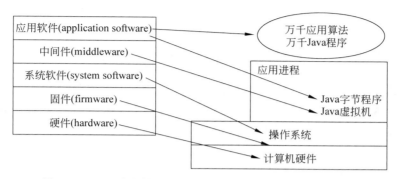

图 5.23　Java 执行模型如何用一套方法支持万千应用的执行

程序。
- 计算机硬件执行 x86 二进制指令程序。
- 操作系统控制应用程序(应用进程)执行。

这个例子还体现了计算机技术栈(technical stack),包括软件栈(software stack)的典型组成。在计算机硬件上面最底层的软件是固件(firmware)。一个常用的固件是BIOS,即 Basic Input-Output System。**系统软件**包括操作系统(如 Linux)和编译器(如Java 编译器)等。固件可以被看成最底层、最简单的系统软件。**中间件**包括数据库软件(如 MySQL)和万维网服务器软件(如 Apache)等。之所以被称为中间件,是因为它们在系统软件之上、应用软件之下。Java 虚拟机(Java virtual machine,JVM)也可以被看成一种中间件。

每一个算法都可以用一个 Java 程序(**应用软件**)实现。一万个应用算法就可以有一万个字节程序(也称字节码)。但是,当任何一个 Java 应用软件(Java 字节码)被执行时,都被操作系统统一地通过创建一个**进程**的方式来执行,该进程包含了该 Java 字节码以及Java 虚拟机。因此,**进程是在执行中的程序**,是动态的,而程序本身(软件代码)是静态的。

实例:Java 系统的模块化接口。在针对每个应用算法开发一个 Java 应用程序软件时,程序员只需看到 Java 编程语言接口,即 Java 本身及其**编程环境**工具(Java 编译器、用于排除故障的 Java 调试器等),以及 Java 程序的运行环境(操作系统和硬件的接口)。

当用户需要运行某个 Java 应用软件时,使用 Java 编译器将 Java 应用程序编译成Java 字节程序,然后启动一个包含 Java 虚拟机与 Java 字节程序的应用进程。用户只需要知道如何使用 Java 编译器和如何启动应用进程,并不需要知道 Java 语言,也不需要知道如下的细节:Java 虚拟机解析 Java 字节程序,解析的结果是 x86 处理器的二进制指令程序;计算机硬件执行 x86 二进制指令程序;操作系统控制应用程序执行。

当 Java 语言、操作系统、计算机硬件这些模块发生变化时(往往是产品升级时),只要相应的接口不变,程序员和用户只是看到一个性能更高、功能更强的计算平台,不会受到负面影响。但是,产品升级时,往往需要程序员和用户更新硬件和软件。频繁更新也是令人烦恼的事。云计算等新的计算模式则将硬件和软件放在云端,减少了频繁更新的烦恼。

让我们小结一下计算过程和计算思维理解 9：模块化的要点。

计算过程和计算思维理解 9：模块化

多个模块有规律地组合成为计算系统；一个系统可分解成为若干模块。

计算过程刻画：一个计算过程是解决某个问题的有限个计算步骤的执行序列。一个计算过程或一个步骤可能需要多个模块共同执行。

计算思维要点：模块化是一类特殊的抽象化方法，其要点是理解如何从部件（即**模块**）组合系统。需要回答**系统架构三问题**：

- 系统是由哪些模块组成的？
- 系统是由这些模块如何组成的（模块之间如何接口）？
- 计算过程在系统中如何执行？

信息隐藏原理有助于理解并控制计算系统的复杂性。

5.2.3 无缝衔接

无缝衔接也称**无缝级联**，既是一类目标，也是一类方法：让计算过程在全系统中流畅地正确运行，避免缝隙和瓶颈。计算过程在运行中往往涉及多个子系统，它在子系统之间的过渡不应该出现缝隙和瓶颈。也就是说，两个相邻的模块、步骤之间的形式与内容（格式与语义）要无缝衔接，使得信息和计算能够无障碍地从一个模块、步骤过渡到下一个模块、步骤。如果做不到完全流畅，至少也要控制瓶颈，使系统满足用户体验需求。

理解无缝衔接需要理解四条原理：扬雄周期原理、波斯特尔健壮性原理、冯·诺依曼穷举原理、阿姆达尔定律。下面具体阐述这四个原理，并通过两个有一定本质性的示例阐释。

- 硬件：两个相邻的门电路之间如何实现无缝衔接？
- 软件：两条相邻的指令之间如何实现无缝衔接？

1. 扬雄周期原理

一个计算过程是多个步骤的序列。这些步骤是通过同一种机理（机制）执行，还是各自有不同的独特的执行机制？人们希望是前者。如果是后者，那会带来难以想象的复杂性。今天的计算机每秒可以执行超过 1 亿亿条指令，不希望一个计算机需要实现 1 亿亿个不同的机制。幸运的是，人们很早就发现，可以通过采用一种原理，执行众多不同的步骤。这种原理一直没有名字，本书称其为扬雄周期原理。它适用于各种粒度的步骤，包括程序、指令、时钟周期等。

扬雄周期原理来源于东汉扬雄所著的《太玄经》。其中《太玄经·周首》说："阳气周神而反乎始，物继其汇。"宋代司马光诠释道："岁功既毕，神化既周。"

上述古文是什么意思呢？我们可以从计算机科学角度理解。

我们暂时忽略"阳气"。什么是"汇"呢？就是类，即类别、种类。什么是"神"呢？《易经·说卦》阐述说："神也者,妙万物而为言者也。"神,就是"妙万物"那个神秘奇妙的东西的指称。

世界有一个奇妙的规律:岁功既毕,周而复始,物继其类。一个计算过程正常情况下会执行并完成自身的功用,然后就会奇妙地返回到(下一个过程的)起始,通过同样的原理执行下一个过程,万物在过程的展开中各继其类,各自呈现自己的特色。

实例:一台计算机上执行万千应用程序。一台计算机上通常会有多种应用程序运行,说是万千应用也不为过。当代计算机采用一种机制,称为**进程**机制,来统一地执行这些应用程序。每个程序在运行时都被看作一个进程,由操作系统按照同样的方式统一管理、执行。例如,不论是办公软件程序、上网程序、视频播放程序、蛋白质折叠计算程序,它们在运行时都是进程。每个进程都有同样的结构(程序区、数据区、栈区、堆区),都有同样的生命周期阶段(诞生、就绪、运行、睡眠、死亡等)。计算机科学的一个神妙之处就是,同样一种进程机制,能够让万千种应用程序呈现出各自的特色。用一种普遍性系统机制呈现万千应用特殊性,这就是计算机抽象的美妙。

一个计算过程是由若干步骤或子过程组成的。一个子过程执行完毕,完成了它的功能,系统就回到某个起始状态,重新执行下一个子过程。要理解一个计算过程,可以理解为计算系统周而复始地执行一个又一个子过程的全体。

一个计算过程往往是一个程序的执行。程序的一次执行从时间上的开始到结束构成一个**程序周期**(program cycle)。它是通过多条指令的执行构成的。也就是说,一个程序的执行体现为周而复始地执行一条又一条的指令的过程。这些指令可能有多种类别(运算指令、访存指令、跳转指令等),但都依照同样的机制执行,只是在执行中呈现出自己的类别特色。这个"同样的机制"就是指令流水线机制。

同理,一条指令的执行从时间上的开始到结束构成一个**指令周期**(instruction cycle)。一个指令周期事实上是通过多个**时钟周期**(clock cycle)构成的。也就是说,一条指令的执行体现为周而复始地执行一条又一条的时钟周期的过程。

因此,一个计算过程的某个步骤或子过程可以依据人们的关注粒度,体现为程序周期、指令周期、时钟周期。

实例:求 30 亿个数之和(见图 5.24)。假设 30 亿个数已经存放在存储器中,求这 30 亿个数之和,即 $3+2+4+\cdots+8$。存储器部分共有 30 亿+1 个单元,每个单元存放一个数,并有一个地址。第 0 个地址存放着初始值 0。第 1 个地址存放着第一个数 3,第 2 个地址存放着第二个数 2……第 30 亿个地址存放着第 30 亿个数 8。程序存放在另一个存储器区域。

这个计算过程仅有一个程序:

步骤 1:将存储器地址 0 里的数取到第一个寄存器。

步骤 2:将存储器地址 1 里的数取到第二个寄存器。

步骤 3:将两个寄存器的数送到 ALU 相加,结果送到第一个寄存器。

步骤 4:如果第二步的存储器地址<30 亿,将该地址增 1,回到步骤 2。

步骤 5:将第一个寄存器的数存入存储器地址 0。

步骤 1 将存储器地址 0 里的数(0)取到一个寄存器中。步骤 2 将存储器地址 1 里的

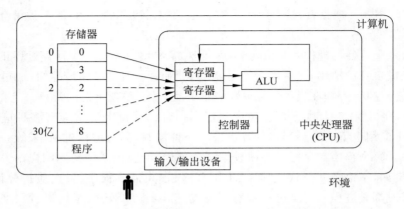

图 5.24　用计算机实现 30 亿个数求和的计算过程示意

数(3)取到第二个寄存器中。步骤 3 将两个寄存器的数送到 ALU 相加,并将结果送到第一个寄存器中。从步骤 4 开始,重复执行步骤 2 和步骤 3,只是从存储器取数的地址变成了地址 2、地址 3……地址 30 亿(图 5.24 中虚线所示)。步骤 5 是将第一个寄存器的结果(也就是 30 亿个数之和)存入存储器地址 0。

这个计算过程由一个程序周期构成。假设每一个步骤对应于一条指令。该程序周期由 90 亿+2 个指令周期构成,其中步骤 1 与步骤 5 分别被执行了一次,步骤 2、步骤 3、步骤 4 被执行了 30 亿次。

假设执行一条访存指令(步骤 1、步骤 2、步骤 5)需要 10 个时钟周期,执行一条处理器内部指令(步骤 3、步骤 4)需要 4 个时钟周期(取指—译码—执行—写回四个指令流水线操作每个各需要一个周期)。那么,该程序周期需要

(一次步骤 1+一次步骤 5+30 亿次步骤 2)×10+(30 亿次步骤 3
+30 亿次步骤 4)×4=(10+10+300 亿)+(120 亿+120 亿)=540 亿+20

个时钟周期。假如该计算机系统的主频为 1GHz,时钟周期为 1ns,则该计算过程大约费时 54s。

实例:系统的优化。上述程序周期执行了 90 亿+2 个指令周期。如果能够优化系统,使得每个指令周期只耗时一个时钟周期(1ns),该程序的执行时间就会减小到大约 9s,远低于 54s。如何实现"每个时钟周期(每拍)执行一条指令"曾经是计算机系统追求的目标。计算机系统的研究发明了高速缓存(cache)技术、指令流水线(instruction pipeline)技术、精简指令计算机(RISC)技术,基本上实现了这一目标。

扬雄周期原理体现了设计、实现、理解计算机系统的一种组合性(composability)方法。计算过程由程序周期组合而成,程序周期由指令周期组合而成,指令周期由时钟周期组合而成。执行完一个程序周期,系统周而复始执行下一个程序周期。执行完一条指令周期,系统周而复始执行下一条指令周期。执行完一个时钟周期,系统周而复始执行下一个时钟周期。一个时钟周期的操作对应于一个自动机的变换:从当前输入 In(t)与状态 State($t-1$)得出输出 Out(t)与下一状态 State(t)。这样,任意自动计算过程都对应到自动机的变换序列。

2. 波斯特尔健壮性原理

波斯特尔健壮性原理(Postel's robustness principle)来源于互联网先驱乔恩·波斯特尔博士(Jon Postel),他在 1980 年发布的互联网标准文档 RFC761 中提出了这条原理,又称宽进严出原理: be conservative in what you send, be liberal in what you accept。换言之,be tolerant of input, and be strict on output。这条原理的一个目的是避免误差、漂移的积累。

波斯特尔健壮性原理是在设计和使用互联网的实践中总结出来的。但人们发现,这条原理不仅适用于计算机网络,而且适用于计算机电路、计算机体系结构、分布式系统等多个领域。

图 5.25 给出了电路层面的一个例子,体现了实现无缝衔接的这条重要原理。图 5.25 显示了与非门 G 的真值表、CMOS 电路实现及其参数设置,同时还显示了门 A 和门 B 为与非门 G 提供了输入 X 和 Y,门 G 的输出 Z 作为一个输入连到门 H 和门 I。清楚了 X 和 Y 如何过渡到 Z,也就基本清楚了"相邻门电路如何无缝衔接"。

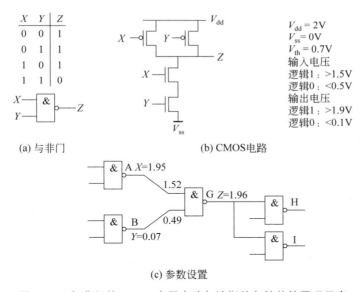

图 5.25　与非门的 CMOS 电子电路与波斯特尔健壮性原理示意

如果只关心电路的**逻辑设计**,即与非门 G 的真值表,图 5.25 很好理解:只有一种情况与非门 G 对应的电路输出 Z 会出现逻辑 0＝低电平(＝V_{ss}＝0V),即当 X＝Y＝高电平(＝V_{dd}＝2V)＝逻辑 1。此时,下面两个晶体管处于"开启"状态,相当于有一根导线从 V_{ss} 连接到 Z,而上面两个晶体管处于"断开"状态。因此,从逻辑上看该电路实现了与非门功能,即 $Z=\overline{X \cdot Y}$。

但是,真实的电路中难以得到完美的"逻辑 0＝低电平＝0V"和"逻辑 1＝高电平＝2V"。我们还需要考虑计算机硬件电路的**物理设计**,关心逻辑门电路的工艺实现参数。

该图的与非门电路共有四个晶体管。假设晶体管的特征是:当 $V_{dd}＝2V$、$V_{ss}＝0V$

时,阈值电压 $V_{th}=0.7V$(即当电压大于 $0.7V$ 时,相应的晶体管开启导通,可大致上认为该晶体管变成了一条导线;当电压小于 $0.7V$ 时,相应的晶体管关闭,可大致上认为该晶体管断开)。也就是说,大于 $0.7V$ 对应于高电平,小于 $0.7V$ 对应于低电平。

要实现相邻门电路的无缝衔接,必须考虑到在真实的电路中,信号会出现误差和漂移,偏离理想的情况。波斯特尔健壮性原理(宽进严出原理)恰恰可以用来纠正误差和漂移,避免它们通过多级门积累起来,出现故障。在使用四个晶体管实现与非门电路的实践中,人们采用特定的半导体工艺技术和宽进严出原理,预留足够的物理信号参数余量,纠正误差和漂移。具体的规定如下。

宽进:晶体管的输入电压 $>1.5V$(而不是 $>0.7V$)时,对应逻辑 1;输入电压 $<0.5V$(而不是 $<0.7V$)时,对应逻辑 0。高电平和低电平之间至少有 $1V$ 的间隔。允许高电平在 $1.5V$ 和 $2V$ 之间漂移,允许低电平在 $0.5V$ 和 $0V$ 之间漂移。也就是说,输入端允许大约 $0.5V$ 的漂移。

严出:对应逻辑 1,晶体管的输出电压 $>1.9V$(而不是 $>0.7V$);对应逻辑 0,输出电压 $<0.1V$(而不是 $<0.7V$)。高电平和低电平之间至少有 $1.8V$ 的间隔。仅允许高电平在 $1.9V$ 和 $2V$ 之间漂移,仅允许低电平在 $0.1V$ 和 $0V$ 之间漂移。也就是说,输出端仅允许小于 $0.1V$ 的漂移。

当本级门 G 的前一个门输出电压为低电平时,例如,门 B 输出 $0.07V$,这个信号到达门 G 的输入端时,可能已经漂移到了 $0.49V$。与非门电路的物理实现能够容忍这个漂移误差,保证门 G 输出高电平,即 $1.96V$($>1.9V$)。注意:门 G 输出高电平时,电压值保证在 $>1.9V$ 的范围。来自上一级门 A 与门 B 输出的漂移被阻断了,没有传递到门 G 的输出。

3. 冯·诺依曼穷举原理

冯·诺依曼穷举原理来自于冯·诺依曼的手稿 *First Draft of a Report on the EDVAC*。这条原理说,要使计算机自动执行程序,人们必须事先给计算机全面的指示,**绝对穷举所有细节**(in absolutely exhaustive detail),使得计算机能够自动处理所有的情况,执行过程中不需要人工干预。这些细节包括计算机需要执行的程序的指令、程序的输入数据、程序需要的函数等。后来人们发现,还需要规定好如下实现细节:

- 计算机开机后执行的第一条指令。
- 计算机正常执行程序时,下一条指令是什么。
- 执行程序出现异常时,有哪些异常,每种异常如何自动处理。

实例:x86 计算机开机后执行的第一条指令。使用 x86 处理器的计算机开机后执行的第一条指令位于地址 FFFFFFF0(在专业文档中往往写成 0xFFFFFFF0),其内容是一条跳转指令 JUMP 000F0000。该跳转指令的目标地址 000F0000 的内容是最底层的一个系统软件(称为 BIOS,即 Basic Input-Output System)的第一条指令,又称该系统软件的入口地址。

实例:龙芯计算机开机后执行的第一条指令。使用龙芯处理器的计算机开机后执行的第一条指令位于地址 FFFFFFFFBFC00000,其内容是一条特殊的赋值指令,将处理器的状态寄存器复位(置为零,清零)。这也称为**初始化**处理器的状态寄存器。

从上面两个实例可以看出:

- 第一条指令的地址是由处理器硬件规定的,而不是由计算机系统软件决定。
- 第一条指令的地址一般位于地址空间的高段,即比较接近于全 1 地址 FFFFFFFF,而不是接近全 0 地址 00000000。x86 处理器的默认地址空间是 32 位,因此地址可用 8 个十六进制数字表示(如 FFFFFFF0)。龙芯处理器的默认地址空间是 64 位,因此需要 16 个十六进制数字表示(如 FFFFFFFFBFC00000)。
- 一般而言,第一条指令应该是一条跳转指令,跳转到最底层系统软件的入口地址。
- 龙芯处理器执行的第一条指令是"初始化处理器的状态寄存器"。这是为了保证在开始执行最底层系统软件时,处理器处于良好的状态,而不是任意状态。这样做可以节省用于状态寄存器维护良好初始状态所需的硬件,符合精简指令计算机的原理。

实例:两条指令之间的无缝衔接。这里的关键在于如何确定当前指令执行完毕后应该执行的下一条指令。我们介绍历史上出现过的三种方式。

- 历史上第一个实用的、能够自动执行多条指令的计算机是哈佛马克一号(Harvard Mark I,以下简称马克一号)。这是一台电子-机械混合计算机(机电计算机),运行了 15 年,1959 年退役。马克一号的学名是 automatic sequence controlled calculator(自动顺序控制计算机),指的是其指令执行的控制是顺序的,即一个程序的全部指令只有一个顺序序列,全部 n 条指令都被事先顺序存放在磁带中,第 i 条指令执行完毕,读入第 $i+1$ 条指令并执行。这种程序被称为"直线程序"(straight line program)。马克一号没有条件跳转指令,不支持循环控制。这也是"哈佛体系结构"的一个特点。
- ENIAC 计算机在被改造成为存储程序计算机后,采用了一种简单的方式确定下一条指令:在每一条指令的内容中,明确地列出下一条指令的地址。除了指令的顺序控制(顺序执行)外,ENIAC 也支持跳转指令,只需在当前指令中列出跳转目的地址即可。
- 今天的计算机系统采用了程序计数器(program counter,PC)方式。当前正在执行的指令放在指令寄存器(instruction register,即 IR)中,下一条指令的地址放在 PC 中。在执行当前指令时,计算出下一条指令的地址,并放入 PC。在一个 64 位计算机系统中,如果当前指令是非跳转指令,则 PC＝PC＋8。如果当前指令是跳转指令,则 PC＝跳转目标地址。这也是所谓冯·诺依曼体系结构的一个特点。

实例:异常处理。任何计算机系统都用穷举方式规定了异常的种类以及各类异常如何处理。我们列举三类异常。

- 中断。当计算机正在执行一个程序时,用户按了键盘。程序的当前指令应该执行完吗? 完毕以后应该执行下一条指令吗? 今天的计算机系统会首先执行完毕当前指令,然后进入一个事先设计好的中断异常处理程序,去处理此类中断异常。

- 硬件出错。计算机的内存硬件出错怎么办？与中断不同,此时不能保证当前指令正确地执行完毕。内存出错时,计算机可能正在执行"取指—译码—执行—写回"指令流水线中的取指操作。内存坏了,指令都取不回来,更不要说执行指令了。因此,计算机系统会立即进入一个事先设计好的异常处理程序,不用内存,处理此类异常。
- 保底异常。为了做到穷举,计算机一般会设计一个保底异常(通常被称为 machine check),通过硬件方式,覆盖其他规定的异常没有覆盖的情况。

4. 阿姆达尔定律

阿姆达尔定律(Amdahl's law)是由 IBM 360 计算机的设计者之一阿姆达尔在 1967 年提出的。这是一条很简单的定律。它的应用面很广。用一句话来说明,阿姆达尔定律断言:"系统性能的改善受限于其瓶颈部分。"如果用数学公式,阿姆达尔定律可以更精确地表示如下:

"假如一个系统可以分成两部分 X 和 Y, $X+Y=1$, $0 \leqslant X \leqslant 1$, $0 \leqslant Y \leqslant 1$。 Y 能够改善(即缩小它的数值), X 不能被改善(即 X 是瓶颈)。那么,系统最多能被改善到 $1/X$。"

假如有一台计算机,使用了 500MHz 主频的处理器芯片。如果把计算机升级,使用更快的处理器,那么计算机的实际速度能够提高多少呢？阿姆达尔定律告诉我们,这还要取决于计算机的其他部件的情况,例如内存、硬盘、主机板、软件。假设 $X=Y=0.5$,即程序代码只有一半可以随处理器速度的增加而改善。那么即使将处理器的速度提高 1000 倍(提到 500GHz)、1 万倍甚至无穷大,整台计算机的速度也最多只能变到 $1/0.5 = 2$,即提高一倍。

下面更详细地分析一下。将改善前的系统执行时间设为基准,即假设改善前的系统的执行时间是 1。其中,不可改善部分执行时间是 X,可改善部分时间是 $Y=1-X$。设 Y 改善倍数为 p。那么,改善后的系统的执行时间变为 $X+Y/p$。改善后系统的性能提升通常称为**加速比**(speedup)。

$$加速比 = 改善前的系统的执行时间 / 改善后的系统的执行时间$$
$$= 1/(X+Y/p) \to 1/X, \quad 当 \, p \to \infty$$

假设 $X=Y=0.5$,处理器的速度提高 1000 倍($p=1000$)而其他部分不变。那么,整个系统的性能提升(加速比)是

$$1/(X+Y/p) = 1/(0.5+0.5/1000) = 1.998\,001\,998 \approx 2 = 1/X$$

下面小结一下计算过程和计算思维理解 10:无缝衔接的概念。

计算过程和计算思维理解 10:无缝衔接

计算过程在计算系统中无缝流畅地执行。

计算过程刻画:一个计算过程是有限个计算步骤的执行序列,两个相邻的步骤之间需要无缝过渡,没有缝隙和瓶颈,从一步骤到下一步骤自动流畅地执行。

> **计算思维要点**：理解无缝衔接需要理解四条原理：扬雄周期原理、波斯特尔健壮性原理、冯·诺依曼穷举原理、阿姆达尔定律。前三者主要应对缝隙问题，后者主要应对瓶颈问题。它们合起来使得计算步骤可以级联起来，无缝流畅地实现计算过程。

本节主要阐述了单台计算机上计算步骤的无缝衔接，以实现计算过程的流畅执行。可能给出了一个印象，即无缝衔接问题已经彻底解决了。事实上，无缝衔接确实取得了很大进展，我们今天甚至能够做到互联网计算过程的流畅执行：一个微信计算过程，即便它是在全球互联网中多台计算机上执行的，它的多个计算步骤仍然能够无缝衔接。

但是，无缝衔接问题并没有得到彻底解决。2015 年，IEEE Computer Society 在其旗舰刊物 *IEEE Computer* 上正式发布了一个耗时两年的研究报告，认为今后 10 年的一个大趋势和研究目标是实现无缝智能（seamless intelligence），即从人机物三元世界的数据产生端，一直到用户终端和用户体验，贯穿整个信息环境的端到端智能（end-to-end intelligence）。

5.2.4　抽象是应对系统复杂度的利器

我们可以小结一下，再次从计算系统的整体角度，审视计算机科学的抽象这个核心概念。计算系统思维的要点是：**通过抽象，将模块组合成为系统，无缝执行计算过程**。计算系统的最大的挑战是应对系统的复杂性。破解系统复杂性挑战的主要思维方法是抽象化或抽象，其英文都是 abstraction。

经过几十年的发展，计算机科学已经提炼出了整套的抽象，表 5.2 显示了一些基本抽象。

表 5.2　从计算系统思维角度看到的一些计算机科学基本抽象

数字符号		比特、字节、四进制数、十六进制数、整数、数组、BMP 图像
软件	算法	巧妙的信息变换方法。例如信息隐藏算法
	程序	算法的代码实现。例如实现信息隐藏算法的 hide.go 程序
	进程	运行时的程序。例如在 Linux 环境中的 hide 进程
	指令	程序的最小单位，计算机能够直接执行
硬件	指令流水线	每条指令都通过"取指—译码—执行—写回"四个操作组成的指令流水线得以自动执行。所有指令都由这一种机制执行，指令流水线由若干时钟周期组成
	时序电路	等同于自动机，说明每一个时钟周期的操作。时序电路由组合电路与存储单元组成，理论上等同于图灵机
	组合电路	实现二值逻辑表达式（布尔逻辑表达式）

理解表 5.2 有三个要点。

（1）尽管计算机科学的内容丰富，计算系统复杂多样，我们只要理解了表 5.2 中的概念，就对计算机科学有了初步理解。**纲举目张，抽象就是纲**。

（2）抽象使得计算机科学成为一种优美的领域。抽象的本质，是采用一种机制、一个概念来解决该层次的所有问题，应对系统的复杂多样性，**以不变的抽象应系统的万变**。

- 操作数字符号变换信息的巧妙方法有无穷多种，但都可以用高德纳的算法表达。
- 算法有无穷多种，但都可以用 Go 语言编写程序实现。这些高级语言程序都可以被编译成为机器语言程序（二进制指令程序），进而被计算机执行。
- 程序有无穷多种，但运行时都变成了进程这种抽象，被操作系统调度执行。
- 所有指令都由指令流水线这一种机制执行。
- 指令流水线的每个步骤的执行都等同于自动机的一次变换（状态转换）。
- 自动机的变换逻辑可由组合电路实现。

（3）**系统抽象可以组合**，形成更强大的系统抽象。从最底层的组合电路，一直到最上层的应用系统，各级抽象提供越来越强、离用户越近的功能。

- 最下层是由与或非门组成的组合电路，实现布尔逻辑功能。
- 组合电路与存储单元组合，形成时序电路，实现自动机功能。
- 多个时序电路组合，形成指令流水线，实现中央处理器自动执行指令的功能。
- 中央处理器加上存储器、输入/输出设备，构成了计算机硬件整机。
- 计算机硬件整机能够执行其指令集。
- 在操作系统管理下，一个应用程序的多条指令的执行提供了进程功能。
- 算法往往通过伪代码表示。编程人员使用高级语言编写实现该算法的高级语言程序，再编译成为机器语言程序，供计算机执行。开发程序的工作是由编程人员完成的。开发出来的程序是静态的代码（高级语言代码、汇编语言代码、机器语言代码）。当该应用程序的机器代码（也称可执行代码）被启动执行后，该程序就变成了"活的"进程。

5.3　计算系统创新故事

本节讲述半导体集成电路、计算机硬件、计算机软件三个领域的众多创新故事，每个领域基本上按照发展的时间顺序讲述。

5.3.1　半导体集成电路

1. 平面工艺：集成电路的印刷术

约翰·霍尔尼（Jean Hoerni）发明的平面工艺，是制造半导体电路的一种工艺方法。今天全球每年产出超过百亿亿个晶体管，比每年全球平面媒体出版业印刷的文字字符还多。一个微处理器芯片中就可能包含 10 亿个晶体管。图 5.26 是一个硅晶体管电路的侧面剖析图。

要制造这样一个晶体管，人们从一块纯净的硅片开始。先在硅片上生长一层氧化绝缘层，涂上特殊的感光材料，再在上面按照所需要的几何模式进行光刻。然后，将硅片的表面腐蚀，氧化绝缘层就会按照所需要的几何模式腐蚀掉，暴露出下面的硅层。这时，将

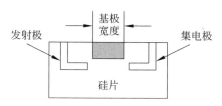

图 5.26　硅晶体管电路的侧面剖析图

杂质材料渗透到硅片上,杂质材料渗入暴露的硅层,按照所需要的几何模式构成发射极、集电极和基极。这个平面工艺过程可以反复使用,构造出很复杂的半导体器件。

基极宽度是平面工艺的一个重要指标,称为该工艺的特征尺寸(feature size)。今天,基极宽度为 10nm 的半导体工艺已经用于生产。过去几十年,半导体工艺的改进速度大约是每三年 0.7,即三年后的基极宽度是现在的 70%。

2. 集成电路

集成电路是美国德州仪器公司的杰克·克尔比(Jack Kilby)在 1958 年 9 月发明的。那年的夏天,同事们都度假去了,公司的新员工杰克·克尔比却在实验室加班。他用实验室陈旧的仪器设备和多余的材料做了大量实验,终于研制成功了世界上第一个集成电路。2000 年,克尔比因为发明集成电路而荣获诺贝尔物理学奖。

就在克尔比发明集成电路四个月后,仙童公司(Fairchild)的罗伯特·诺伊斯(Robert Noyce)在不知道克尔比工作的情况下,独立发明了类似的技术。就像很多伟大的发明一样,在后人看起来这些原理都很简单。

诺伊斯发明集成电路的起因是仙童公司的业务开展起来后遇到了一个大问题。由于霍尔尼的平面工艺,晶体管可以做得很小。但是,要将一个个的晶体管、电阻、电容等器件用导线连起来做成一个电路却是很考手艺的一项工作。由于精度要求在 1/1000 英寸(1in=2.54cm)的数量级,仙童公司专门招来一些妇女用放大镜、小镊子、小烙铁来制造这些“分离器件电路”。尽管这些妇女们心细手巧,但虚焊、漏焊、短路仍然常常发生,生产效率很低。

诺伊斯的创新思路是:为什么不能将晶体管、电阻、电容等器件和导线都用平面工艺做在一块硅片上呢?这样,生产一个电路就与生产一个晶体管一样容易了。将多个晶体管做在一块硅片上没有问题,电阻、电容较难,但诺伊斯很快解决了。最难的是导线,要找到合适的导线不是一件容易的事。导线不仅导电性能要好,还必须能用平面工艺加工,将特定粗细的导线生长在硅片上适当的位置。经过大量实验和理论分析后,诺伊斯发现铝是作导线的最好材料。诺伊斯将他的发明称为集成电路。他的最初的集成电路芯片只包含一个电路。今天,在一个硅片上已经可以集成上千万个电路。集成电路和平面工艺也使得摩尔定律成为现实,即每 18 个月至 2 年,集成电路芯片的密度翻一番。

诺伊斯的集成电路与克尔比的发明相比有两大优点。第一,克尔比用的是锗半导体材料,诺伊斯用的是硅半导体材料。而硅在自然界的含量极其丰富。有估计认为地球表面的 90% 是硅(即平常所说的沙子)。第二,克尔比的集成电路只将器件本身集成在一块半导体材料上,器件之间则用黄金做的导线手工连接起来。而诺伊斯的集成电路是将器件和导线全部集成在一块芯片上。20世纪90年代末,IBM公司发明了性能更好的铜导线技术,半导体界才开始用铜导线取代诺伊斯的铝导线。

3. 内存芯片

1967年左右,诺伊斯和戈登·摩尔(Gordon Moore)想继续合作成立一家半导体公司。他们找到了老朋友亚瑟·洛克,那时洛克已是硅谷著名的风险投资商了。双方商定,洛克出资30万美元,诺伊斯和摩尔各出资25万美元。洛克负责再融资250万美元。

1968年7月,英特尔公司(Intel)在硅谷成立。洛克当董事长,诺伊斯当总裁,摩尔当负责技术的副总裁。英特尔公司瞄准的第一个市场是计算机存储器市场。当时的计算机,尽管中央处理器等逻辑部件用的是半导体器件,但存储器却是用五花八门的其他器件构成的。最先进的存储器技术是王安发明的磁芯存储器。英特尔公司认为半导体存储器会比磁芯存储器成本低、速度快、容量大、体积小、功耗少。

英特尔公司集中力量开发的第一个产品是半导体存储器。半导体存储器会比磁芯存储器快得多,而且体积小、功耗低、价钱也可能更便宜。尽管已有一些实验室在研究半导体存储器了,但还没有任何产品开发出来。诺伊斯和摩尔相信,凭他们在仙童公司多年积累下来的技术和工程经验,加上公司充足的资金和优秀的工程师,能够抢在别人之前开发出产品,从而创造一个全新的、快速增长的市场。

当时有两种技术可能用来制造半导体存储器:一种是双极型半导体技术,它是一种较为成熟的技术,已经用来实现了很多半导体电路;另一种是刚发明的金属氧化物半导体(MOS)技术,尽管可能更先进,但还没有被成功地应用到产品生产上。英特尔公司决定成立两个工程师小组,各用一种技术开发存储器芯片。

信息产业界经常有的巧合在这时发生了。好利威尔公司(Honeywell)找上门来。好利威尔公司在与IBM公司争夺大型机市场,他们迫切需要半导体存储器来装备自己的大型机产品,提高产品的性能价格比。好利威尔公司表示愿意出资1万美元,鼓励英特尔公司开发半导体存储器。虽然英特尔是刚成立不久的新公司,好利威尔认为诺伊斯和摩尔的公司是有实力的,而且,他们很看好与他们打交道的一位姓曹的年轻人。这位文静的华裔工程师向他们清楚地表示了,英特尔公司有能力把存储器芯片做出来。

好利威尔公司并没有把赌注全部压在英特尔身上,他们同时还资助了另外六家公司做同样的事。值得英特尔公司庆幸的是,1969年春,当好利威尔公司的人回到英特尔公司时,曹工程师向他们展示了用双极型半导体技术实现的世界上第一款半导体存储器芯片。这种芯片成了英特尔的第一种商品化产品,也为英特尔公司找到了一个稳定的大客户。

金属氧化物半导体小组的工作则遇到了很大的困难。尽管他们在双极型半导体存储器之后不久就研制成功了第一块金属氧化物半导体存储器,但其后几个月都不能重复成功的实验,更不用说产品化了。他们认为毛病出在生产线上。当时,英特尔公司还没有钱装备无尘生产线,因此灰尘和其他颗粒都污染生产中的晶片,造成废品。工程师们尽了最大努力清洁生产线区域,但始终不能成功地制造产品。绝望中,负责生产的主管安迪·格罗夫(Andy Grove)建议抛弃金属氧化物半导体技术。

摩尔出来干预了。他让工程师们再做一个月的实验,并把全部晶片都送给他。摩尔用放大镜和其他自制的仪器仔细检查了每块晶片。20多天后,他找到了毛病所在。在金属氧化物半导体中,氧化金属层本来应该与硅层无缝紧密接合,但现在的存储器设计中,这两层的界限太清楚。由于晶片加工过程需要多次加温降温,这两层的热扩展系数又不一样,结果出现了缝隙。工程师们是根据制造逻辑电路的工艺来实现存储器电路的,这种工艺对逻辑电路不会产生缝隙,对存储器电路就不行了。摩尔提出了一个简单的办法改进工艺,即掺一些杂质降低氧化层的熔点,使它能熔化并注入缝隙中,这样氧化金属层和硅层始终能无缝紧贴。

金属氧化物半导体技术后来被证明远比双极型半导体技术先进。直到今天,互补金属氧化物半导体(CMOS)还是实现半导体电路的主流技术。

摩尔的发明大大提高了金属氧化物半导体存储器芯片的生产成品率。但是,由于电路设计和成品率仍有很多问题,英特尔公司的金属氧化物半导体存储器的成本仍然高于磁芯存储器。直到第三代产品,成本才降下来。

英特尔公司有了一个速度快、成本低、体积小的半导体存储器芯片,按说会大大提高销量。可是,用户的反应并不热情,原因是英特尔公司的芯片有两个致命弱点。第一,存储器芯片与配套的芯片的技术参数有较大的误差,有一半以上的存储器芯片的技术参数都在可用范围之外,生产的是次品。第二,存储器芯片极不好用,摩尔后来称它为"人类制造的最不好用的半导体"。它不仅需要几种套片、三种不同的电压,还要求用户满足它的怪异的时序要求。

英特尔公司采取了两个办法来解决这些问题。根本的办法是改进芯片的设计,但这需要至少两年时间。应急的办法是开发一个简单的演示系统,为用户提供一个所谓"参考设计"的例子,用来训练用户如何用英特尔公司的芯片构造一个完整的存储器。这样,用户可以通过实物例子,看到用英特尔公司的芯片设计存储器并不是太难,从而可以放心地购买英特尔公司的芯片。

事情的发展大大出乎英特尔公司的意料。用户不想买英特尔公司的芯片,而想买英特尔公司的演示系统。

用户想要的实际上是一个存储器系统,而不是存储器芯片。一个计算机可以分成三个层次:整个计算机系统、子系统(如存储器系统、输入/输出设备)、部件(如存储器芯片、套片)。与部件相比,子系统的研究开发、市场销售、技术支持都有不同的特点。例如,芯片的用户主要是系统和子系统制造商,而子系统的用户可能包括计算机的使用者,即最终用户。英特尔公司的业务一向是制造芯片,它该不该分散精力,进入另一个市场领域呢?

另外,存储器系统尽管有用户需求,但违反了英特尔公司的一个不成文的规矩:任何新产品项目,必须有至少55%的毛利率才能上。存储器系统不是芯片,毛利率到不了这么高。

几经思考,诺伊斯决定英特尔公司要做存储器系统。就在这个时候,另一个巧合发生了。好利威尔公司的两位资深工程师决定跳槽,他们寄给英特尔公司一份手写的五页纸的业务计划书,建议英特尔公司成立一个存储器系统事业部。双方一拍即合。直到事业部开始运行,订单大量增加时,英特尔公司才完全意识到提供存储器子系统的好处。

第一,英特尔公司为用户提供了一个完整、实用的产品。英特尔公司的存储器芯片还是很难使用,但对英特尔公司的工程师而言并不很难。存储器系统将这个缺点对用户屏蔽起来了,用户再也看不到很难使用的存储器芯片,看到的是一个很好用的存储器系统,可以直接连到他们的计算机上。英特尔公司把不方便从用户转移到了公司内部,消除了影响销售的主要障碍。

第二,由于一个存储器系统需要很多芯片,英特尔公司的存储器芯片销售更加批量化。这使得销售更加容易,进一步增加了销售额。

第三,英特尔公司的存储器芯片有一半以上是次品,即不是废品,但技术参数超出设计规范之外。当作为单个芯片销售时,这些产品是不能卖给用户的。英特尔公司只能将它们作为废品处理或库存起来。现在英特尔公司自己制造存储器系统了,这些产品就派上了用场。由于英特尔公司的工程师对产品的特性非常了解,他们可以用辅助电路等办法将次品芯片利用起来做成完全正常的存储器系统。用户完全看不出这个系统含有次品部件,因为这些芯片在英特尔公司的存储器系统中已经不是次品了。更奇妙的是,英特尔公司的存储器系统由于比芯片有增值,它可以定一个比全部芯片加起来的价格更高的价钱。这样,英特尔公司把本来是一文不值的次品变成了利润。

第四,英特尔公司存储器芯片的主要客户是与 IBM 公司竞争的像好利威尔公司这样的七家计算机公司。当时业界戏称它们为七个小矮人,因为它们加起来的市场份额也只有 30%,远低于 IBM 公司一家所占的 70% 的市场份额。这些公司买英特尔公司的芯片只是为了做自己计算机产品中的存储器,而 IBM 公司有自己的存储器部门,它们甚至不买英特尔公司的存储器芯片。现在,英特尔公司自己做存储器系统了,它可以将产品卖给任何用户,包括 IBM 公司的用户。这样,英特尔公司找到了一条路子进入了 IBM 公司的市场。这是一个含金量高、利润丰厚的市场。

4. 微处理器芯片

1970 年 4 月,弗德里科·法金(Federico Faggin)从仙童公司跳槽到英特尔公司。法金一年前就想离开仙童公司了,因为他看到自己发明的 MOS 技术一直得不到使用。但是由于正在申请美国永久居民身份(绿卡),法金不能随便换公司,所以他在仙童公司多工作了一年。

到了英特尔公司之后,法金的新老板告诉他,英特尔公司正在为一个名叫"日本计算机器公司"的客户研制一种桌面计算器的电路,法金将负责这个项目,他的第一个任务就是在第二天去接待日本客户,汇报项目进展。

法金马上开始了解情况。令他震惊的是,英特尔公司的设计工作大大落到进度之后,核心技术人员被中途抽调去做更重要的项目去了。英特尔公司对桌面计算器项目只有一个总体设计,详细设计还根本没有开始。

日本工程师当然很不高兴,英特尔公司怎么能这样搪塞我们!法金费了很多口舌解释情况,包括向他说明自己刚到英特尔公司接手这个项目的真相,而且表示会尽全力加快开发进程。法金的真诚得到了日本客户的理解,计算器项目得以继续下去。

法金和另一个叫梅左的工程师立即投入高强度的设计工作,每天工作时间长达16h。短短三个月后,全部四块集成电路芯片设计完毕,并成功地生产了样片。这在英特尔公司是创纪录的,远远超出了"每人每年设计一块芯片"的公司常规。其中的一块芯片英特尔公司取名叫4004,它就是世界上第一个微处理器(microprocessor)。30年后,世界上每年都要生产数以亿计的微处理器。

英特尔公司是怎样想到发明微处理器的呢?

日本客户本来是希望英特尔公司帮助他们设计和生产八种专用集成电路芯片,用于实现桌面计算器。英特尔公司的工程师发现这样做有两个很大的问题。第一,英特尔公司已经在全力开发三种内存芯片了,没有人力再设计八种新的芯片。第二,用八种芯片实现计算器,将大大超出预算成本。英特尔公司的一个名叫特德·霍夫(Ted Hoff)的工程师仔细分析了日本同行的设计,他发现了一个现象。这八块芯片各实现一种特定的功能。当用户使用计算器时,这些功能并不是同时都需要的。例如,如果用户需要计算100个数的和,他会重复地输入一个数,再做一次加法,一共做100次,最后再打印出来。负责输入、加法和打印的电路并不同时工作。这样,当一块芯片在工作时,其他芯片可能是空闲的。

霍夫有了一个想法:为什么不能用一块通用的芯片加上程序来实现几块芯片的功能呢? 当需要某种功能时,只需要把实现该功能的一段程序代码(称为子程序)加载到通用芯片上,其功能与专用芯片会完全一样。

经过几天的思考后,霍夫画出了计算器的新的体系结构图,其中包含四块芯片:一块通用处理器芯片,实现所有的计算和控制功能;一块可读写内存(RAM)芯片,用来存放数据;一块只读内存(ROM)芯片,用来存放程序;一块输入/输出芯片,实现输入数据和操作命令、打印结果等功能。

由于这是为日本计算机器公司定制的产品,霍夫的方案实际上已经修改了客户的需求,必须得到客户的认可。日本客户开始很不愿意。日本的工程师已经对这八种芯片做了大量的功能和逻辑设计工作。他们不愿意看到自己的已经很优化的成果被浪费掉,而被一个很不成熟的方案代替。霍夫向他们强调了新方案的两个优点:一是成本低了近一半;二是计算器更灵活。日本客户最终被灵活性打动,因为新方案让他们可以更方便、更快地推出功能更强大的计算器。要添加新的计算功能,只需更换只读存储器。

但是,几个月后,当法金和梅左研制出4004芯片时,日本客户并不太看好微处理器。他们认为研制费用和最后每块芯片100美元的成本都太高。他们要求英特尔公司大幅度降低价格和研制费用。

霍夫和法金认为这是一个绝好的机会。他们向诺伊斯和摩尔建议,一定要从日本客户手中要回4004芯片的产权。最终,英特尔公司与日本客户达成了一个新协议:英特尔公司将从日本客户已预付的10万美元研制费中退还6万美元,换取英特尔公司拥有4004的产权。英特尔公司承诺不得将4004芯片产品卖给日本客户的竞争者,即其他计算器厂商。

市场对4004芯片的反应很冷淡,销售量很小,买主中没有一家大客户,全是一些毫不知名的小公司或电路爱好者。英特尔公司的销售部门更不看好微处理器,认为它没有市场。他们的理由很充分、很有说服力。根据与日本客户的协议,4004 芯片不能卖给计算器厂商,剩下的市场就只有计算机厂商。假如英特尔公司的微处理器产品发展非常理想,就能在一两年内占据 10% 的市场。问题是,这个市场是很小的。1971 年,全球计算机市场只有 2 万台左右,10% 意味着只有每年 2000 块 4004 芯片,即只有英特尔公司一周的生产水平,销售收入也很低。

一些英特尔公司的技术人员也不看好微处理器。当时流行的计算机主要是大型机,尤其是 IBM 公司的 S/360 系统。这些计算机的运算速度在每秒几百万次的量级,每次运算可以处理 32 位的操作数。作为对比,英特尔公司的 4004 芯片仅含有 2300 个晶体管,售价 360 美元,每次只能处理 4 位操作数,运算速度只有每秒 6 万次运算,比实用的计算机差很远。另外,微处理器看起来太不起眼,完全不能像 IBM 公司的 S/360 大型机那样给人一种高科技、昂贵、高档设备的印象。据说,4004 的设计者之一梅左曾经说道,他决不会信任一台人搬得动的计算机。英特尔公司的一位客户曾经开玩笑说,4004 好是好,就是有一个缺点:用户一不小心就可能把计算机掉到地板缝中找不到了。

与这些市场和技术上的消极反应成强烈对比的是英特尔公司领导人对未来的信心和远见卓识。摩尔宣称 4004 微处理器是人类历史上最具革命性的产品之一,开创了集成电路的一个新纪元。它与以往的集成电路有一个本质的区别,就是可以通过编写不同程序来实现不同功能,而以前的集成电路都是单一功能。英特尔公司认为 4004 可以用到很多嵌入式系统中①,市场会很大。因此,尽管当时没有市场,英特尔公司仍然坚持微处理器的研究开发工作。直到三年以后,英特尔公司推出了第三代微处理器 8080,市场才有较大起色。8080 不仅比 4004 快 10 倍,数据宽度也从 4 位扩展到 8 位,售价仍然是 360 美元。8080 被广泛用于各种控制系统和嵌入式系统中。不过,给英特尔公司带来完全没有料到的惊喜的是 1975 年人类发明的个人计算机(又称微型计算机,或微机)。这台名为"牵牛星"的计算机使用的正是 8080 芯片,它帮助英特尔公司在几年后占据了计算机芯片的霸主地位。

英特尔公司成立的那一年,公司销售收入只有 3000 美元。到了 8080 芯片推出的 1974 年,收入剧增到 1 亿多美元。发明 4004 芯片 30 年后,英特尔公司的 IA-64 微处理器芯片集成了 1 亿多个晶体管,是 4004 芯片的 5 万倍;峰值速度达到了每秒 60 亿次运算,比 4004 芯片快 10 万倍。微处理器早已取代存储器芯片,成为英特尔公司的主要收入和利润来源。

5. 牧本浪潮

如何利用摩尔定律带来的硬件进步?如何将它映射到人们的需求和市场产品与服务中?这个问题远非摩尔定律所能确定。人们是应该将这些电路进步应用于计算,还是应该用于存储和通信?或许我们应该采用当年施乐公司 PARC 研究所的科学家发明

① 嵌入式系统是指内部含有计算机控制的自动或半自动系统,如微波炉、收款机、电视机等。这些系统看起来不是计算机,计算机是隐藏(或嵌入)在系统内部的。

Alto 微机时的思路,将 90％的电路资源用于屏幕显示？业界对这些问题有很多回答,而且今后的发展还有很大的不确定性。

在半导体芯片领域,针对如何有效地使用摩尔定律的问题,计算机界已经总结出了一个宏观规律,称为牧本浪潮,也称牧本曲线(即 Makimoto's Wave,见图 5.27)。

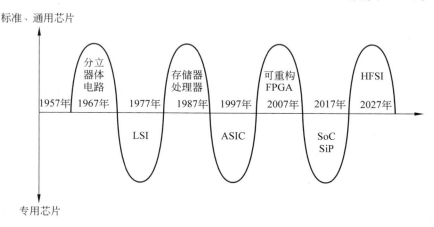

图 5.27　牧本浪潮

数据来源:Tsugio Makimoto. Implications of Makimoto's Wave[J]. IEEE Computer,2013,46(12):232-237.

这个经验观察规律是牧本次生于 1987 年第一次提出的,覆盖了 1957—1987 年的历史观察和 1987—2007 年的预测情况,并于 2001 年和 2013 年两次加以正式修订,以覆盖2007—2017 年和 2017—2027 年的预测情况。经过了 30 年的检验,人们发现这个经验观察比较精确。现在,牧本浪潮已经越来越受到人们的重视。

牧本浪潮包含三个要点。第一,半导体芯片产业交替重复"标准化＋专用化"的周期;第二,这些周期同时受芯片制造技术和芯片的市场需求两类因素推动产生;第三,每个周期为时大约 20 年,标准化和专用化阶段各为 10 年。

牧本浪潮中的新周期的出现并不意味着现有浪潮的消失,而是意味着新市场的涌现。事实上,在半导体市场中,新浪潮和旧浪潮产品同时存在,只是旧浪潮产品不一定保持它的主导地位了而已。例如,分立器件电路的器件在 20 世纪 60 年代是主导产品。当集成电路出现以后,分立器件电路并不是消失了,只是逐渐将其市场主导让位于集成电路。在2002 年,世界分立器件电路市场仍然具有 123 亿美元的规模,远远高于 20 世纪 60年代的水平。与此同时,世界集成电路市场达到了 1205 亿美元的规模,占据着半导体芯片市场的主导地位。

牧本次生认为,在 1997—2007 年时段,半导体产业已经进入一个可重构芯片阶段(field programmability,FPGA 是一个例子),半导体产业界的制造技术是标准化主导,但市场却是专用化主导。制造技术标准化主导的原因是制造成本太高,必须按照一种标准的方式批量生产,才能降低一种芯片的制造成本。市场专用化主导的原因是,由于半导体芯片的广泛应用,各个厂家需要不断推出具有独特竞争力的产品,市场上出现的是各式各样的芯片,并非只有一种标准化的大路货产品。

可重构芯片正是解决标准化技术和专用化市场这一矛盾的最好途径。芯片制造商可以按照一种标准批量生产芯片；用户可以在现场根据不同的市场需求将这些芯片重构成为所需的产品。可重构芯片能够流行的另一个原因是产品升级太快，一个芯片的使用周期从 3～5 年降到了 1 年(尽管使用总量可能不变)。可重构能适应这样的变化。牧本次生预测：可重构将使得芯片产业能够适应人们正在进入的第二次数字浪潮，它的特点将是数字化消费者电子和网络产品，其市场将超过历史上以微机为代表的第一次数字浪潮。

标准可重构芯片之后是什么呢？牧本次生预测 2007—2017 年的 10 年是另一个专用化阶段。这个阶段的市场特征是充分利用网络化趋势的电子业务，其技术特征是片上系统(system on chip，SoC)和条上系统(system in package，SiP)。片上系统是指在一个芯片内实现原来需要由多个芯片互联组成的系统。条上系统是指在一个封装条内实现原来需要由多个芯片互联组成的系统。

SoC/SiP 之后呢？牧本次生预测 2017—2027 年的 10 年是另一个通用化阶段，其特征是 highly flexible super integration(HFSI)。针对特定应用市场(如智能手机处理器芯片)定制专用芯片(即 SoC 或 SiP)的路可能会走不下去了，整个半导体产业需要联合起来，推出新的芯片产品形态，覆盖多个应用市场。新的芯片产品将具备很高的灵活性(能够覆盖多个市场，即具备一定的通用性)，集成很多能力在一个芯片系统中，同时具备高性能、低功耗、低成本特征。这类新的芯片产品将必然有一些冗余度，很多能力不会在所有应用中同时使用。

5.3.2　计算机硬件

1. 埃尼阿克

1943 年初，马里兰州美国陆军阿伯丁试验场。弹道实验室的保罗·吉龙上校正越来越焦虑地阅读着工作报告。

弹道实验室的任务是为美国陆军设计的火炮编制弹道表。这是一个需要大量计算的过程。一种火炮在一定的角度发射的特定炮弹，会产生一定的轨迹。这个轨迹必须被准确地计算出来，不然火炮的精确度会大受影响。如果是远程火炮，还必须考虑风速、气压甚至湿度等因素。有报道说，德国的远程火炮曾经由于弹道计算不精确，在试验发射时，炮弹的射程超出了预计的两倍，最后落到了试验场外的农场。

每种火炮都要有一个弹道表，而每个表大约需要计算 300 个轨迹。每个轨迹的计算需要求解几个不同的微分方程，即使是熟练的工作人员，利用当时很先进的电动计算器，也要花 20h。实验室在 1940 年装备了两台微分分析机去加速计算过程。将每台分析机调整好后，计算一条轨迹只需要 20min。不过这些分析机都是机械的模拟装置，需要随时细心维护。

即便使用了这些高速计算设备，实验室每年也只能编制十几种火炮的弹道表。随着第二次世界大战的展开，实验室的任务越来越重。不久前，盟军在北非登陆。由于北非的地形完全不同于盟军以前遇到的地形，需要新的弹道表。实验室已经额外雇用了数百名妇女帮助计算工作。但是,工作仍然远远落到了进度要求之后,而且越落越远。

上校决定必须想尽一切办法,寻找任何可能,提高计算速度。

他让秘书立即召唤赫曼·哥德斯汀(Herman Goldstine)中尉。

哥德斯汀中尉知道自己接到了一个非常棘手的任务。第二次世界大战爆发以前,他是密西根大学数学系的助理教授,很明白弹道计算的复杂性。吉龙上校让他负责想尽一切可能的办法提高计算速度。"翻开所有石头",上校甚至使用了这个古老的谚语。

但是他很清楚,没有办法能够彻底解决弹道表的计算问题。弹道实验室的微分分析机已经是世界上最快的计算设备。他们当然可以再多装备几台,但这仍然不能满足进度要求。

他的科学素养告诉自己,在没有办法的情形下,唯一的出路是创造办法。

他决定向摩尔学院的老朋友求助。

宾夕法尼亚大学的摩尔学院与陆军弹道实验室已有 10 余年的合作关系。1934 年,在弹道实验室的支持下,摩尔学院研制了两台微分分析机,一台归弹道实验室使用,一台归摩尔学院用于科学研究。第二次世界大战爆发以后,弹道实验室征用了摩尔学院的微分分析机。摩尔学院还负责培训弹道实验室的工作人员。

哥德斯汀中尉特别感兴趣的是,他听说摩尔学院有一个叫毛捷利的讲师,在做"电子计算机"方面的研究工作,据说可能将弹道计算的速度提高几十倍。

约翰·毛捷利(John Mauchly)于 1932 年在约翰霍普金斯大学获得物理学博士学位,后来在费城附近的厄尔森拿学院当物理系副教授和系主任。他最感兴趣的研究领域是天气问题,尤其是太阳耀斑对天气模式的影响。那个时候,人们已经初步知道怎样用数学方程来描述天气现象,但由于计算量太大,常常无法得出有意义的解答。

毛捷利是个梦想家。他时时梦想着发明一种高速的计算装置。1940 年,他建造了一个称为分析仪的模拟电子计算器,可以用来计算天气数据。年底,他在一次学术会议上报告了他的工作。

听众中有一位是爱荷华州立大学的安塔拉索夫(John Atnasoff)教授。他向毛捷利介绍,自己也在研制一种电子计算机,并邀请毛捷利访问爱荷华州立大学。此后,两人频繁交流。后来,由于第二次世界大战的需要,军方给安塔拉索夫下达了另外的研究任务,他的专用电子计算机一直没有完工。不过,这些交流帮助毛捷利理清了电子计算机的思路。

1941 年夏天,毛捷利参加了军方在摩尔学院开设的夏季电子培训班。摩尔学院的最大吸引力是它的高性能计算机,即微分分析仪。他后来才发现,更大的财富是培训班的实验员,一个叫艾克特(J. Presper Eckert)的 22 岁的小伙子。

由于培训班的学员们对实验大都很熟悉,艾克特与毛捷利有很多时间交谈,讨论建造电子计算机的可能性。整个夏天,34 岁的毛捷利和 22 岁的艾克特常常光顾校园附近的林顿餐厅,长谈到深夜。毛捷利喝着咖啡,艾克特啜着冰淇淋苏打,餐巾纸上记满了他们的问题、灵感和思想。

最突出的问题是可靠性。建造电子计算机需要很多个真空管,而一个系统的部件越多,可靠性就越低。当时最大的电子系统也只有 160 个真空管。毛捷利初步估算了一下，一台电子计算机至少需要 2000 个真空管，这可行吗？艾克特认为可行："只要正确地设计电路，我们可以解决可靠性问题。"

一个夏天的交谈给予了毛捷利足够的信心。刚好，由于教授们纷纷应征入伍，摩尔学院的教师位置出现空缺。毛捷利马上提出申请。摩尔学院只同意给他一个讲师的职位，毛捷利毫不犹豫地接受了。他觉得在摩尔学院可以实现他的电子计算机梦想，这远比职称重要得多。

此后，毛捷利一边教学一边继续电子计算机的研究。1942 年 8 月，毛捷利向摩尔学院的科研主管布瑞纳德博士提交了一份名为《高速真空管器件的计算用途》的报告，强烈地倡导电子计算机能大大提高计算速度，包括弹道计算的速度。

学院对这个报告没有任何反应。几个月以后，当哥德斯汀中尉与毛捷利相见时，这份报告已经找不到了。幸好，当初毛捷利是口述给秘书打字的。秘书还保存着一份速记稿，她将报告从中还原了出来。

哥德斯汀马上就被毛捷利和艾克特的想法吸引住了。他要求摩尔学院尽快提出一份正式项目申请。1943 年 4 月 2 日，布瑞纳德代表摩尔学院向弹道实验室提出了一份项目申请。弹道实验室立即反应，提出了许多技术问题，并要求摩尔学院在一周之内到阿伯丁面谈。毛捷利与艾克特不分日夜地工作，不仅修正了申请中的技术问题，还说明了研制人员、部件、研制时间等具体问题。

1943 年 4 月 9 日，布瑞纳德、毛捷利、艾克特和哥德斯汀来到了阿伯丁，做项目申请的详细报告。当天，这项申请被批准，并且决定布瑞纳德为项目主管（负责行政事务），艾克特为总工程师，毛捷利为首席顾问，哥德斯汀为军方代表。项目经费初步定为 10 万美元。

摩尔学院为了迎合军方弹道计算的需求，将申请研制的计算装置称为电子数字积分仪（Electronic Numerical Integrator）。但军方了解到了这个装置实际上是一个通用计算机，于是阿伯丁的吉龙上校加上了"及计算机"几个字。这样，埃尼阿克（ENIAC）的名字诞生了。它的含义是"电子数字积分计算机"（electronic numerical integrator and computer）。

这天正好是艾克特 24 岁的生日。

从阿伯丁回来后，毛捷利和艾克特迅速开始了具体的总体规划，并着手组建队伍。1943 年 5 月 31 日，埃尼阿克的开发工作正式启动。

作为总工程师，艾克特与毛捷利商量后对一些关键问题做了决策。这些决策对我们今天设计计算机也有参考意义。

首先，什么是埃尼阿克的目标要求？

艾克特决定，埃尼阿克有四项要求。第一，要能够解决阿伯丁试验场的应用问题，即计算火炮的弹道。第二，机器速度要快，比微分分析机有数量级的提高。艾克特将目标定为每个弹道计算时间不超过 100s。第三，系统要稳定可靠。第四，要在合同规定的经费和时限内把系统研制成功。其他目标（如使用方便性）则不在考虑之列。

要达到这些目标，艾克特必须回答几个关键问题。第一，埃尼阿克应当是专用机还是通用机？第二，要不要采用一种"存储程序"的新技术？第三，如何提高速度？第四，埃尼阿克需要使用数千个真空管,如何解决可靠性问题? 第五,如何保证工程进度?

从常识来看,埃尼阿克更适合采用专用机,因为它的目标应用很单纯,就是计算火炮的弹道。专用机更简单,使用部件更少,比较容易做得可靠。但艾克特仔细分析后,还是采用了通用机的思路。这有两个重要原因:第一,人们并不知道用电子数字计算机计算弹道的最好算法,当时的算法以后很可能会得到改进。如果算法固定在一个专用机里了,就无法采用新的更好的算法。第二,埃尼阿克不仅需要计算弹道轨迹,还需要把一门火炮的多个轨迹整理成火炮的弹道表。这些工作需要通用性。

确定了通用机的原则后,如何来实现通用性呢? 当时有两种思路。第一种称为直接编程,即在计算一道题之前,先由操作人员手工把多个部件用电线按一定方式连接起来,再设置一些开关。第二种称为存储程序,即先把题目所需的计算指令序列输入到计算机中存起来,由这些指令来自动地连接部件和设置开关。

后一种方法看起来要好得多。事实上,今天的计算机都采用了这种存储程序方法。但艾克特还是拒绝了它而采取了直接编程方法。他的理由是,存储程序方法需要增加额外的电路和复杂性,不仅提高成本、降低可靠性,还会减慢埃尼阿克的运算速度。而直接编程方法对弹道计算已经足够了。

如何提高计算速度呢? 艾克特决定采取几个方法。首先,除了输入数据和输出结果外,所有其他动作都由真空管以电子速度进行,没有涉及机械装置的动作。其次,将弹道计算所需要的基本运算,如加法、减法、乘法、除法、开平方全部用真空管电路直接实现。第三,采用并行计算技术,即在一个时钟周期内,让几个运算部件可以同时操作。而且,输入数据、输出数据、计算可以同时进行。第四,优化电路设计,使得时钟频率可以提高。

可靠性问题是最大的问题,也是很多人不相信埃尼阿克能够成功的主要因素。艾克特采取了几个办法保证可靠性。最重要的是,艾克特从他以前设计真空管电路的经验中总结出了一套电路设计规则。埃尼阿克的设计从一开始就遵循了这些规则。其次,艾克特细心选择、设计、测试了核心部件,使它们能够容忍足够大的环境变化。例如,一个核心部件叫计数器,设计要求是每秒 10 万个脉冲,而艾克特实现的计数器的额定值是每秒20 万个脉冲。第三,所有的电信号都有足够能量,不会被干扰信号冲掉。第四,艾克特设计了集成电路,即将多个真空管电路装配在一个电路板上。第五,艾克特在系统中设计了故障检测和诊断电路。这样一旦系统出问题,操作员可以迅速定位故障。

为了保证进度,艾克特将每一个部件的开发分成四个阶段,即初步设计、详细设计和制图、建造、测试和调整。多个部件的开发同时进行。系统的设计尽量简单。当然,最重要的因素是整个埃尼阿克团队一心一意扑在工作上,加班加点地苦干。

1945 年 11 月,埃尼阿克研制成功!

在不到两年的时间内,包括毛捷利和艾克特在内的 14 名技术人员[①]完成了世界上第一台通用数字电子计算机的开发工作。这也是世界上继 ABC(阿塔纳索夫-贝瑞计算机)之后的第二台电子计算机。

埃尼阿克包含下列子系统:

---

① 　其中一名工程师是华人 Chuan Chu(朱传榘),天津人。参见 jeffreychuanchu.com/。

- 计算单元,如计数器、乘法器、除法器、平方根器。
- 函数表,可查找 1000 多个函数的值。
- 常数单元,将从读卡机传来的常数传给计数器。
- 输入设备(读卡机)和输出设备(打卡机)。
- 中央控制器,包括主编程器和初始化电路。
- 中央时钟产生器。

将埃尼阿克系统与 2000 年的计算机相比是很有意思的(见表 5.3)。埃尼阿克是当时的超级计算机,即速度最快、价格最昂贵的计算机。在 2000 年,这样的计算机是 IBM 公司为美国能源部核武器应用而研制的"白色选择"超级计算机。短短 55 年的时间里,计算机的复杂度和集成度大大增加,从 18 000 个真空管增长到 32 万亿个晶体管,增长了 18 亿倍。内存容量从不到 800 字节增长到 4 万亿字节,增长了 50 亿倍。计算速度从每秒 5000 次增长到每秒 12.3 万亿次,增长了 25 亿倍。输入/输出设备类型变得更多,速度也大大加快。例如,磁带机已能有每秒 4 兆字节的速度,比读卡机的每秒 2000 个字节快了 2000 倍。由于输入/输出设备始终需要机械动作,进步的速度要比其他指标慢得多。埃尼阿克运行了 10 年。"白色选择"则运行了 6 年。

表 5.3　埃尼阿克(1945 年)与"白色选择"(2000 年)的比较

指　标	埃尼阿克(1945 年)	"白色选择"(2000 年)
元件数目	18 000 个真空管	32 万亿个晶体管
时钟频率	5000Hz(5kHz)	311MHz
内存	20 个 10 位十进制数,小于 800 字节	4 万亿字节(4TB)
速度	每秒 5000 次加法	每秒 12.3 万亿次运算(12.3T FLOP)
输入设备	读卡机,每秒读两张卡片	软盘、光盘、硬盘、磁带、扫描仪、网络
输出设备	打卡机,每秒打两张卡片	软盘、硬盘、磁带、打印机、红外、网络
编程方式	直接编程	存储程序
功耗	174kW	6MW
经费	49 万美元	1.1 亿美元

埃尼阿克的开发费用也不高。当时一个工程师的薪水大约是每年 2000~3000 美元[①],而 2000 年的相应工薪是 6 万~12 万美元,增长率约为 30~40 倍。"白色选择"的 1.1 亿美元费用比起埃尼阿克的 49 万美元却高了 100 多倍。

2016 年,世界上最快的计算机是中国推出的"神威·太湖之光",采用自制的每秒

[①]　查阅 IEEE Annals of Computer History 等文献,我们可得知埃尼阿克开发者们大致上的工薪待遇。例如,1932 年,24 岁的约翰·毛捷利在约翰霍普金斯大学获得物理学博士学位。时值大萧条时代,他只找到了一份每小时 0.5 美元的临时工工作,为霍普斯大学的物理学教授做计算。这重复烦琐的机械计算工作,也激励他发明更好的自动执行计算机。1944 年,已经博士毕业 12 年的毛捷利在宾州大学摩尔学院教书,年薪为 5800 美元。他向学院申请不再教书,全时投入埃尼阿克的研发工作。学院同意了他的申请,不过将他的年薪降到了 3900 美元。

3万亿次运算的神威26010处理器,系统峰值速度达到了每秒12.5亿亿次运算,实际速度达到了每秒9.3亿亿次运算。可以看出,进入21世纪,计算机的运算速度还在飞速提升。埃尼阿克、"白色选择"、神威·太湖之光三者的指标对比如表5.4所示。

表 5.4　埃尼阿克、"白色选择"、神威·太湖之光三者的指标对比

指　标	埃 尼 阿 克	"白色选择"	神威·太湖之光
推出时间	1945 年	2000 年	2016 年
元件数目	18 000 个真空管	32 万亿个晶体管	1 亿亿个晶体管
时钟频率	5000Hz	311MHz	1.45GHz
速度	每秒 5000 次加法	每秒 12.3 万亿次运算	每秒 12.5 亿亿次运算
功耗	174kW	6MW	15.4MW
经费	49 万美元	1.1 亿美元	18 亿人民币(<3 亿美元)

埃尼阿克研制成功时,第二次世界大战已经结束,它没有赶上为陆军的战时需求计算火炮弹道的任务。但是,新的应用不断涌来,使埃尼阿克一直满负荷运作了将近10年,到1955年10月2日才退役。

埃尼阿克的饱满工作量,与陆军部的一个明智决定有直接关系。在埃尼阿克推出之初,陆军就决定向外界公开,允许其他政府部门、大学、公司甚至国外的科学家免费使用埃尼阿克。结果,大量的科学家和工程师带着题目蜂拥而至,在10年的时间内,埃尼阿克计算了100个领域的题目,其中弹道计算所用机时只占25%。

埃尼阿克的第一个计算题目是美国"曼哈顿计划"中氢弹的物理学。其他军事计算题目还包括导弹、炸弹、风洞、侦察统计等。埃尼阿克也进行了许多民用计算,包括气井、油井、晶体结构、天气预报、基本粒子、流体力学等。

开放的政策不仅提高了埃尼阿克的利用率,促进了整个计算科学的发展,对陆军也有直接好处。全国乃至国外的优秀科学家和工程师都来使用埃尼阿克,也就帮助训练了陆军的人才,同时,也扩大了埃尼阿克的影响。1946年,英国的一位教授在使用机器后,在《自然》杂志上发表了一篇文章《埃尼阿克:一台电子计算机》。后来,这篇文章成了绝好的科普公关资料。

尽管2000年的超级计算机比埃尼阿克性能高出数十亿倍,但埃尼阿克对现代计算机业的贡献和影响却大得多。

1945—1950年,整个美国就只有一台通用数字电子计算机在运行。那就是埃尼阿克。它的速度比当时的其他计算机至少快10倍,对有些问题甚至快1000倍。这个速度优势吸引了很多科学家来算题。

由于埃尼阿克的特性(很快的计算速度,很慢的输入/输出速度,很小的内存,有限的数字精度等),很多科学家必须改变已有的算法来适应计算机,这又促进了一门称为数值方法的新学科的发展。埃尼阿克的上述特性在今天的计算机中依然存在。数值方法在今天仍在广泛使用和发展。

因为埃尼阿克是当时唯一在运行的通用电子数字计算机,它为计算机事业的发展发

挥了试验平台的作用。很多有关计算机的新想法和新技术都先在埃尼阿克上试验。这些新技术包括各种数值方法和磁芯存储器等硬件。

最重要的一个新技术就是存储程序技术。艾克特当初为了性能和可靠性等原因没有用它。1947 年 11 月,技术人员对埃尼阿克做了改造,设计并实现了存储程序技术。这个技术大大方便了用户编程,但同时确实如艾克特所料,减慢了机器的运算速度(例如,最常用的加法运算耗时从 200μs 放慢到了 1200μs)。它使得并行计算不再可能,对有些题目,速度下降至原来的 1/9。

为了编程和使用方便,今天的计算机都用了存储程序的技术。但是人们没有忘记艾克特的观点。20 世纪末,人们开始研究新型的计算机系统技术,它既能保持存储程序的优点,又有直接编程的速度。

埃尼阿克证明了电子数字计算机是可行的。埃尼阿克运行了 10 年,大部分时间是每周 7 天、每天 24 小时服务,为用户和管理员提供了 90% 以上的机时,只有不到 10% 的时间系统由于修理故障停机。这中间只有两个例外。1946 年 10 月,埃尼阿克由于过热失火,系统运行中断了三个月。1947 年 1 月,埃尼阿克从摩尔学院搬到了阿伯丁的弹道实验室,其后可靠性急剧下降。最终发现原因是弹道实验室为了节约电和操作人员薪水,在每个周末都要关机。而每次关机开机都常常会烧坏一些真空管。最后,弹道实验室保证了机器一直开着,可靠性得以提升。

埃尼阿克最大的影响在下述三个方面。第一,尽管埃尼阿克是军方的一个保密项目,陆军却采取了明智的开放政策,与摩尔学院一起举办了多次讨论班和培训班,并把资料发给学术界。这对培养人才、促进计算机科学的发展起了积极作用。

第二,有了一台成功的系统大大激励了国内外计算机的研制。埃尼阿克诞生不久,美国和英国启动了多个计算机研制项目。这些项目的领头人都或多或少受到过埃尼阿克的影响。但他们的项目都不是复制埃尼阿克,而是观察分析了埃尼阿克的优缺点之后提出了新的设计思想。

第三,毛捷利和艾克特在 1946 年离开摩尔学院,创办了世界上第一个计算机公司,开始了计算机的产业化。到了 1950 年,好几个公司开始研制计算机。今天,计算机已经成长为年产值上万亿美元的大工业。

虽然 70 多年过去了,但是埃尼阿克的研制对今天的科研工作仍然具有深刻的启示。

对科研项目的决策者,最大的启示恐怕是要有魄力。要敢于冒险、不怕失败,同时决策要快。高科技意味着高风险。但敢不敢冒这个风险就成为衡量一个决策者是否有魄力、有远见卓识的试金石。

埃尼阿克项目的风险是非常大的。首先看人。两位主要的设计者都没有什么名气。36 岁的毛捷利不过是摩尔学院的一名讲师,物理学出身,从来没有过研制成功任何计算机的经验,哪怕是机械计算机或者模拟计算机。作为总工程师的艾克特才 24 岁,只是摩尔学院的一名模拟计算机操作人员,在职硕士研究生,成绩也不太优秀。

再看他们的技术方案。当时没有人相信任何人能够可靠地构造一个需要几千个真空管的系统。而且艾克特也说不清楚用什么技术方法保证可靠性。埃尼阿克的可靠性设计是项目已经批下来以后才完成的。

军方并不是闭着眼睛随便给出一大笔钱。哥德斯汀中尉与毛捷利和艾克特有多次深入的交谈，对他们的背景和经验有深刻的理解。不错，艾克特确实很年青。但他从小就爱造东西，有过很多成功的设计。由于参与过军方的雷达系统项目，他对真空管技术了如指掌。毛捷利的计算机背景不强，但他有很好的物理学和数学功底，自己也参加过模拟计算器的研究项目。特别是，这两位技术人员已经有几年时间在反复思考如何构造数字电子计算机，他们提出的让所有运算操作用电子速度执行的想法很有吸引力。

弹道实验室看准了这是一个大有前途的项目，于是在摩尔学院正式提出研究申请的当天就批准了埃尼阿克计划。

一旦做了决策就要克服困难，坚持把它搞成功。这是另一个启示。最大的困难是经费。初期是 10 万美元，很快就增加到 15 万美元。到了研制成功时，埃尼阿克项目已经花了 49 万美元。这些花销的成倍增加是当时技术人员没有意料到的。军方一直想尽办法保证经费，没有中途撤销项目。

项目成功完成后，如何推广成果？陆军采取了很开放的政策。陆军不仅出钱资助科研和开发，还全力支持系统的运行和维护，免费让军内外使用，免费培训用户，免费发放资料。而且，军方也不争计算机的发明权和知识产权。这些举措使得埃尼阿克的成果得以迅速推广。

埃尼阿克对技术人员有什么样的启示呢？

首先，要构造一个创新系统，必须要先明了根本的关键问题。艾克特在项目一开始就把计算速度和可靠性定为最关键的问题，其他问题要为它们让路。

第二，关键问题的解决，即核心技术的开发，要靠实干。不能指望项目一开始就对关键问题十分明了，对核心技术的思路非常清晰。任何创新的东西，在实现的初期都充满未知数，只能边干边解决。

第三，一旦有了核心技术，就要把它尽量运用在项目的全部过程。

最后，最重要的是要有技术人员的敬业精神和创造性，踏踏实实地苦干，不断克服困难。埃尼阿克是一个很难构造、很难使用，还经常出故障的系统。技术人员、用户和操作人员常常需要夜以继日地工作。

埃尼阿克的成功，得力于决策者的魄力和坚持，技术人员的苦干和聪明才智，以及信息的自由流通。

2. IBM S/360

1960 年，IBM 公司已成为计算机界的巨头。自 1950 年 IBM 公司开始研制和销售计算机以来，10 年间营业额猛增了 9 倍。已有数千套 IBM 计算机广泛应用在金融界、政府、国防和科研机构。这些月租金高达 2000 美元甚至 5 万美元的计算机为 IBM 公司带来了每年 20 亿美元的收入。公司已经成功地实现了从真空管技术向晶体管技术的过渡。股市上 IBM 公司是最优秀的股票之一。

IBM 的总裁小托马斯·华森（Thomas Watson Jr.）并没有感到多大的喜悦。

华森知道在这些表面繁荣下面的危险真相：就在计算机的市场需求日益增长时，IBM 公司却停滞不前。尽管公司营业额还在以 20% 的速率增长，利润额却不断下降，近年来一直在 10% 左右徘徊。营业额的增长也注定会减缓,因为竞争厂家正在不断推出性能价格比更好的计算机系统,夺走 IBM 公司的市场份额。

在 1960 年,IBM 公司的销售目录中共有八款晶体管计算机和一些真空管计算机,另外还有六款晶体管计算机正在开发中。这些计算机互不相干,它们使用不同的内部结构、处理器、程序设计软件和外围设备,功能和性能也不同。这不只是 IBM 公司一家的现象,而是 1960 年计算机界的普遍现象。

华森想起用户的抱怨。如果用户的业务发展了,势必需要换一台更强大的计算机。但这是件很麻烦的事,不仅需要更换计算机本身,还需要更换外围设备,重新编写程序。这既费时又费钱。很多用户对 IBM 公司强迫他们不断改写程序提出抗议,因为他们把时间都浪费在这些低水平的重复劳动上了。尤其麻烦的是,当时大部分应用程序都是用汇编语言写的,移植起来工作量很大。

更让用户愤怒的是,好不容易把程序移植到了一台更昂贵、速度快一倍的 IBM 计算机上,但实际速度并没有增加一倍,却只增加了 10%。用户的各种优化都不起作用。IBM 公司内部知道这是怎么一回事,因为技术人员还没有来得及将外围设备优化。匹配这种高速计算机,用户还必须再等上半年。

华森又想起生产部门的抱怨。由于这些不同的机型需要不同的零部件,生产人员不得不疲于奔命,制造很多种小批量的零部件产品。仅库存管理和质量控制就耗费了大量精力和成本。

技术人员的士气也受到影响。大部分工程师都在做低水平的重复劳动。例如,一台磁带机设计出来后,技术人员必须做大量改造工作。而这些改造工作没有任何创新或技术增值,只是要把同一台磁带机与各种机型匹配。再没有比低水平的重复劳动更能打击技术人员的了。

市场部门也在报警。这么多机型互相争夺市场,但在技术上又互不相容,很不利于 IBM 公司的统一的市场形象和市场推广工作。

IBM 公司有一流的销售队伍、一流的技术人员,为什么陷入了今天的危机?IBM 公司一直鼓励创新。为了促进新产品的开发,公司特意将计算机业务分成两个事业部,鼓励它们竞争。另外,IBM 公司还特意组建了分布在欧美的几个研究所和开发中心,其宗旨就是开发新技术和新产品。为什么并没有市场上能占绝对优势的产品出现?尤其危险的是,这样的产品 IBM 公司的规划中也还没有。

毫无疑问,公司的研究开发落后了。但这只是现象,根本的原因是什么?难道是公司的管理层迷失了方向,看不清远景?IBM 公司今后几年要做什么?

华森知道,IBM 公司的最大优势在于整体系统、全局优化的能力。公司在研究开发、生产、市场、销售各个方面都有丰富而杰出的人才和资源。只要管理层给员工指明正确的方向,并组织好核心队伍,IBM 公司常常能在全公司凝聚出巨大的能量,迅速推出主导市场的产品。这种全局优化的能力是其他厂家不具备的。但目前公司的部门各自为政,在与其他厂商竞争之外还要互相竞争。

什么是正确的业务方向呢?华森只有问题,没有答案。但他知道能找出答案的人。他找来负责开发和生产的副总裁文森·利尔森,命令他尽快找出答案。华森从市场部门知道,IBM 公司的现有产品还能在市场上挣扎两年左右,因此必须在两年之内推出增值很高的新产品,重振 IBM 雄风。他授权利尔森可以获取全公司的所有信息,动用全公司的所有资源。

华森当时肯定没有想到,他的决定对计算机界此后 50 多年的历史会产生革命性的影响,至今未衰。

利尔森受命后做的第一件事是全面调查 IBM 公司研究开发、生产和市场的现状。1961 年 5 月,调查结果回来了。

坏消息是,全公司所有部门正在开发的产品中,没有任何一个能解决华森的问题。

好消息是,有一部分技术人员,尤其是一些研究人员和大型计算机的开发骨干提出了一种"计算机家族"的概念,可以解决华森的问题。但是,这是一种全新的、革命性的概念,从来没有人尝试过。这些技术人员对计算机家族的可行性,心里完全没有底。但他们知道,要在 1962 年完成计算机家族的开发是不可能的,最起码也要到 1964 年。

利尔森采取了两个措施:第一,命令计算机事业部调整规划,将现有产品的销售寿命延长到 1964 年;第二,命令他的核心队伍将"计算机家族"的研究排在第一,优先进行。

到了 1961 年 10 月,他的核心队伍仍然对可行性没有一致意见,但认为可行的意见占了上风。利尔森感到必须采取更果断的措施。他从核心队伍中抽出 13 名研究人员、技术主管和市场主管,组成了一个特别工作组,限令他们在年底以前必须提出一个计算机家族的总体方案。为了让工作组全力投入,他把工作组全体人员集中到康涅狄格州的一个旅馆,不拿出方案就别回家。

1961 年 12 月 28 日,经过工作组两个月的紧张工作,一份题目很不起眼的文档《处理机产品——SPREAD 工作组的最后报告》诞生了。这也就是后来赫赫有名的 IBM S/360 计算机系统的总体方案。

工作组的成员后来领导了 S/360 系统的设计和工程实施工作。他们中的一些人对计算机技术后来的发展继续发挥重大的影响。工作组组长鲍伯·伊万斯(Bob Evans)后来成了 IBM 负责技术的副总裁。工作组成员金·阿姆达尔(Gene Amdahl)是计算机体系结构理论中"阿姆达尔定律"的发明者。工作组成员弗利德利克·布鲁克斯(Frederick Brooks)则发现了软件开发的"布鲁克斯定律"。

无论从哪个角度看,S/360 计算机的总体方案都是一个令人惊叹的作品。凡是要设计计算机硬件或软件的读者,尤其是需要撰写产品定义报告的技术或市场人员,都会从中受益。由于它对计算机发展的深远影响,这份文件已载入史册。感兴趣的读者可在《计算机历史年鉴》杂志(*IEEE Annals of the History of Computing*,1983,5(1))中查到。

该报告有如下特点:第一,文字和组织结构非常精炼、简洁,同时又很准确和全面,在 20 页的篇幅中包含了丰富的内容。不仅技术人员,而且管理人员和市场人员也很容易看懂。这份报告与我们现在常常看到的那种洋洋洒洒、废话连篇、漏洞百出的产品报告形成鲜明的对比。

第二,该报告是面向市场和技术创新的优美结合。它完成了四个目标:定义一个全新的计算机产品线;制定该产品线的设计、工程实施、程序设计工作中必须遵守的几十条规则；制订新产品的推出计划，尤其是推出时间；提出管理和监控机制，以保证方案的实施。

这种新计算机产品后来取名叫 IBM System/360（IBM S/360 系统）。之所以叫 360，有两种传说，都是指一代通用计算机。一种说法是该系统有 360 种用途；另一种说法是这个系统就像一个 360°的圆周，涵盖所有应用。以前的 IBM 计算机，一小部分机种支持科学计算类应用，大部分机种则专用于商业应用。而 S/360 的总体方案则指明要同时支持科学计算、商业应用和信息处理。IBM 公司的野心是用 S/360 取代市面上的所有计算机，包括 IBM 公司自己的八款系统。

除了通用性外，S/360 的最大特点是"计算机家族"概念。该家族所有的系统都有相同的计算机体系结构，即从汇编语言和外围设备的角度看，这些家族成员都是一样的，技术术语称其相互兼容。

兼容性意味着所有家族成员都有同样标准的指令系统、地址格式、数据格式和与外围设备的接口。这样，当用户从一台计算机升级或降级到另一台时，应用程序和外围设备不用做任何改动，运算环境完全一样，只是性能和价钱可能不同。IBM 公司的技术人员也用不着为每台机器开发专用的系统软件和外围设备。

为了适应不同用户的性能价格比需求，S/360 的第一批计算机产品推出了五档机器。它们的体系结构完全一样，只是性能上有较大差异，相邻两档机器的计算速度之差别约为 3~5 倍。用"A 是否大于 B"这种比较运算作为基准测试程序，则这五档机器的运算时间分别是 $200\mu s$、$75\mu s$、$25\mu s$、$5\mu s$ 和 $1\mu s$。也就是说，S/360 的运算速度最高可达每秒 100 万次。

总体方案的另一个特点是将体系结构的定义和实现分开，让技术人员以后有充分的创新空间，在设计和工程实施中发挥他们的聪明才智。工作组有意将规则分为三类。第一类是诸如地址格式和数据格式这样事关全局的重要内容，工作组做了强硬明确的规定。第二类是不必要在总体方案中细化的，工作组做了较笼统但可检查的规定。第三类是鼓励性规则，技术人员可以在一定条件下违反这些规定。例如，工作组希望所有产品都使用一种名为微程序的新技术，但如果技术人员能用别的方法实现同样功能，且能证明该方法比微程序的性能价格比高出 33% 以上，也可以不用微程序。

总体方案是如何鼓励创新的呢？

首先，工作组要解决的一个新问题，即"设计一代具有竞争力的计算机，改变目前多个互不兼容的产品线所带来的软件移植、市场、研究开发、生产、管理的杂乱和低效率状况"。

其次，工作组提出了通用性和计算机家族这两个革命性的概念，从根本上解决了不兼容的问题。

问题和概念的创新是 IBM S/360 的最大创新。

第三，工作组在做总体方案时有较长远的考虑，设计的产品要在九年后仍有竞争力。为此总体方案对 1962—1970 年九年间的市场情况和技术发展做了预测。

第四，工作组将"开发有竞争力的通用计算机家族"这个大问题分解成了若干关键难点。这些难点比大问题更具体、更易检查。而且，一旦所有这些难点都解决了，大问题也就解决了。总体方案列出了这些难点,但只给出了部分难点的解题思路,大部分留给了后续的细化阶段去解决。

第五,产品要面向长远市场需求,不仅是目前产品已经占据的市场的延续,更重要的是目前产品还没有占据的市场。例如,总体方案规定,直到 1970 年,IBM S/360 的销售额必须保持 20% 的年增长率,而且其中必须有来自新市场的收入。

市场需求不是用行业(如银行、保险、核能研究)来表述,而是翻译成计算机功能和性能的术语。例如,S/360 必须提供下面这些新功能:大内存、远程通信和处理、交互式模式、多用户环境。

IBM 公司的这种做法直至今天仍然值得我们参考:在定义产品时瞄准特定的市场需求;在定义技术规范时瞄准特定的技术难点;在发展理论和概念时追求清晰和美。尽管发展理论、概念、技术和产品的最终目标都是市场,但这种分层次的方法比起那种让所有层次都面向市场的简单方法更具体,更有效。

第六,产品的设计和实现尽量采用 IBM 公司的研究部门或外界研制成功的新技术,例如固体逻辑电路板(即将多个元件集成在一块电路板上)、中断、优先级、微程序等。S/360 项目本身也必然需要发明一些新技术。

第七,方案的实施需要管理机制的创新。工作组提出了一套详尽的管理和监控机制,让公司管理层和相关部门经理能定期监控项目在任务分割、设计、测试、生产和市场诸方面的进展。最重要的机制创新是设立一名"公司处理机控制"经理,以及他领导下的体系结构小组。该经理直接向公司管理委员会(相当于总裁办公会)负责,具有调动全公司资源和确定技术方向的极大权力。

第八,对产品的主要新概念,尤其是兼容性的概念,工作组列出了其在技术、销售、工程实施和市场方面的主要优点和缺点。对部分问题和缺点,还提出了克服的思路。但大部分缺点留待后续工作去细化解决。

1961 年 12 月 28 日,总体方案出台。1962 年 1 月初,华森和他的公司管理委员会迅速批准了这个方案并指示立即实施。

但是,S/360 的技术方案遭到 IBM 公司各部门的强烈而又持续的批评和反对。

反对得最厉害的是公司的战略发展部。他们认为计算机家族这个概念本身太冒险。根据 S/360 的方案,IBM 公司以后就只有一个计算机产品线了。计算机家族从来没有人做过,IBM 公司自己的研究部门也没有任何相关的原理样机,S/360 的总体方案中还有许多没有答案的问题。把公司的全部家当都赌在这个很不成熟的概念上,明智吗?只用一条产品线有两个致命的弱点:如果得不到用户和市场的接受,全公司的产品都完了;即使得到了用户的认可,竞争厂家只需要开发一个兼容计算机,就可以打击 IBM 公司全线的产品。

技术人员的批评主要集中在通用和兼容这两个概念的可行性上。工作组的用户调查显示,科学计算用户越来越需要原来是商用机特长的字符处理等功能,而商业用户也越来越需要科学计算机所专长的浮点运算等功能。这也是为什么他们提出 S/360 应该是一个通用系统,兼顾商业应用、科学计算和信息处理的原因。这样的系统显然更具有市场竞争力。但是,说起来容易做起来难。这种通用系统能被有效地实现吗?IBM 公司已有多年研制科学计算专用机和商业专用机的经验,这些系统是很不同的。现在要把它们硬捏在一起,开发出来的产品很可能对两类应用都不能有效地支持。

更具体一点讲,原来的 IBM 科学计算机用 36 位表示一个单精度数,72 位表示一个双精度数。而 S/360 用 8 位的字节作基本单元,4 个字节(即 32 位)表示一个单精度数,64 位表示双精度数,精度比原来的 72 位低。如果要达到原有的 36 位精度,必须用 64 位来表示。这样,当原来的程序移植到 S/360 上时,44% 的资源都浪费掉了。

IBM 公司在最初开发计算机产品时,请了著名计算机科学家冯·诺依曼作顾问。诺依曼的一个重要判断就是 20 000 个字的内存容量(约相当于今天的 80KB)对任何科学计算机都足够了。IBM 公司留了一些余量,20 世纪 50 年代的 IBM 计算机实际能支持 32 768 个字。但 IBM 公司后来发现,用户需要大得多的内存空间。金·阿姆道尔总结出一条经验:在设计计算机时唯一难以改正的错误是内存空间太小。因此,S/360 的总体方案做了一个大胆决策,将内存空间提高两个数量级,达到百万字的量级。要想象一下这个决定多么大胆,这相当于今天某个微机厂商宣布它的下一代产品将能支持 256GB 的内存。

但是,这种技术上的跨越意味着对原有的计算机体系结构必须做很大的改动。这么大的改动冒险性太大了。

销售和市场人员也反映了用户可能的批评。最严重的批评是很多用户不愿意为了 S/360 重新编写应用程序。问题的关键是,尽管 S/360 家族成员之间互相兼容,但 S/360 与 IBM 公司在市面上已经在销售的所有机型都不兼容。总体方案对这点已有很多考虑,也提出了销售和市场对策。例如,要告诉用户 S/360 提供了很多新功能,而要利用这些新功能用户需要用 S/360 的指令重新编程。这不是重复,而是创造新的价值。而且,一旦在 S/360 上实现,将来就不用再修改了。

总体方案的这些建议都是真诚的。事实上,S/360 的很多应用程序直到今天还一直被使用着。但在 1960 年初,用户并不太相信这些厂商描绘的美好前景。他们看到的是自己必须再投入金钱和时间移植程序:"我没有时间和资源来移植程序,我也不需要新的功能,我只要我的老程序在 IBM 的新机型上运行得更快!"

工作组意识到,总体方案是不能改的,但必须回应用户的要求,使现有程序能直接在 S/360 上运行。IBM 公司的技术人员试了三个方案。

第一个方案是自动翻译,即开发一个软件将老机型的程序自动翻译成 S/360 的指令代码。这项工作在技术上出乎意料地难。几个月后,IBM 公司的技术人员不得不降低要求,只做半自动翻译,用户必须不时介入以帮助翻译软件。半自动仍然很难实现,最后这条技术路线不得不被抛弃。

第二个方案是模拟,即在 S/360 上做一层模拟器软件,提供一个虚拟环境,与老机型一模一样。模拟器很快就开发成功了,但速度比 S/360 慢至少 10 倍。模拟的路子也走不通。

就在 IBM 公司集中资源紧张地开发 S/360 的时候,竞争厂商陆续推出了新产品,IBM 公司在市场上节节败退。1963 年,计算机市场增长了 30%,而 IBM 公司的市场仅增长了 7%。计算机事业部和销售人员频频告急,他们对 S/360 能否按时推出,推出以后能否说服用户将应用程序移植到 S/360 上越来越怀疑。最后,计算机事业部向公司总部建议,销量最大的低档系统应该自行发展,不遵循 S/360 的家族标准。

公司总部也有点动摇了。如果公司采纳了计算机事业部的建议,那对 S/360 将是一个沉重打击。一旦计算机事业部的低档计算机的新机型上市,S/360 的低档系统必须推迟甚至取消上市。而这将使 S/360 缺少销量最大的一档产品,进而提高其他 S/360 机型的成本和价格,降低它们的竞争力。

S/360 总体组找到了华森,指出计算机事业部建议开发的新计算机与竞争产品相比没有功能或性能上的优势,只能靠打价格战取胜,而这对公司是有害的。公司应该坚持 S/360 的路线。华森反驳说,即便 S/360 能按时上市,移植应用程序还要花相当长的时间,而竞争厂家则可以利用这段时间侵占 IBM 公司的市场。

幸好就在这个时候,IBM 公司的技术人员成功地验证了第三个方案。这个方案是仿真,即用微程序和其他方法在系统硬件层将 S/360 改造成与老机型一模一样,能用 S/360 的高速度执行老机型的指令代码。用户在购买 S/360 以后,如果想运行老机型上的程序,只需对 S/360 做一些简单配置则可。工作组对公司管理层的描述是:"这就像扳一个开关一样容易。"

华森在明了仿真的道理后,拒绝了计算机事业部的建议,并决定公司没有退路了,必须全力支持 S/360 的开发和生产。为了扭转市场的不利局面,公司决定尽早发布 S/360。

1964 年 4 月 7 日是计算机发展史上的一个里程碑:IBM 公司在全球宣布 S/360 新一代计算机家族研制成功,共有六档不同性能和价格的产品。

事实证明,IBM 公司内部的很多担忧是多余的。用户热情地拥抱了通用计算机家族的概念,订单滚滚而来。尽管订货至供货期长达 16~24 个月,大量订单仍然给 IBM 公司的生产线加上了巨大压力。1965 年,IBM 公司向用户发出了第一批数百台 S/360 计算机。

后来的事件证明,S/360 工作组的报告对未来的预测有很多"错误"。

总体报告是要定义一个九年后仍然有市场的产品线。事实是,近 40 年后,到了 2001 年,S/360 的后代 S/390(俗称 IBM 大型机)仍然在金融、保险等领域占有很大的市场。尽管很多人已多次预言大型机的终极,但近年来网络化和服务器再集中的趋势使得我们看不到大型机在近年内有消亡的迹象。可以说,S/360 是世界上寿命最长的计算机系统。如果在 2020 年时看到 S/390 的后代,作者一点也不会惊奇。

S/360 计算机的成功为 IBM 公司带来了巨大财富。市场对 S/360 的热情接受也带动了配套设备的销售。1966 年,IBM 公司卖出了 8000 多台 S/360 系统,超过了以前八种计算机销量的总和。全公司年收入达 40 亿美元,纯利 10 亿美元。1970 年,收入增到 83 亿美元。到了 1982 年,S/360 的后代的销售收入已占全公司的一半。据统计,至 20 世纪 80 年代末,S/360 及其后代为 IBM 公司带来了上千亿美元的销售收入。直到 2001 年,S/360 技术还在为 IBM 公司赚钱。

工作组的一个"失误"是 S/360 真正遇到了"致命弱点"(knockoff)。这是指一个产品的某种事实上存在的技术弱点,市场和销售人员很难反驳竞争厂家的攻击,容易由此失掉市场。S/360 的问题在于,由于它是一个采用同一种体系结构的计算机家族,一旦竞争厂家发现体系结构的一个致命弱点,就可以打击 IBM 公司的全线产品。

1964 年 8 月,S/360 遇到了它最担心的致命弱点。著名的麻省理工学院,一个 IBM 公司的老客户,认为 S/360 技术落后,决定不购买 S/360,转而购买竞争对手通用电气公司的计算机。第二年 11 月,另一个重要的客户,贝尔实验室,基于同样原因抛弃了多年购买 IBM 计算机的做法,转而购买通用电气的计算机。

问题是,在一个很重要的技术方面,IBM 公司的 S/360 确实落后:它的体系结构没有采用当时很先进的动态寻址技术。这个技术为什么重要呢?

在 S/360 的设计时期,计算机是很宝贵的东西,使用的方法也很特别。用户根本看不到计算机。用户先把自己的程序和数据交给计算机操作员,由他输入到计算机中去。然后,用户的"作业"排队等候。当其他用户的作业算完以后,这个作业在计算机里启动计算,然后操作员收集计算结果,再把它交给用户。这种运行方式称为批处理。

但是,麻省理工学院的教授们从 1961 年起就在倡导另一种模式,这种称为交互式处理或交互式计算的模式在今天已广为流传。我们上网时将我们的计算请求(如要浏览一个网页)直接提交给网站计算机,然后我们希望立即能看到结果,哪怕是部分结果。我们不希望把我们的请求排在一个队里,等网站服务器处理完其他几万个网民的请求后再来处理我们的请求。事实上,我们希望与其他几万个网民在几乎相同的时间内看到结果。

交互式计算需要我们共享计算机的资源,尤其是处理器的时间。处理器把时间分成很多几毫秒的区间,在不同区间处理不同用户的计算任务。这样,在一秒内可以"同时"处理几百个用户的计算任务。因此,时间共享(time sharing)技术是交互式计算的关键技术,而时间共享又需要计算机的体系结构支持动态寻址。

S/360 的总体工作组敏锐地意识到交互式处理的重要性,这也是他们在 S/360 的总体方案指明的未来市场的一个重要方向。他们知道动态寻址技术,没有采用它是经过仔细考虑的。动态寻址虽然先进但还很不成熟。另外,时间共享不仅需要改硬件,还有很多软件开发的工作。S/360 的主要目标是通用家族,不是交互式处理。S/360 的总体方案已经够冒险了,加上交互式处理这么重大的创新,恐怕很难保证项目的完成。

IBM 公司失掉麻省理工学院订单的另一个原因是,麻省理工的教授们希望参与设计,帮助 IBM S/360 的技术人员修改体系结构,以便加上动态寻址技术。这个要求 IBM 公司不能答应,因为他们不想再改动总体方案。

失掉麻省理工学院的订单不仅是很丢面子的事,而且预示着 IBM 公司将来很可能会丢掉交互式计算的一大块市场。但是,现有的总体方案又不能再改动。怎么办呢?

IBM 公司决定分两步走。第一,迅速开发并推出一档产品,在 S/360 的总体结构框架内实现时间共享,从而支持交互式计算。这不仅可以让用户知道 IBM 公司很看重时间共享市场,而且可以让 IBM 公司在这个产品的推出中学习并掌握时间共享技术。第二,研究动态寻址技术,争取在 S/360 的下一个版本中用上。

1965 年 8 月,IBM 公司公布了第一台时间共享产品,称为 S/360-167。一年后,系统推向市场。事实证明,IBM 公司的学习成本是相当高的。由于错误很多,S/360-167 刚推出时,这档产品只能用于科研和实验,不能用于生产。系统软件开发费用高达 5700 万美元。后来 S/360-167 系统逐渐完善,变成了商用产品,但销量很少。到了 1971 年底,IBM

公司共销售出 37 000 台 S/360 系统,其中 S/360-167 只有 66 台。整个 S/360-167 产品线共亏损 4900 万美元。

不过,这些学习的代价是值得的。IBM 公司迅速进入了时间共享市场。一直到 1972 年,IBM 公司是唯一有产品在时间共享市场上销售的厂家。另外,IBM 公司彻底掌握了时间共享技术。由于坚持不懈地研究开发并把产品推向市场,IBM 公司在时间共享方面越做越好。到了 1970 年,IBM 公司推出了 S/360 的后一代,即 S/370 系统。这个系统的体系结构扩展了 S/360,直接支持动态寻址和虚拟存储,从根本上解决了时间共享问题。此后许多年,S/370 和它的操作系统 MVS 与 VM 成了业界的榜样。

IBM 公司的对手通用电气却失败了。麻省理工学院的教授们老爱改动体系结构,做新的研究,结果通用电气的时间共享计算机老不能成为产品。通用电气最终不得不从市场上撤出。但是,通用电气、麻省理工学院以及贝尔实验室合作的研究项目却意义深远。它产生了操作系统中的许多新思想和先进技术,影响了后来著名的 UNIX 和 Linux 操作系统的发明。

IBM S/360 的研制经验给我们什么启示呢?

首先,以华森为首的 IBM 公司决策层富有远见,能在公司的兴旺外表下发现严重的问题,并且立即着手解决。其次,在各个环节中,公司能创造条件让明白人主导做事,即我们古人所说“用人不疑”。

IBM 公司决策层的最明显的特征和优点是坚韧。一旦决定要干一件事,就要排除一切干扰、克服一切困难把它做到底。S/360 的研究开发过程中,最大的干扰是来自各方面的强烈批评。一个创新事物是肯定会受到批评的,而且这些批评可能都有道理,但决不能摇摆而推翻原来的决定。华森的一句名言是:“决策要果断,错误的决策也比不决策好。”

S/360 的开发生产和市场化过程中遇到的最大困难就是经费。据报道,S/360 的花费达 50 亿美元之多,远远超出了预算,在当时是破天荒的数字。华森在董事会中竭力争取,并想办法在股市融资,保证了 S/360 项目的进展。

从技术上看,S/360 的开发有几个特点。第一,让真正的专家(来自研发、市场和管理)深入工作,制定总体规划,以后让同样这些专家主导项目按总体规划实施。第二,突出主要矛盾,即通用计算机家族,其他问题为它让路。第三,鼓励团队创新。工作组在问题、概念和体系结构等几个关键问题上做了重大创新,同时留出创新空间给工程实施人员。第四,创新太多会产生混乱,因此工作组把动态寻址这样重要的创新留给下一代系统实现。总体方案一旦决定,不论什么原因不再修改。

IBM S/360 的成功,来自于华森的远见和坚韧,技术人员的智慧和恒心,以及全体员工勤劳的汗水。

3. 第一台微机

爱德·罗伯兹(Ed Roberts)的梦想是做一名儿科医生。但是命运却让他加入了美国空军,做一名工程师。退伍后,他在新墨西哥州的阿伯克基市机场附近的荒漠上创办了一家称为米兹(MITS)的公司,生产各种电子部件和设备。公司有一段时间的经营还算顺利。当市场上的手持计算器卖到 395 美元时,米兹公司推出了不到 100 美元的同类产品。

但是不久之后,德州仪器等大公司迅速进入手持计算器的市场,产品价格大幅度下降,低到了米兹公司的成本价以下。米兹公司的其他产品销售情况也很糟。到了 1974 年,米兹公司已濒临破产边缘。

罗伯兹绞尽脑汁思考如何扭转公司的困境。他有了一个想法:能不能创造一种很便宜、能让个人使用的计算机呢?全国已经有很多计算机爱好者,他们都迫切希望自己能拥有一台计算机,供个人使用,就像很多人自制的无线电收音机一样。市面上现在还没有这样的东西。

带着这个想法,他去说服本地银行再给他的公司贷一笔款。米兹公司必须至少再贷将近 7 万美元才不致破产。银行对罗伯兹的想法很怀疑。双方一直谈到深夜。银行面临一个两难的选择:要么不再贷款给米兹公司,让它倒闭,银行以前的投资也就全完了;要么再放一笔贷款,但这笔新贷款很可能又会打水漂。最后,银行再次让罗伯兹确切告诉他们,这种个人计算机什么时候能开发出来,第一年能卖多少套。

罗伯兹对什么时候能做出来是有把握的,只要几个月的时间。能卖多少套他就完全没有谱了。于是他说了一个非常乐观的数字:第一年能卖 800 套,这样销售收入可以有 30 万美元。

拿到贷款后,米兹公司全力开发个人计算机产品。公司必须在最短时间内把产品开发出来并且卖出去,不然破产难以避免。为了缩短开发时间和降低成本,罗伯兹决定尽量采用现成的部件,做出来的产品不是一台现成的计算机,而是一套零部件,需要用户自己装配。所有并非必需的产品特征都被去掉了。米兹公司的微机只包括英特尔 8080 微处理器、存储器、最简单的输入/输出设备(一排开关和一排发光二极管灯)、总线、主板和机箱。产品根本没有今天的微机不可或缺的键盘、鼠标、显示器等设备。产品也没有软件,所有软件(包括系统软件)都需要用户用设置开关的方式一条指令一条指令地手工输入计算机。

不管多么简陋,这毕竟是世界上的第一台个人计算机,又称微机。米兹公司的微机产品有两个在当时无可比拟的优点。它很便宜,售价只有不到 500 美元,而当时一些大公司的实验室也做了类似微机的系统,成本在 5 万美元左右。另外,米兹的微机设计具有可扩展能力。用户可以将米兹公司的微机买回来后,自己再想法配上更多的内存板子和外围设备。有一个用户花了近 500 美元买了一台微机,再花了 3000 美元把内存扩展到 12KB。

《电子科普》(*Popular Electronics*)杂志听到这个消息后,敏锐地感觉到这是一个历史性的事件,马上决定在 1975 年 1 月期作为封面文章报道。但这个个人计算机产品却连名字都还没有。罗伯兹在杂志的责任编辑家里讨论了各种名字。刚好,编辑的家人正在看《星际旅行》的电视节目。那一节刚好讲到了牵牛星座。于是,世界上第一台微机就被命名为"牵牛星",全称是"牵牛星 8800(Altair 8800)"。

罗伯兹做梦也没想到的是,全美有这么多的计算机爱好者,人人都想拥有一台微机。《电子科普》杂志的报道发表后一个月,米兹公司每天都要收到 200 多台"牵牛星"计算机的订单。生产线根本来不及满足销售需求。有些用户干脆住到公司外面的荒漠上,等着自己的微机生产出来。大多数用户只是购买基本系统,也有用户愿意出 495 美元让米兹公司生产一台已经装配好的系统。

罗伯兹后来离开了计算机界。他回到佐治亚州的老家,获得了医学博士学位,为儿童治病。他为自己创造了计算机领域的一个革命而自豪,但一点也不后悔放弃计算机业,放弃了成为大富翁的机会。他觉得为儿童治病更有意义。

罗伯兹是个很幸福的人,他实现了儿时的梦想。

4. 微软

1975 年初,在波士顿的剑桥地区有两个小伙子看到《电子科普》杂志封面关于"牵牛星"计算机的报道。他们中年纪大一点的一位叫保罗·艾伦(Paul Allen),是好利威尔公司的一名初级编程人员。另一位叫比尔·盖茨(Bill Gates),在哈佛大学念一年级。

艾伦在哈佛广场的报摊上看到了《电子科普》。他马上发现"牵牛星"计算机是他和盖茨想象了多年的东西。他立即找到了盖茨。两人都觉得这是一个千载难逢的机会。这两个朋友都坚信微机会成为一个大产业。任何计算机都需要软件,而"牵牛星"计算机却完全没有软件。如果艾伦和盖茨能够为它提供核心软件,就意味着他们将能影响整个微机产业。当时最重要的软件就是程序设计语言 BASIC。

他们决定马上行动。两人商量好由艾伦给米兹公司的罗伯兹打电话,宣称他们能够为"牵牛星"计算机提供 BASIC 软件。这个软件是专门为牵牛星这样的微机设计的,已经差不多完成了。他们想到米兹公司来做演示。

事实上,艾伦和盖茨还根本没有这个软件,连一行程序也没有。不过,他们有在其他计算机上开发 BASIC 的经验。他们也没"牵牛星"计算机。于是两人在哈佛大学的一台叫作 PDP10 的小型计算机上开发了一个"牵牛星"计算机的模拟程序。在随后的一个多月中,两人通宵达旦地工作,终于在模拟机上完成了 BASIC 语言的解释器软件。

BASIC 是一个当时最容易使用的计算机语言。它是 20 世纪 60 年代由达特茅斯学院的两名教授约翰·克梅尼(John Kemeny)和托马斯·克尔茨(Thomas Kurtz)发明的。这两位学者的初衷是普及计算机的使用,BASIC(beginner's all-purpose symbolic instruction code)是指初学者的通用符号指令码。他们把自己的发明公之于众,任何人都可以免费自由地使用。

有了 BASIC,用户可以用一种方便得多的方式为"牵牛星"计算机编写应用程序。但是,要把 BASIC 在"牵牛星"计算机上用起来,必须先有一个称为"解释器"的软件,它把 BASIC 程序一条一条地解释成"牵牛星"计算机能够懂得的机器代码。大型机和小型机都有 BASIC 的解释器,但微机还没有。一个关键的问题是"牵牛星"计算机在推出时只有 256 字节的内存(后来增加到 4KB),此外没有其他存储装置。因此,BASIC 的解释器必须足够小巧,只用 4KB 的内存就能执行。艾伦和盖茨的重要贡献就是他们编写了一个内存空间效率很高的 BASIC 解释器。

由于没有钱买两张机票,两个朋友决定只派艾伦一人去阿伯克基演示。两个人都很紧张,因为他们的程序从来没有在真正的"牵牛星"计算机上运行过。他们甚至不知道程序能不能够成功地启动。结果一切正常。这份在一个模拟机上开发的软件第一次安装就运行成功,做了几个简单的演示。程序不仅正常工作,而且速度也很快。罗伯兹很满意,当即决定与艾伦和盖茨签约开发米兹公司 BASIC 的正式版本。

于是,盖茨从哈佛退学,艾伦辞去了工作。两个人来到阿伯克基,在米兹公司对面的汽车旅馆租了一间屋子。那个地方环境很差,但盖茨和艾伦无视这些环境,专心开发米兹 BASIC 软件。他们关心的是离自己的唯一顾客很近。

不久,盖茨和艾伦在阿伯克基创建了一个名为微软的小公司。公司虽小,野心却很大。微软的宗旨是:"美国的每张办公桌和每个家庭都有一台微机,每台微机上都运行微软公司的软件。"除了这两个朋友,没有人知道在短短的 20 年后,微软会垄断微机的软件,比尔·盖茨会成为世界首富。

5. 苹果微机

另一群计算机爱好者集中在硅谷。他们成立了一个"家制计算机俱乐部"(Home Brew Computer Club),每周三晚上在斯坦福线性加速器中心的报告厅聚会。他们的一个主要目的是为"牵牛星"计算机找到应用。驱动这些爱好者的完全是兴趣,是同行的赞扬,而不是金钱。

"嗨,伙计们!我刚刚发明了这个玩意儿,它可以让牵牛星哼曲子。这不是很妙吗?它是这样做的……"

家制计算机俱乐部的经常参加者中有一对朋友。他们的名字叫史迪夫·乔布斯(Steve Jobs)和史迪夫·沃兹尼亚克(Steve Wozniak),但所有人都叫他沃兹(Woz)。

受俱乐部创新氛围的激励,这两个朋友发明了第一个设备,其目的完全是为了好玩。他们想到电话完全是靠听声音,即不同的"嘟"声来控制。如果能够发现美国电话与电报公司(AT&T)是如何用这些脉冲来控制线路,就可以免费在全世界范围内打长途电话。两位朋友在斯坦福的图书馆里,找到了一本 AT&T 的技术杂志,上面详细讲述了电话线路的工作原理。他们根据这些原理建造了一个"蓝盒子"设备来发出这些脉冲。把蓝盒子连到电话机上,他们让伙伴们任意打长途电话。有一次沃兹冒充基辛格打电话给罗马教皇,结果梵蒂冈的值班人员叫醒了红衣主教。这位主教认识基辛格,把戏才被戳穿。尽管这只是一个游戏,但它给乔布斯上了重要的一课。使用高科技,一两个人就能够影响甚至控制几十亿美元的大项目。

沃兹实际上是个很腼腆的人。他在俱乐部从来不敢做任何讲演或提问,他更情愿回答人们的技术问题。他的人生理想是当一名小学老师。乔布斯则是一个梦想家。他敏锐地觉察到,世界上还有更多的计算机爱好者。家制计算机俱乐部的参与者主要都是硬件爱好者,他们喜欢玩牵牛星这样的很初级的需要装配、需要添加硬件设备的计算机。但相对于每一个硬件爱好者,世界上还有 1000 个软件爱好者。他们需要的计算机是一个完整的系统,可以直接用来编软件。

于是,乔布斯和沃兹开始创造这样的微机。他们把自己的计算机取名叫"苹果"(Apple)。过一段时间,沃兹就会把半成型的苹果机搬到俱乐部来给大家看,听各种意见和建议。渐渐地,苹果机的功能越来越全。

沃兹只想用更"酷"的方法研制计算机，以博得同行的承认。与沃兹不同，乔布斯觉得计算机的生命在市场。1976 年，沃兹与他一起把苹果机变成产品。两人卖掉了自己的计算器和一辆旧汽车，在乔布斯家的车库里开始生产苹果一型微机。这个微机售价666 美元，一共售出了 175 台。

尽管销售量很小，乔布斯却看到了潜在的巨大市场。乔布斯想把事业做大，做到每个月卖 1000 台。但这需要生产线，需要更多的资金和人员的投入。他在硅谷找了好几家公司投资，包括惠普公司和英特尔公司，可是没有人感兴趣。这些公司对两个毛头小伙子的东西并没有认真考虑，他们认为苹果计算机给计算机爱好者玩一玩还可以，但不实用、没有市场。而且，他们也不认为苹果机经过认真的工程设计。

乔布斯和沃兹并没有气馁。沃兹开始设计苹果的第二代机型，乔布斯则继续寻求投资者。

沃兹设计的苹果二型微机有几个要求。第一，它必须是一台一般家庭可用的机器，不需要懂计算机硬件的人自己装配。为了达到这个目的，苹果二型是一台装配好了的系统，包含处理器、内存、软盘驱动器、键盘、扬声器、彩色显示电路、电源等，全部集成在一个主机系统里，用户只需连上一台彩色显示器或者电视机就可以开始工作。沃兹还自己开发了 BASIC 语言的解释器，这样用户有一个基本的软件为苹果二型计算机编制应用程序。第二，它必须有较低的成本，这样一般家庭用户也买得起。沃兹动了很多脑筋降低部件的成本。他花了很多时间发明新的设计，可以用较少的芯片实现同样的功能。有些电路，例如软盘驱动电路，只用了其他设计的四分之一的芯片。第三，它的功能必须能够扩展，允许用户或者是其他厂家加上其他辅助电路，例如内存扩展卡、打印机卡等。沃兹设计了一种标准的称为总线的电路，并把它向厂家和用户公开，这样其他厂家可以很方便地为苹果机设计和生产辅助电路。沃兹尽量换一个角度看问题，从来不会不加思考地使用现成的方法。结果是，苹果二型在技术上非常优越。

在碰了无数次壁之后，乔布斯终于找到了一位三十几岁的投资者。此人原来是英特尔公司的市场主管，叫马库拉（A. C. Markula）。英特尔公司上市之后，马库拉的股票赚了一笔钱，于是他从英特尔公司退休，计划与家人多聚一些时间。但是，马库拉很快就被乔布斯说动，因为他不但看得到乔布斯所描绘的市场远景，而且很能与沃兹沟通，了解他的技术才能。

马库拉同意投资 9 万美元，参与创业，占公司三分之一的股份。他负责为公司融资数十万美元，帮助乔布斯撰写商业计划书，以及负责公司的市场运作。1977 年初，苹果计算机公司（Apple Computer）正式注册成立。乔布斯和沃兹也从家里的车库搬到了公司的办公室。

1977 年 4 月，苹果二型微机参加了西海岸计算机大展。乔布斯费尽周折争得了最大最显眼的展位，就在展厅入口处。结果，苹果二型微机大获成功。一万多名热情的注册观众参加了展览会，每个人都看到了苹果二型微机。

尽管宣传很成功，苹果二型微机的销售情况却并不理想。到了 1978 年初，苹果公司一年的销售收入总共为 200 万美元。公司已经开始赢利，但是并没有实现乔布斯每月卖1000 套计算机的设想。一个重要原因是价格过高，一台基本配置的苹果二型微机要卖

1300 美元,加上彩色显示器等的全套系统售价近 3000 美元,难以为一般家庭接受。另一个原因是应用很少,尤其缺少一个"撒手锏应用"(killer application),即以前没有的、能明显提高生产力或改善人们生活的应用。

乔布斯并不知道,另外一个人正在编写一个撒手锏应用,一年后会大大促进苹果机的销售。

6. 微机的"撒手锏应用"

丹·布瑞克林(Dan Bricklin)原来是一个计算机爱好者、程序设计员。据说他发觉编程工作太容易了,以后世界上再也不会需要专职程序员,他的工作生涯将成为问题。于是,26 岁的布瑞克林在 1977 年考入了哈佛大学学商业。

在哈佛商学院的课堂上,布瑞克林发现讲解"生产论""会计学"和"金融论"的教授们常常要在黑板上计算很多商业问题,有时候要写满几大黑板。尤其麻烦的是,改动一个数据常常需要随之改动其他相关数据。这不仅耗时,而且容易出错。

布瑞克林觉得这些工作交给计算机做是最合适的。他打算参照老师的计算设计一个通用的微型计算机程序,把数据像在黑板上一样,在计算机屏幕上用一些行和列表示出来。一旦操作者输入原始数据后,计算机就可以进行必要的辅助计算。如果某个单元的值改变了,计算机会自动重新计算相关数据。

他把自己的想法告诉了教授们。生产论和会计学的教授大力支持他,但金融论的教授却告诉他,大型计算机上已经有比这功能更强的软件了,没有必要在微机上再做一个软件。教授相信,金融界或公司管理人员不会用微机来做商业计算。

布瑞克林决定先开发一个样品软件。他紧张地工作了一个周末,用 BASIC 语言写出了一个很初级的软件。尽管软件的速度很慢,功能也很不全,但它展示了布瑞克林心目中产品的所有基本原理。

第一,这个软件的对象是商业人员,他们可能不会编计算机程序。因此软件的使用必须简单易懂,用户只需要输入数据和告诉计算机哪些单元之间有什么关系(例如,单元 A3 是单元 B3 和 C3 的和)。第二,软件的用户界面符合"最少信息原理",即只让用户输入最少量的数据,相关数据尽量让计算机自动计算。例如,用户只输入 B3 和 C3 的值,计算机会自动将 B3+C3 赋值给 A3。第三,用户界面很像黑板上的行和列,而且会静止地固定在那儿。只有当用户改变了数据的值,或输入了新的数据时整个表格才发生变化。这种技术称为事件驱动,即用户的操作事件驱动表格状态的变化。这种技术让用户感觉到,他完全、立即地控制了表格。

从实际样品,布瑞克林知道这个软件会很有用。他下决心把它开发出来。

布瑞克林把自己的自动表格软件命名为 VisiCalc,鼓动他的朋友鲍勃·弗兰克斯顿(Bob Frankston)和他一起成立一个公司,开发出 VisiCalc 的软件产品。他们商量好,布瑞克林继续在哈佛商学院念书,同时负责 VisiCalc 产品的定义和设计。而已经有十多年的编程经验弗兰克斯顿,则全力以赴编写程序。两人计划在一个月内完成产品。同时,他们找到了另外一个叫菲尔斯特拉的朋友给他们推销产品。

那时,菲尔斯特拉成立了一个公司,从自己家里卖软件,主要是计算机下棋软件。由于以前还没有零售商务软件的先例,菲尔斯特拉就找了一个最接近的范例,即图书出版业。比照出版业的模式,布瑞克林和弗兰克斯顿的公司负责开发软件,而菲尔斯特拉的公司负责出版,包括软件产品的生产、发行、市场、推销等。对计算机软件来说,这些"出版"工作包括将软件复制到软盘上、负责印刷用户手册、打广告、扩展零售和批发销售的渠道,等等。双方约定,菲尔斯特拉的"出版"公司对零售出的软件收 37.5% 的费用,而批发出的软件则收批发价的 50%。

布瑞克林和弗兰克斯顿远远低估了开发时间。计划一个月,实际上用了近一年才把产品开发出来。1979 年 10 月,VisiCalc 正式面市,但产品的销售并不好。原来他们的产品目标市场是中小企业和个人,但这些用户群体并不太愿意花 100 美元来买他们的软件。另外,VisiCalc 是专为苹果二型计算机开发的。用户要使用这个软件必须花 3000 美元购买一台苹果机。当时,苹果机的销售也不太好。

尽管如此,苹果公司负责中小企业的主管还是看准了 VisiCalc 是一个杀手锏软件。他与菲尔斯特拉谈判后商定,苹果公司以 100 万美元的价格买断 VisiCalc。但是苹果公司总裁乔布斯觉得价钱太高。这笔生意没有做成。

到了 1980 年,一件大大出乎乔布斯和布瑞克林意料的事件发生了。大型企业开始大规模使用 VisiCalc 和苹果二型计算机。这些大型企业的财务人员和管理人员日常需要处理很多表格。他们不愿意排队共享使用公司的大型机,宁愿用微机处理,这样既快又方便。很多公司的管理层都不愿意出钱买微机,这些部门经理们就从自己掌握的经费中挤钱出来购买苹果机和 VisiCalc。

VisiCalc 和苹果计算机的销售额直线上升。到 1981 年,VisiCalc 一年卖出了 15 万套,每套都需要一台苹果机。苹果公司全年销售出 30 万台苹果二型计算机。这远远超出了乔布斯所定的"每月卖出 1000 台"的目标。苹果公司已经来不及生产这么多机器供应市场。很多用户在苹果公司门外排队等候。

乔布斯后来主管苹果公司业务的实践中,不断提出富有远见的创新思想(iPod、iPhone 等)。2011 年 10 月 5 日,乔布斯因患胰腺癌病逝,享年 56 岁。沃兹早已从苹果计算机公司退休。他实现了儿时的理想,把大部分精力花在教育小学儿童如何使用计算机技术。苹果公司最先在微机业界使用视窗系统,对后来微软公司的视窗(Windows)操作系统有很大影响。

VisiCalc 则成了表格计算的祖先。后来市面上许多的同类软件,如莲花公司的 Lotus1-2-3 和微软的 Excel,都来源于 VisiCalc。

7. IBM 微机

1980 年,世界微机市场已达到了 10 亿美元的销售额。这个市场让计算机巨人 IBM 公司动心了。最高管理层决定在一年之内推出 IBM 公司的微机产品,成本在 1000 美元之下。

微机部门的负责人比尔 · 罗(Bill Lowe)和唐 · 艾史翠基(Don Estridge)却知道,按照 IBM 公司的传统,这是办不到的。

IBM 公司的传统之一是尽量自行研制所有的部件和系统,从处理器、内存芯片、主机电路板到系统软件。这些东西的任何一项都很难在一年之内完成,更不用说全部都自行研制了。IBM 公司的第二个传统是严格的质量管理和企业管理。这些管理文化虽然保证了 IBM 公司产品优越的质量,但也带来了很多时间成本。有人估计,在 IBM 公司,生产一个空盒子也要 9 个月的时间。

既然传统的方式做不到,唯一的办法是打破传统。

罗和艾史翠基决定 IBM 微机要大量采用商品化部件,其中很多是别的公司提供的。他们有四个重要技术问题需要决策。

第一,选用什么样的处理器芯片?

IBM 公司自己的处理器都是为大型机或中、小型机设计的,不适合用作微机的处理器。在外面的厂商中,最合适的处理器有两个。一个是英特尔公司的 8086 芯片,另一个是摩托罗拉公司的 68000 芯片。摩托罗拉公司的芯片技术上更先进,而且编写程序也更方便。但是,英特尔公司与 IBM 公司有多年的合作关系。而且,英特尔公司的芯片已经有很多外围辅助芯片(俗称套片)。特别是,尽管 8086 和 68000 内部都是 16 位的芯片,英特尔公司的 8086 芯片还有一档功能较低的变种,称为 8088,它的外部数据线只有 8 位。这样,IBM 公司在主机板上只需要提供 8 根数据线,可以降低成本。于是,IBM 公司选择了英特尔 8088 作为处理器芯片。

第二,选用什么样的主机板?

当时的微机厂商(如苹果公司)都自行开发主机板。IBM 公司也决定自己开发主机板。特别关键的是,IBM 公司受 1956 年与美国政府达成的反垄断协议的限制,必须公开所有技术规范,让其他厂家能为 IBM 系统生产配件。IBM 公司于是设计了一个简单的主机板,将处理器和内存芯片以及其他必要的套片集成在主板上,同时制定了一个通用开放的总线标准,让其他厂家能够把各种电路板插在上面,扩展系统的功能。为了方便扩展,IBM 微机的主机板上提供了很多扩展槽。

IBM 公司的这个决定不仅满足了反垄断协议的要求,对 IBM 公司也有很多好处。通过简单但可扩展的主机板设计,IBM 公司可以降低成本,把最小配置的微机成本降到 1000 美元以下。让其他公司开发扩展板,免去了 IBM 公司必须开发这些功能电路的压力,能够保证把开发时间控制在一年内。另外,IBM 公司制定了主机板总线的标准,其他厂商都得按这个标准行事,这样 IBM 公司依然掌握着主机板的核心技术。

第三,采用什么样的操作系统?

这是微机的一个关键问题。IBM 公司没有适合于微机的操作系统,必须在市面上找一个其他厂家的稳定产品。IBM 公司不会去找苹果公司,因为 IBM 公司的微机要与苹果机竞争。除了苹果系统之外,当时最流行的微机操作系统叫 CP/M,它刚好能支持英特尔的 8088 芯片。

但是阴错阳差,IBM 公司未能就使用 CP/M 与它的拥有者加瑞·基尔道尔(Gary Kildall)达成协议。这时,比尔·盖茨告诉 IBM 公司,微软公司能够提供 IBM 公司微机的操作系统。事实上,微软当时是做 BASIC 等计算机语言软件的,自己并没有操作系统。但是,保罗·艾伦认识一个工程师,叫蒂姆·帕特森(Tim Paterson),他开发了一个名为 Q-DOS 的操作系统,与 CP/M 很相像。微软花了 7 万多美元将 Q-DOS 买断,重新命名为 MS-DOS。这也就是微软公司给 IBM 公司看的东西。

IBM 与微软签署了一个对后者极为有利的协议：微软为 IBM 微机开发基于 MS-DOS 的操作系统，IBM 卖出微机时将它改名为 PC-DOS，每销出一套系统付给微软 50 美元的版税。同时，微软继续拥有 MS-DOS 的产权和后续开发权，它可以把 MS-DOS 卖给其他厂商。

第四，采用什么样的底层软件？

在微机的硬件和操作系统之间还有一个很小的系统软件，它通常放在只读存储器（ROM）里面，IBM 公司称之为 BIOS。这个软件虽小，却是计算机最核心的程序。它是计算机开机后自动执行的第一个软件，其功能包括对系统做诊断检查、判断系统装了哪些硬件设备、决定安装什么样的操作系统等。IBM 公司决定这个软件要自己做，以便掌握最核心的技术。IBM 公司把这个软件固化在一个只读存储器芯片里，称为 ROM-BIOS 芯片。

1981 年 8 月，IBM 公司推出了 IBM 个人计算机（IBM PC），立即获得了巨大的市场成功。IBM 公司内部估计三年内能卖出 50 万台，但事实上，到了 1984 年，IBM 公司卖出了 200 多万台微机。IBM PC 成了业界的标准，占据了 50% 以上的微机市场，苹果公司退居第二，仅占据了 20% 左右的市场。

其他公司也纷纷推出自己的微机，但它们与 IBM 的微机或者苹果微机都不兼容，又没有技术上或价格上的优势。结果，这些公司的微机产品线迅速消失了。

8. IBM 兼容机

有一些公司在想另一个主意。微机的市场还会大大地扩展，能不能生产一种和 IBM 微机完全兼容的产品，以更高的效率和低廉的价格从 IBM 公司手中夺走市场呢？康柏公司（Compaq）就是这些后来被称为"IBM 兼容机"厂商中的一个。

从技术上看，这样是行得通的。处理器芯片可以从英特尔公司购买；操作系统可以用微软的 MS-DOS；主机板可以自己制造，因为 IBM 公司的设计规范完全是公开的。唯一的技术障碍是 ROM-BIOS 芯片，这是 IBM 公司专有的。IBM 公司已经申请了版权，不准他人复制。

为了与 IBM 微机完全兼容（100% 兼容），又不侵犯 IBM 公司的版权，康柏公司采用了"清洁室"和"反向工程"的办法。康柏公司雇用了一批完全没有看过 ROM-BIOS 内容的工程师，把他们关到一个屋子里做开发。这些工程师可以知道 ROM-BIOS 从外部看到的功能，然后自己开发出一套有自主版权的 ROM-BIOS，提供与 IBM 芯片一模一样的功能。

IBM 公司知道别人在做兼容机，但他们不怕，因为他们觉得其他厂商购买部件的价格肯定比 IBM 公司更高。因此他们推断，兼容机的价格不可能低到足以和 IBM 公司竞争，除非不想赢利。

IBM 公司错了。康柏公司虽是一家小公司，但远比 IBM 公司灵活而且效率更高。其结果是一台康柏微机的价格可以比 IBM 公司的低 800 美元，而且还有钱赚。康柏公司在市场战略上采取了全部分销而不直销的办法，给分销商的折扣高达 36%，并保证供货。

这些对分销商很有吸引力,因为每一件都比 IBM 公司的条件有利:IBM 微机除了分销外还有三分之一直销大客户;IBM 公司给分销商的折扣最多 33％;IBM 公司的系统经常缺货。结果,很多分销商都愿意销售康柏公司的微机产品。

康柏微机第一年上市,就售出了 4 万多台,销售额超过 1 亿美元,创造了企业第一年销售额的世界纪录。

9. 无跳线主板与联想

IBM 微机的开放结构吸引了很多厂商围绕它开发各种零部件。这些众多零部件尽管都与一个体系结构兼容,但有很多参数可变,例如处理器芯片的时钟频率、内存条的大小、硬盘的转速等。这些可变的参数给主机板的生产厂家带来了很大麻烦。任何主机板厂家都希望自己的产品能够支持尽可能多的零部件,这样销路更广。

但是,怎么样告诉主机板是哪种零件插在主机板上面呢?厂家们采用了一种技术,叫跳线。例如,如果处理器芯片是 100MHz,就用一根线把 A 点和 B 点连起来;如果频率是 75MHz,就连接 C 点和 D 点。微机的整机厂商选择好主机板和所有零部件以后,只需要把零部件装配在主机板上,再按照零部件的参数和主机板的说明书把跳线连好,微机就可以正常工作了。

问题是,主机板上的跳线越来越多,到了 1995 年,已经超过 30 多个。这么多的跳线不仅增大了生产成本,而且会影响质量。只要有一根跳线忘了连,整个系统就不会正常工作。

1995 年 10 月,联想集团的贺志强在从美国回中国的飞机上第一次想到解决跳线问题。那个时候,贺志强在负责联想主机板的设计和生产。他这次在美国客户那里遇到的问题就是对跳线的抱怨。

联想主机板的销售量已超过了 100 万块,客户主要是美国等地的微机厂家。这些客户抱怨联想主板跳线太多,增加了生产成本,故障率也大大增加,高达 20％。这些故障并不是主板出了错,而是微机厂家在生产时没有把跳线连好。客户一再问道,联想有没有在想办法解决跳线的问题?还有客户指出,联想的竞争厂家推出了一些新的技术,例如用开关而不是跳线,方便多了。

贺志强知道必须解决跳线问题,但他也知道所有主机板厂家都受英特尔公司的影响,有说不出的苦衷。那时正值英特尔公司芯片从 486 向奔腾过渡的时期,英特尔公司推出了种类繁多的微机芯片。为了支持它们,主机板厂家不得不增设很多跳线。

客户的抱怨必须解决,联想不能把困难转移给客户。但怎样解决呢?难道学习其他厂家用 30 多个开关取代 30 多根跳线吗?这并不是很好的解决方法。

贺志强突然想到,难道一定要有跳线吗?能不能使用一种自动的电路来完成跳线的功能?这个电路在主机板开电的刹那间先测试出处理器芯片的类别和物理参数,然后根据这些参数重构主机板的相关电路。这样,就可以有一种无跳线主机板。

回到中国后,贺志强马上召集技术人员,布置研制无跳线主机板。但是,他的想法遭到了技术人员的反对,认为不可能实现。要测试一块芯片获得参数,这块芯片必须已经上了电在正常运行。而要运行,又必须正确地在电路板上设好了各种参数。这是一个死循环。贺志强坚信自己的思路是对的,不断说服和督促技术人员,但直到两个月后,项目才正式启动。

　　事实证明贺志强是正确的。仅仅 4 个月后,联想的技术人员克服了重重困难,把不可能变成了现实。1996 年 4 月,联想研制成功世界上第一套无跳线主机板产品。这款名为 SpeedEasy 的主机板在市场上大获成功,联想主机板的销售量 1995 年的从 120 万块猛增到 1996 年的 250 万块。

　　到了 2000 年,世界上每年生产 1 亿多台微机,绝大部件采用了无跳线主板技术。贺志强担任着联想研究院院长的职务,领导着联想的研究开发工作。

　　今天,联想计算机已成为全球市场销售额最大的微机品牌(见表 5.5)。贺志强同时担任中国科学院计算技术研究所的博士生导师。他最感兴趣的一个研究课题是如何利用云计算技术和大数据技术,采集并分析上亿联想计算机运行时的行为数据,从而提升联想计算机的用户体验。

表 5.5　2014 年全球微机厂商市场份额分布

厂商	2014 年		2013 年		2013—2014 年 增长率/%
	销售台数/千台	市场份额/%	销售台数/千台	市场份额/%	
联想	59 233	19.19	53 804	17.07	10.1
惠普	56 849	18.42	52 188	16.56	8.9
戴尔	41 665	13.50	37 787	11.99	10.3
宏碁	24 104	7.81	24 508	7.78	−1.6
苹果	19 822	6.42	17 132	5.44	15.7
其他	106 952	34.65	129 702	41.16	−17.5
总计	308 625	100.0	315 121	100.0	−2.1

数据来源:IDC 2015。

5.3.3　计算机软件

　　计算机软件是人们为了告诉计算机要做什么事而编写的计算机能够理解的一串指令,有时也称代码、程序。

　　根据功能的不同,计算机软件可以粗略地分成四个层次。最贴近计算机硬件的是一些小巧的软件。它们实现一些最基本的功能,通常"固化"在只读存储器芯片中,因此称为**固件**。**系统软件**包括操作系统和编译器软件等。系统软件和硬件一起提供一个"平台"。它们管理和优化计算机硬件资源的使用。常见的**中间件**包括数据库和万维网服务器等,它们在应用软件和平台之间建立一种桥梁。**应用软件**种类最多,包括办公软件、电子商务软件、通信软件、行业软件、游戏软件等。

　　计算机软件都是用各种计算机语言(也称程序设计语言)编写的。最底层的称为**机**

器语言，它由一些 0 和 1 组成，可以被某种计算机直接理解，但人就很难理解。上面一层称为**汇编语言**，它只能由某种计算机的汇编器软件翻译成机器语言程序才能执行。人能够勉强理解汇编语言。人常用的语言是更上一层的**高级语言**，例如 C、Java、Python、Go、Fortran。这些语言编写的程序一般都能在多种计算机上运行，但必须先由一个称为**编译器**或者是**解释器**的软件将高级语言程序翻译成特定的机器语言程序。编写计算机软件的人员称为程序设计员、程序员、编程人员。

由于机器语言程序是由一些 0 和 1 组成的，它又被称为二进制代码。汇编语言和高级语言程序也被称为**源码**。在实际工作中，一般来讲，编程人员必须要有源码才能理解和修改一个程序。很多软件厂家只出售二进制代码。从 1980 年以来，国际上流行一种趋势，即将软件的源码公开，供全世界的编程人员共享。这称为开放源码运动。

1. Java

1990 年，太阳微系统公司（Sun Microsystems）的总裁斯科特·麦克尼利（Scott McNealy）从一位名叫麦克诺顿的青年员工那儿听到了令人不安的消息：太阳最好的一名程序师詹姆士·哥斯林（James Gosling）正在考虑要跳槽。

帕特尼克·麦克诺顿（Patrick McNaughten）大学毕业后来太阳微系统公司工作才两年多，哥斯林的角色有点像他的师傅。他认识麦克尼利只是因为两人都在打曲棍球。平常麦克诺顿不会在打球时间和麦克尼利谈公司的事。这个周末却不一样，因为哥斯林自己已经决定离开太阳微系统公司，他觉得应该给麦克尼利打个招呼。

优秀员工的离去常常意味着公司正在出大麻烦。麦克尼利请哥斯林在走之前先做一件事，即向他直接详细报告太阳微系统公司到底有什么问题。麦克尼利也请哥斯林与他谈一谈。

这些员工的意见很一致。太阳微系统公司本来是硅谷极为特殊的一个公司，以充满活力、富于创新著称。太阳微系统公司一直很尊重员工，尽量让发挥他们的创造力和热情。但是，近年来，太阳微系统公司却越来越像成熟的大公司了。连哥斯林这样的人，公司也安排他去做一些为老系统写升级软件这种琐碎的工作。公司中充满了"企业抗体"，正在扼杀着太阳微系统公司员工的创新思想和工作热情。哥斯林他们想做一些革命性的事情，但在太阳微系统公司现在的状况中是不可能实现的。

麦克尼利采取了一个大胆的举动。他让哥斯林领头成立一个小组，以创业公司的模式工作，干出一件大事来。小组直接向公司的首席科学家比尔·乔伊（Bill Joy）汇报。乔伊是太阳微系统公司的思想家，只是为小组出点子，不管具体工作。麦克尼利对哥斯林说："我不管你们要做什么，要多少钱、多少人，也不管你们花多长时间做出来。你们就像上帝一样。"

乔伊的一个建议是"封闭式"小组，不受外界影响。小组成员自己决定工作目标和进度，用不着向公司汇报。这个后来取名为"绿色小组"所要研究的产品就是 10 年后风靡IT 界的数字家电、后 PC 设备和家庭网。事实证明，绿色小组的研究并不十分成功，直到2001 年，太阳微系统公司在数字家电方面的业绩并不很突出。但是，绿色小组的一个副产品，即哥斯林发明的 Java 程序设计语言，却震撼了世界信息产业界。

绿色小组成立之初只有四个人。他们只有一个很模糊的想法,甚至连最终的目标产品是硬件还是软件也不知道。但是,他们明白在开发目标产品之前,必须要开发技术、要学习;而且必须从实干中,从构造样机的过程中,才能发现问题、学到东西、开发出技术诀窍。

哥斯林给绿色小组定的任务是让太阳微系统公司赶上信息领域的下一波大浪潮。而要做到这一点,绿色小组必须发明这个浪潮。几个月后,绿色小组的工作方向稍微明晰化了,定位在消费类电子产品的数字化和网络化。这已是 1991 年 4 月。

在 20 世纪 90 年代初,人类已经发明了很多种消费类电子产品,包括微机、手机、手持计算机、录像机、电视机、洗衣机、冰箱、微波炉等。要将这些设备数字化并用网络互联,必须要克服两个障碍。第一是这些设备的兼容性,它们必须能够很容易地相互通信和交谈。第二是这些设备的数字化和网络化系统软件必须足够小巧。像微软视窗这样的系统,既专有不兼容,又庞大繁杂,完全不合适。另外,这些设备的网络化意味着应用软件必须小巧,可以很容易地安装到多种设备中。

绿色小组将这些需求归结成两个产品原型目标,即发明一种手持遥控设备来实现所有家电设备的互联;发明一种程序设计语言,用它来编写能在这些设备上运行的小巧程序。这两个产品合起来实现一个目标:不论这些家电设备采用何种芯片、何种操作系统,都能够相互通信,都能够运行同一种语言即 Java 编写的程序。Java 有一个特征:用它编写的计算机程序可以在很多种类的计算机上执行,即所谓的"编写一次,到处执行"(write once, run any where)。另外,Java 也支持面向对象的先进编程模式。

创新的工作是很艰难的。开始两年,绿色小组的成员每周工作 7 天,平均每天工作 12～14h,哥斯林的工作时间更长,每周 80～100h。由于没有具体明晰的计划(也不可能有这样的计划),小组自己定的进度安排常常延后。面对这么多技术上的未知数和工作压力,小组的精神逐渐紧张起来。

两年后,项目的样机进入了冲刺阶段。绿色小组已经扩展到 20 多人。这 20 多个工程师几乎住在实验室,没日没夜地干,只是每隔几天回家洗澡换衣服。

第一台样机离产品差得很远。尽管实现了基本功能,但造价太高,需要 1 万美元以上。另外,大家开始怀疑家电网络的市场前景。Java 需要每个家电设备有一个处理器芯片和 4 兆字节的内存,太阳微系统公司能够用 50 美元的成本制造 Java 处理器芯片。但是,这对一般的家电厂商而言成本高了数十倍。

尽管市场前景不明朗,技术上也还有很多问题,太阳微系统公司的管理层还是用奖金和股权大力奖励了绿色小组的成员,并加大投入,实现产品化。最多的时候,小组的工作人员扩展到了 70 余名。绿色小组调整了工作方向,推出了面向交互式电视和因特网的产品样机。

但是,不论是太阳微系统公司内部,还是在信息产业界,好像没有人对绿色小组的发明有任何兴趣。绿色小组的成员在沮丧和失望中度过了整个 1993 年和 1994 年。时代华纳公司的交互式电视系统没有选太阳微系统公司,而是选了硅图公司。与其他大公司的合作计划也都一一失败了。公司派了一个新人来管理绿色小组,但他很久都不能制订出工作方向和计划。

在士气最低落的时候,大部分成员都离开了绿色小组,有的甚至离开了太阳微系统公司。留下来的人也失去了工作热情。不少人每天早上 11 点钟上班,下午 4 点钟就离开了。有些人一天到晚只是玩游戏,还有的人则念学术论文。

这些工程师其实都很焦急。他们不愿意浪费自己的生命,同时又舍不得离开自己辛勤劳动的成果。他们用这些方式化解心理危机,期待着某个事件的出现。

在那段黑暗的日子里,哥斯林可能觉得自己是运气最不好的人。哥斯林从小就爱鼓捣东西。12 岁的时候,他用报废的电话机和电视机中的部件做了一台电子游戏机。附近农民的联合收割机出了问题也常常找他修理。14 岁的时候,中学组织到附近大学参观,他记住了大学计算中心的门锁密码,从此开始偷偷地溜进计算中心,学习计算机编程。一年后,大学的天文系招他当了一名临时编程员,编写计算机程序来分析卫星天文数据。

20 世纪 80 年代初,哥斯林获得博士学位后到 IBM 公司工作,设计 IBM 公司第一代工作站。当时,IBM 公司的领导层并不看重工作站项目。失望之余,哥斯林跳槽到了太阳微系统公司。但是,他花了五年功夫领导开发的一个软件,尽管得到技术界的好评,却未能变成流行的产品。

难道 Java 也会注定是同样的失望吗?

哥斯林不甘心。他跟随太阳微系统公司的市场人员参加各种会议,到处演示绿色小组的产品原型。他已经没有四年前的热情了。他只是希望人们知道 Java,也许有人能够用上它。

1994 年底,哥斯林参加了在硅谷召开的技术、教育和设计大会。他抱着试一试的心情向与会者演示了 Java 的功能。他单击了网页上的一个静止的分子结构图标,一条命令通过因特网送到了几百英里外的网站,下载了一段 Java 小程序,在本地工作站上开始执行。在几秒钟时间里,原本静止的网页上一个分子图像以三维动画的方式转了起来。

"哇!"哥斯林听到全场观众的赞叹声。

Java 活了。

不久后,硅谷最大的报纸《圣荷西信使报》在头版刊登了一篇专文《为什么太阳认为一杯热咖啡能让你鼓足精神?》(*Why Sun Thinks Hot Java Will Give You a Lift*?)。从文章见报开始,负责 Java 的市场人员的电话响个不停。不久,全美的主要报刊杂志都刊登了 Java 的报道。

到了 2000 年,Java 已经成为世界上最流行的计算机语言。绿色小组当初设计 Java 是为了面向数字家庭,支持各种家电设备。他们没有想到的是,Java 支持的计算模式实际上就是因特网的模式。

两年后,所有的计算机公司,包括太阳的主要竞争对手微软公司,都支持 Java。Java 程序员供不应求。据统计,全球招聘程序员的广告中,有一半是招聘 Java 程序员。

2. 关系数据库

爱德加·科德(Edgar Codd)在密西根大学开始博士学位学习时,已经 38 岁了。距离他获得数学硕士学位,已经过去 13 年。这 13 年间,他当过兵,教过书,但是大部分时间他都在 IBM 公司工作,设计计算机产品。科德本是个数学家。13 年的工程工作对他而言是个不短的时间,他一直渴望着能有机会重返数学天地,用他在实际工作中积累的经验和数学才干,创造一些实际工作难以产生的贡献,从本质上改善计算机的功用。

1961 年,科德在 IBM 公司办了停薪留职手续,到密西根大学攻读博士学位。四年后,他以一篇关于可自我复制的计算机模型的论文通过了博士答辩。这篇论文三年后变成了一部《细胞自动机》的专著。获得博士学位后,科德重返 IBM 公司,参加了 IBM S/360 计算机的程序设计语言 PL/I 的设计工作。但是,科德的最大愿望是为数据库建立一个优美的数学模型。科德之所以想为数据库建立数学模型,是因为当时的数据库很不令人满意,而科德认为,建立一个坚实的数学基础是数据库领域本质性创新的最好方法。

那时,数据库已在大型企业得到普遍使用。它们采取了两种模型:网络数据库模型和层次数据库模型。它们都可以被看作一种有向图,即由数据记录组成的节点和一些带箭头的线连接而成。层次数据库是一种树状图,而网络数据库则是任意形式的图,如图 5.28 和图 5.29 所示。

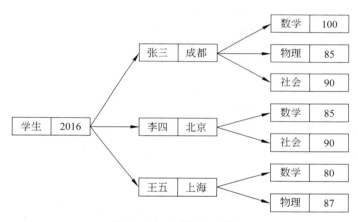

图 5.28　层次数据库模型

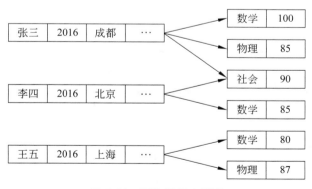

图 5.29　网络数据库模型

例如,在层次数据库模型中,可以从树根节点"学生"查到张三的记录,从而获知他是 2016 级的学生,家住成都,选了三门课。再顺着相应的指针,我们可以看出张三的数学课成绩是 100 分,物理课成绩是 85 分,社会课成绩是 90 分。要注意的是,社会课的老师要求同学们两人一组工作,按组定成绩。网络数据库模型可以超出树状结构,因此,社会课的记录节点有张三和李四两个指针指向它。

这两类数据库在很多情况下使用起来比较方便。但如果信息是隐藏在数据库中间就难得到。例如,如果要列出"至少一门功课在 90 分以上的所有同学的姓名、课程、地址和成绩"的名单,就需要顺着很多指针搜索整个数据库。而且,这两类数据库的信息查询取决于它们的拓扑结构,需要编写一些依赖拓扑结构的程序才能完成查询。它们没有通用的数据查询操作。更为麻烦的是,这些数据库没有坚实的数学基础,它们完全可以包含冗余信息或不一致的信息,而用户却可能完全不知道。

科德发明的关系数据库完全改变了这一切。它不仅有一个坚实的数学基础,即关系代数,而且科德从关系代数的基础推演出一套关系数据库的理论。这个理论包括一系列范式,可以用来检查数据库是否有冗余性和不一致等性质。另外,科德也在关系代数基础之上定义了一系列通用的数据基本操作(相当于代数中的算子)。原来在层次数据库和网络数据库中很复杂的操作变得逻辑上简明扼要。例如,要找出"至少一门功课在 90 分以上的同学"名单,只需要在课程成绩表中搜索"成绩"一列,再把选中(成绩≥90)的行中的学生信息列出即可。

关系数据库的基本抽象还是很好理解的。一个**数据库**(database)由若干数据**表**(table)的集合组成。每个表体现一种**关系**(relation)。每个表都有若干**行**和若干**列**。行的学名为**记录**(record),列又称**字段**或**属性**(attribute)。

上述例子中的学生信息数据库由两个表组成,即基本信息表(见表 5.6)、课程成绩表(见表 5.7)。基本信息表有三个属性(三列),其属性名分别为姓名、年级、家庭住址。课程成绩表包含七条记录,第一行不是真正的记录,而是说明三个属性名。

表 5.6　基本信息表

姓　　名	年　　级	家 庭 住 址
张三	2016	成都
李四	2016	北京
王五	2016	上海

表 5.7　课程成绩表

姓　　名	课　　程	成　　绩
张三	数学	100
张三	物理	85
张三	社会	90
李四	数学	85
李四	社会	90
王五	数学	80
王五	物理	87

关系数据库中的每一个表都必须是规范的,即符合严格定义的范式。例如,表 5.8

不规范,因为它不符合关系数据库的第一范式:每个单元格是一个不可分的数据项。在"课程成绩"这一列中的每一个单元都可被分成两个属性值:课程与成绩。

表 5.8 不规范的课程成绩表之一

姓　　名	课 程 成 绩	姓　　名	课 程 成 绩
张三	数学 100	李四	社会 90
张三	物理 85	王五	数学 80
张三	社会 90	王五	物理 87
李四	数学 85		

获得"至少一门功课在 90 分以上的所有同学的信息"在数据库中由**查询**操作完成。同样,关系数据库要求查询也是规范的,不能用含糊的"同学信息",而应该用更精确的表述:"至少一门课程的成绩在 90 分以上(含 90 分)的所有同学的姓名、课程、成绩、家庭住址"。这种查询可以表述成计算机能够理解的语言(典型的关系数据库查询语言的例子是 SQL)。

实例:查询学生信息数据库的 SQL 例子。该查询涉及两个表,它们通过姓名属性连接成一个中间结果,并使用查询条件"成绩>=90",筛选出最终结果表。结果表中的记录包含四个属性:姓名,课程,成绩,家庭住址。

```
SELECT 姓名,课程,成绩,家庭住址          //关心的列 (属性)
FROM 基本信息表,课程成绩表             //涉及两个表
WHERE 基本信息表.姓名=课程成绩表.姓名   //通过姓名属性连接两个表
      AND 成绩>=90                    //查询条件
```

查询处理系统会自动计算两个表的连接,产生中间结果表,如表 5.9 所示。

表 5.9 连接两个表后的中间结果表

姓　　名	课　　程	成　　绩	家 庭 住 址
张三	数学	100	成都
张三	物理	85	成都
张三	社会	90	成都
李四	数学	85	北京
李四	社会	90	北京
王五	数学	80	上海
王五	物理	87	上海

随后使用查询条件"成绩>=90"筛选出最终结果表,如表 5.10 所示。

表 5.10 输出结果表

姓　　名	课　　程	成　　绩	家 庭 住 址
张三	数学	100	成都
张三	社会	90	成都
李四	社会	90	北京

但是,当关系数据库理论首次提出时,远远没有上面所描述的那样清楚。

1970 年 6 月,科德在著名的《计算机协会通信》(*Communications of the ACM*①)杂志上发表了一篇 5 页的论文,题为《大型共享数据库的关系数据模型》。这篇划时代的论文首次提出了关系数据库理论的基本想法和数学模型。这篇论文在一个极小的学术圈子里得到赞赏,但并没什么大的影响,其根本原因是它在理论上还不成熟,离指导实践还有很大距离。科德毫不气馁,不断地深入研究,不断完善关系模型。

到了 1974 年,关系数据库的理论已经比较完善了。IBM 公司在硅谷圣何塞地区组建了一支 40 人的工程师队伍,试图在科德的关系数据库理论基础上开发出一个关系数据库软件系统。他们把这个系统称为 R 系统,R 即英文 relation(关系)。同时,附近的加州大学伯克利分校的一个小组也开始了同样的工作,他们的系统取名为 Ingres。这两个小组的第一项成果是数据库查询语言,IBM 公司的叫 SQL,伯克利小组的叫 QUEL。

到了 1977 年,IBM 公司的 R 系统小组开发出了关系数据库的原型系统。但是 IBM 公司的高层并没有全力把自己发明的关系数据库技术产品化,推向市场。到了 1982 年,IBM 公司才推出第一个关系数据库产品。一直到了 1985 年,也就是科德发明关系数据库的理论后15 年,IBM 公司才推出自己的比较完善的主流关系数据库产品 DB2。

IBM 公司的产品化步伐缓慢有三个主要原因。第一,IBM 公司很重视信誉,任何产品都要经过严格的质量控制体系,反复测试修改,尽量减少故障,而这是很花时间的。第二,IBM 公司是个大公司,体系庞大,很不灵活,速度慢。第三,IBM 公司内部已经存在层次数据库产品,相关的技术人员、管理人员和市场人员对关系数据库并不积极,甚至持反对态度。

3. 甲骨文数据库

就在 IBM 公司慢慢地实现关系数据库技术的时候,硅谷一些小公司却迅速地全力投入关系数据库产品的开发和销售。其中的一家后来成了气候,它就是 Oracle 公司(中文译为甲骨文公司)。

Oracle 公司的前身叫 SDL 公司,由拉瑞·埃里森(Larry Ellison)和另外两个编程人员在 1977 年创办。他们进入关系数据库领域说来也比较偶然。SDL 公司成立之初,主要业务是为用户开发应用软件。但这三个朋友都不想这么干下去,他们不想到处寻求应用软件开发合同,不断地为别人开发软件。三位朋友觉得最理想的模式是开发一个自己的软件拳头产品,在市场上大量销售。

但是,应该做什么样的拳头软件呢?三个朋友几乎立即达成了一致,要开发关系数据库产品。这有几个原因。第一,关系数据库的研究已经有了多年的积累,理论比较成熟。第二,这三个朋友都是编程高手,很明白关系数据库的技术优越性,从而坚信关系数据库必将取代层次数据库和网络数据库,成为主流技术。第三,这个技术是 IBM 公司发明的,而且 IBM 公司正在组织力量将它转化成产品。IBM 公司经常决定计算机产业的

---

①   ACM(Association for Computing Machinery)与 IEEE Computer Society 是目前世界上最大的两个国际计算机学会,会员来自全球各地的企业界、学术界、政府界等。它们的杂志是世界一流的计算机学术杂志。

未来技术方向。第四,目前市面上还没有关系数据库的产品,谁先推出产品谁就能占领市场。

三个朋友同时决定,不能采用 IBM 公司的做事方法。他们的方法有三个要点。第一,不做研究,只做产品开发。IBM 公司已经公开发表了很多关系数据库的研究成果,SDL 完全可以使用这些现成的成果。第二,以尽快推出产品为第一目标,产品的功能、质量和性能都是次要的。第三,产品要能够在销量较大的计算机平台上运行,最好能在多种平台上运行,以便扩大市场和用户群。因此,SDL 的关系数据库产品(名称是 Oracle)是用通用的 C 语言编写的,而没有用各种计算机平台上性能更高的专用语言编写。

决策定了以后,三个朋友马上干了起来。他们招聘了另外两名技术人员,一边做一些承包的软件合同挣钱维持公司运作,一边全力投入 Oracle 的开发。几个月后,他们完成了产品的第一个版本。尽管第一版很不成熟,从未售出一份,但它标志着公司确确实实有了一个关系数据库产品。

后来的发展证明,Oracle 创业之初的决策是很正确的。

第一是迅速做出产品、推向市场的决策。信息产业界有一个不一定为人所知的事实:并不是所有用户都要求使用很稳定成熟的技术,有些用户希望抢先使用先进技术,并准备好了为此付出代价。Oracle 推出第一版产品之后不久,美国中央情报局希望使用关系数据库技术。他们到 IBM 公司了解情况,发现关系数据库确实先进,但 IBM 公司还没有产品。后来他们四处打听,找到了 Oracle 公司。双方一拍即合,中央情报局成了Oracle 的第一个客户。不久,海军情报局成了第二个客户。

由于开发周期很短,Oracle 的产品有很多质量问题。一直到了 1986 年,Oracle 第五版推出后,质量问题才得到了明显的解决。但奇怪的是,在此期间,用户尽管抱怨声不断,但并没有抛弃 Oracle,甚至还帮助它调试软件。这是因为很长一段时间,Oracle 是市面上唯一的关系数据库产品,没有能取代它的东西;尽管故障很多,但 Oracle 勉强能用,能够实现关系数据库的优点;另外,Oracle 公司让懂行的技术人员直接帮助用户,让用户觉得 Oracle 公司在尽全力为用户服务。当然,最主要的原因是,用户希望使用关系数据库的先进技术。而在这个领域中,尽管有质量问题,Oracle 仍然是最好的选择。

第二是支持批量平台、多平台的决策。用 C 语言编写的 Oracle 软件可以比较容易地移植到多个平台。这个技术很快就用上了。Oracle 的最初两个客户中,中央情报局希望Oracle 运行在 IBM 大型机和 DEC 公司的 VAX 计算机上,海军情报局希望使用 VAX 计算机,但操作系统却是 UNIX。因此,在创业初期,Oracle 的情况可以总结为:一个数据库、两个客户、三种操作系统、五个人。后来,IBM 大型机上的 Oracle 并不成功,但 VAX计算机上的 Oracle 却非常畅销,一直到 20 世纪 90 年代还在为公司赚钱。

第三是紧跟 IBM 公司的策略。IBM 在关系数据库技术方面表现大度,没有封锁技术。研究人员和工程师公开发表了很多理论和关键技术的研究成果。因此,Oracle 公司可以省下研究的人力和时间成本,全力投入开发和市场推广。

更重要的是,1985 年,IBM 公司推出了 DB2 关系数据库产品,它采用的数据查询语言 SQL 在 1986 年被数据库标准委员确定为行业标准。随后,整个关系数据行业(包括用户和软件开发商)纷纷采用 SQL。Oracle 的产品从一开始就采用了 SQL。因此,它比其他厂商（包括 SQL 的发明者 IBM 公司）占据了更有利的位置。Oracle 公司并不太担心来自 IBM 公司的竞争，因为它比 IBM 公司推出产品更早、更快。SQL 标准的建立受益最大的是 Oracle 公司。

Oracle 公司的主要竞争对手是从伯克利小组发源的一家名叫 Ingres 的小公司。它的技术更先进，而且公司发展很快。但是，当数据库标准委员会在制定关系数据库的数据查询语言标准时，Ingres 的创始人（也是伯克利小组的负责教授）却不愿意将 QUEL 语言提交给委员会。结果，当 SQL 被定为标准后，Ingres 的增长速度迅速下滑。几年以后，Ingres 不得不推出了支持 SQL 的产品。但那时候，Oracle 公司的市场地位已经确立。

4. UNIX 操作系统

操作系统是计算机最基本的软件。我们在使用计算机时，都会运行一些应用程序（例如文字处理软件、科学计算软件）。但是，这些应用软件并不是直接在计算机硬件上运行，而是通过操作系统使用计算机硬件。我们用键盘输入一段文字时，每一个键盘的敲击都先由操作系统处理，再将结果传给文字处理应用软件。

用操作系统将应用软件和硬件隔开有很多好处。第一个就是保护。例如，向硬盘存储一个文件时，操作系统检查有足够的硬盘空间，并且保证文件不会侵占其他文件的空间。当向内存写入一个字节时，操作系统保证是在使用自己的内存空间，而没有把这个字节写到别的程序的内存里边去。

第二个好处是将操作简单化。如果没有操作系统，应用程序就必须直接与硬件打交道，必须执行很多烦琐的细节操作。有了操作系统，应用程序只需告诉操作系统要干什么，操作系统会自动地将这些指示转换成具体的硬件操作，然后自动地执行这些操作。

第三个好处是效率更高。操作系统负责管理和调度硬件资源，以最有效的方式让多个用户、多个程序使用它。例如，由于键盘输入是人的手工操作，当一个文字处理程序在接受键盘输入时，速度会很慢，大部分硬件资源是空闲的。这时，操作系统可以在键盘输入的空余时间执行另一个程序（例如通过因特网下载一个文件），让硬件资源得到更充分的利用。

根据运行的平台不同，操作系统可以分成很多类。微机和笔记本电脑上的操作系统主要有微软的视窗操作系统（Windows），另外还有苹果公司的 Mac OS，以及 Linux。服务器上的操作系统有 IBM 公司的 OS/390，以及各种 UNIX、Linux 等。还有一类操作系统用在嵌入式设备（例如工业控制设备、家电设备、通信设备）中，称为嵌入式操作系统或实时操作系统。

另外一种分类方法是按照操作系统软件的开放程度划分。像 Linux、FreeBSD 这样的操作系统是完全开放的，称为开放源码操作系统，或自由软件操作系统。各种 UNIX 操作系统是各个厂家专有的，但都遵循公开的技术标准，可以把它们看成半开放的系统。像微软视窗、IBM OS/390 这样的操作系统是一个厂家专有的，其技术标准和源码并不公开，可以称为封闭式系统或专有系统。要指出的是，这些厂家可能并不认为自己的操作系统是封闭的。

UNIX 的诞生有各种传奇故事，其中一个说法是贝尔实验室的研究人员肯·汤普森

(Ken Thompson)为了玩游戏而创造了 UNIX。1969 年,汤普森在通用电气公司的 645
大型机上开发了一个游戏,叫《太空旅行》。这个机器上的操作系统是 Multics,由通用电
气、麻省理工学院、贝尔实验室联合开发。汤普森刚好是开发人员之一。《太空旅行》游
戏在大型机上不好玩,而且玩一次就得花费 75 美元。于是,汤普森想把游戏移植到贝尔
实验室的一台 PDP-7 小型机上,而要达到这个目的就必须开发一个操作系统。于是
UNIX 诞生了。

不管动机如何,大约在 1969 年左右,汤普森和一位叫登尼斯·瑞奇(Dennis Ritchie)
的同事一起,开始开发一个面向小型机的操作系统。这个后来被取名为 UNIX 的操作系
统继承了 Multics 的优点,例如支持交互式计算、多用户、多任务。另外,它还具有下述
优点。

- 可移植性。以前的操作系统都只支持一个厂家的计算机,而汤普森则希望 UNIX
  可以支持很多厂家的计算机。这样,如果某个厂家停止生产某一档计算机,用户
  的应用程序可以方便地移植到另一种计算机上面,为 UNIX 平台开发的软件工
  具也可以运行到任何一种 UNIX 计算机上。
- 灵活性。每个用户对计算机的要求可能都有不同。因此,操作系统应该有足够的
  灵活性,允许用户和编程人员添加新的软件工具,去充实一个操作系统。

瑞奇的一个发明解决了可移植性的问题。以前的操作系统都是用很低层的汇编语
言编写的。每个计算机系统都有自己的一套汇编语言。如果要把操作系统从一个计算
机移植到另一个计算机上,系统编程人员必须重新改写整个操作系统。瑞奇发明了一个
被称为 C 的编程语言。它是一种高级语言,比汇编语言要好用得多。C 语言与具体计算
机硬件的细节无关。用 C 语言编写一个程序,可以在很多种计算机上运行。人们只需要
使用编译器将 C 程序变换成计算机的本地语言(如汇编语言)程序即可。

汤普森和瑞奇后来将 UNIX 的绝大部分程序用 C 语言编写,只有极小一部分用汇编
语言编写。这样,当需要将 UNIX 移植到某种新的计算机上时,人们只需改写很小一部
分操作系统代码,其他工作可以由编译器软件自动完成。

为了解决灵活性问题,汤普森对 UNIX 的结构做了仔细思考,最后采取的办法是将
UNIX 组织成一系列简单程序汇成的一个工具集。其中最重要的一个技术诀窍是制定
了一些基本机制,让几个工具软件能互相交流信息、互相组合,变成一个更大的软件。用
户或任何编程人员可以编写新的工具软件,而它能够汇入 UNIX 的工具集。就这样,
UNIX 的工具软件越来越多,UNIX 的功能也越来越强。

汤普森还采用了所谓的傻瓜哲学(即 keep it simple, stupid,KISS)。尽管 UNIX 是
一个功能很强的操作系统,但它的结构和基本工作原理都很简单,可以全部装在一个编
程人员的脑子里,不用随时查看厚厚的技术文档和手册。

可移植性、灵活性和傻瓜哲学对 UNIX 的成功起了重要作用。1972 年,第一批
UNIX 操作系统投入运行。1973 年,汤普森和瑞奇完成了 UNIX 的 C 语言实现,UNIX
开始被移植到多种计算机。同年,汤普森和瑞奇在普度大学举办的操作系统原理国际会
议上宣读了 UNIX 的第一篇论文。加州大学伯克利分校的法布雷(Bob Fabry)教授刚好
参加了这次会议。他马上要求得到一份贝尔实验室 UNIX 操作系统的源码,带回伯克利

分校做实验研究。

当时,美国政府正在调查贝尔实验室的母公司,美国电话电报公司(AT&T)涉嫌垄断案。AT&T 被禁止销售任何计算机产品。因此,贝尔实验室采取了很开明的态度,免费向大学、研究所、政府机构和一些公司提供 UNIX 源码。

法布雷教授获得贝尔实验室的 UNIX 源码后,立即开始了 UNIX 的研究开发工作。此项研究后来得到了 DARPA 的资助。到了 1977 年,伯克利分校的 UNIX 研究小组向社会推出了第一个研究成果,就是 BSD UNIX 操作系统。伯克利分校 UNIX 研究小组的成员中有一位叫比尔·乔伊(Bill Joy)的研究生。乔伊后来参与创办了太阳微系统公司(Sun Microsystems),并作为公司的首席科学家,直到 2003 年。基于 BSD 的成果,太阳微系统公司开发了 SunOS 商品化 UNIX 操作系统,它是太阳微系统公司的工作站和服务器的主流操作系统。

到了 2000 年,UNIX 已经变得非常普及。从微机到世界上最强大的超级计算机都使用着 UNIX。各大计算机厂家也都把 UNIX 用到了它们的服务器、工作站甚至微机产品中。这些操作系统各有差别,但都遵循 UNIX 的技术标准。

1983 年,汤普森和瑞奇因发明 UNIX 操作系统获图灵奖。

5. Linux 操作系统

到了 20 世纪 80 年代后期,UNIX 已经有了多个变种,各为一个厂家的专有软件产品。尽管这些专有软件都遵循一定的开放技术标准,但它们各有自己的特点,源码也不开放。UNIX 创建之初的那种开放和标准的生气已经受到削弱。就在此时,在一个意想不到的角落,一个毫不为人知的小人物开始了一个小的研究开发项目,开发了一个操作系统。十年之后,它风靡全世界,重振开放源码操作系统的雄风。

利纳斯·托瓦尔兹(Linus Torvalds)是芬兰赫尔辛基大学的一名计算机学生。1990 年,他开始编写一个新的操作系统,后来被称为 Linux。这个操作系统遵循 UNIX 的技术标准,因此后来的人们又把它看成 UNIX 的一个实例。但与其他 UNIX 系统不同的是,Linux 没有使用以前的 UNIX 的程序代码,而是重新编写了每一行程序。因此,Linux 又不是 UNIX。

托瓦尔兹开发 Linux 并没有什么面向市场之类的动机,而完全是出于个人的兴趣(托瓦尔兹自传的题目是 *Just for Fun*)。市面上当时已经有了很多 UNIX 的产品,但是它们都是某一厂家的专有软件,只支持该厂家的计算机硬件,不具有可移植性。另外,这些专有软件的源码都不公开,学生们不能用它们来学习如何编写一个操作系统。

1991 年,托瓦尔兹完成了 Linux 的第一个版本。他把全部软件的源码都放在因特网上,供全世界的操作系统爱好者使用。托瓦尔兹万万没有想到的是,Linux 得到了普及。到了 20 世纪 90 年代末期,全世界已经有 1000 多万人使用着 Linux 系统。Linux 已经不只是软件爱好者折腾的新奇玩意儿,它已经成了很多个人、企业和政府机构的生产力工具。它被广泛应用在各种因特网服务器中。Linux 也被人们用在各种嵌入式设备中,它被用来控制机器人,Linux 系统甚至已经上了太空飞船。今天的安卓手机也使用 Linux。

为什么 Linux 会成功呢?这是不是一个偶然的运气?事实上,Linux 的成功不是偶然的。它经历了一个艰苦的过程。在很长一段时间里,Linux 只在计算机软件爱好者中流行,而被企业和广大用户漠视。在它出现之初,一位操作系统领域的著名教授曾批评Linux 技术落后,说它的方向完全错误。

一个技术落后,由一名学生凭着业余爱好搞出来的 Linux,何以会获得成功,而且很可能是 21 世纪最重要的操作系统呢? 它有没有什么"秘诀",有没有什么经验?

在 1999 年,托瓦尔兹回顾了 Linux 的发展,总结了两条重要经验,即优良的设计原理和一个好的开发模式。这些在操作系统领域是重要的创新,也使得 Linux 在深层次上具有技术先进性,使得千千万万人能一起开发 Linux 系统。

托瓦尔兹所说的好的开发模式,即是 Linux 的开放源码开发模式,是一种"集中—分散—集中"的模式。这种模式在操作系统核心领域,以前还不曾有过。以前的操作系统开发采用过两种模式。一种是各专有操作系统的完全集中模式。一个公司在内部开发出操作系统,以及它的不断的升级版本。另一种模式是 UNIX 的"集中—分散"模式。贝尔实验室首先开发了 UNIX,然后把源码免费提供给了其他人。这些人随后开发了各自的 UNIX 系统。出于商业赢利动机,这些 UNIX 系统大部分都变成了封闭的专有系统。它们的技术发展并没有被整合到一个 UNIX 系统中,而是充满了重复劳动和互不相容的特色。

托瓦尔兹的 Linux 开发模式则不同。托瓦尔兹开发出了 Linux 的第一个版本,然后把它公开给全世界自由使用。全世界千千万万的软件人员和用户在使用中发现它的缺点和弱点,加以改进。这些改进最终汇集到托瓦尔兹那里,由他经过筛选后融入 Linux 的升级版本中。这样,Linux 体现了全世界众多热心的软件人员的智慧和劳动,得以不断积累,最后成长为一个优秀的操作系统。

这里有一个问题:如何能吸引全世界的软件人员参与到一个操作系统的项目中来呢? 光是开放显然是不够的。如果是一个很糟糕的系统,即使完全开放,也没有人愿意为它花费心血。Linux 本身还必须具有优秀的特性。托瓦尔兹采取了几个设计原则来达到这个目的。

第一个原则是实用的原则。托瓦尔兹的目的是开发一个能够立即被广大软件爱好者(包括学生)广泛使用的操作系统。为了达到这个目的,托瓦尔兹做了两个决定:①将Linux 的第一版实现在当时流行的基于英特尔公司的 386 处理器芯片的个人计算机平台上;②Linux 采取大内核(monolithic)的操作系统体系结构。

1991 年,托瓦尔兹公布了 Linux 操作系统的第一个版本,随即受到了批评。一位在操作系统领域颇有影响的教授在因特网上发表了一篇题为《Linux 已过时》的文章,对这两个选择提出了很中肯的批评。该教授认为,英特尔 386 芯片采用了落后的处理器体系结构,其功能和性能都比新型的几种称为 RISC 的处理器芯片差。大内核的操作系统体系结构也比当时的一种新的微内核体系结构更落后。Linux 在两个关键技术方面选择落后的技术,注定了它是一个落后的系统,刚刚推出就已经过时。

托瓦尔兹则反驳说,他开发 Linux 并不是要做操作系统领域的长期研究工作,而是要为广大用户提供一个马上就能用的开放源码操作系统软件。RISC 芯片是有很多优点,但它们很贵,大多数用户(尤其是学生)都没有 RISC 计算机系统。反之,英特尔 386

微机则比较廉价普及,用户数要大得多。微内核体系结构从理论上看是有很多优点,但还没有人开发出采用微内核的操作系统。微内核技术还处于实验和研究阶段,并不实用。另外,微内核技术比大内核体系结构更复杂,速度更慢。这些都不利于实用操作系统的开发。

历史证明,托瓦尔兹的选择促进了 Linux 的发展。到了今天,英特尔 386 芯片的后代仍然主宰着处理器芯片市场,世界上的绝大部分操作系统仍然采用大内核的体系结构,但是并没有被微内核技术取代。

第二个原则是有限目标的原则。Linux 是一个新的操作系统,托瓦尔兹本来可以提出很多创新目标。但他经过选择只保留了实用、速度快、可移植三个目标。这三个目标他也分了轻重缓急。实用是第一目标,速度是第二目标。而可移植性,尽管很重要,但是并没有包括在 Linux 第一版的设计目标中。托瓦尔兹先在一个硬件平台上(即英特尔386)开发出了一个 Linux 的实用而且高速度的版本,然后逐步将 Linux 移植到其他硬件平台。令他惊喜的是,这种有限目标的做法,反而使得 Linux 在十年后成为世界上可移植性最好、运行平台最多的操作系统。

第三个原则是简洁设计的原则。为了 Linux 的实用性,它的设计必须简洁。另外,Linux 还要移植到很多硬件平台上,还要吸引全世界的软件爱好者参与开放工作,同时托瓦尔兹还要能够控制和管理 Linux 的开发过程。这些都要求设计的简洁性。在软件工程中,实现简洁性的一个重要方法是定义一个抽象层。但操作系统的抽象层很难定义。微内核技术正是想要定义一个抽象层,但由于很多实现细节考虑不周,结果是微内核操作系统比传统的大内核操作系统更复杂。

托瓦尔兹认为,定义抽象层只是实现简洁设计的一种思路,并不是唯一的思路。简洁的设计也可以通过精心的程序设计来实现。他采用了三种程序设计方法来实现 Linux 的简洁设计。第一,从现有的各种处理器体系结构中归纳出它们的共性。这些共性并不是用来定义一个抽象层,而是用来设计一套操作系统软件代码。Linux 的主要组成部分将是这些通用的代码,另外用少部分代码实现各个处理器的独特的性质。这些通用的公共代码可以用高级的 C 语言实现,而少量的独特代码则用各个处理器的底层汇编语言实现。这样,当需要把 Linux 往一个新的硬件平台上移植时,只需要手工改写独特代码,而 C 语言编写的代码可以通过编译器软件自动地移植过去。第二,Linux 操作系统向用户提供的接口(interface)要少,每一个新接口都要经过反复仔细考虑,认为必需,才会加进去。第三,将 Linux 的设计模块化,采用核心模块等技术,使软件爱好者可以各自开发一个相对独立的模块,加到 Linux 中。

这种简洁设计的原则被证明是卓有成效的。1991 年,托瓦尔兹推出了 Linux 的第一个版本,他谦虚地称之为 0.01 版。这个版本只有他一个用户,共有 1 万行软件代码。到了 1996 年,Linux 2.0 版推出时,用户数增长到了 150 万人,代码行数也急剧增长到了 40 万行。这 40 万行代码大部分是广大的软件爱好者编写的。其中绝大部分代码是用 C 语言编写的公共代码,用汇编语言写的独特代码只有 6000 多条。

5.4　编　程　练　习

本书所有的编程练习参见 6.7 节。

练习：编写并运行 Go 程序，完成信息隐藏课程实验。该程序可用于隐藏信息，即将一个文本文件的内容隐藏在图片中，也可以从已隐藏信息的图片中将文本内容提取出来。这个练习涉及多个系统抽象。

6.7 节提供了信息隐藏的 Go 语言代码框架 hide.go。下面我们逐行过一遍该程序。示例程序的源码共有 101 行语句代码。

这个程序框架有较多的函数声明和函数调用，大家要注意从 main 函数入口如何调用 HideProcedure 和 ShowProcedure 功能、HideProcedure 和 ShowProcedure 的几个执行步骤，以及同学们要填充的四个函数的意义。

```
1    package main
2    import(
3        "fmt"
4        "io/ioutil"
5        "os"
6    )
7    const(
8        FILE_HEADER_SIZE   =14
9        BMPINFO_HEADER_SIZE=40
10       LENGTH_FIELD_SIZE  =16
11       INFO_UNIT_SIZE     =4
12   )
13   func ReadAllFromFile(path string)[]byte {
14       if all, err :=ioutil.ReadFile(path); err !=nil {
15         fmt.Fprintln(os.Stderr, err.Error())
16         os.Exit(1)
17         return []byte{}
18       } else {
19         return all
20       }
21   }
22   func WriteAllToFile(data []byte, path string){
23       if err :=ioutil.WriteFile(path, data, 0666); err !=nil {
24         fmt.Fprintln(os.Stderr, err.Error())
25         os.Exit(1)
26       }
27   }
28   func ProduceImg(img_path string, fh []byte, bh []byte, pixel_array []byte){
29       if f, err :=os.OpenFile(img_path, os.O_RDWR|os.O_CREATE, 0660); err !=nil {
```

```
30          fmt.Fprintln(os.Stderr, err.Error())
31          os.Exit(1)
32      } else {
33          f.Write(fh)
34          f.Write(bh)
35          f.Write(pixel_array)
36          if err :=f.Close(); err !=nil {
37              fmt.Fprintln(os.Stderr, err.Error())
38              os.Exit(1)
39          }
40      }
41  }
42  func __4byte2int(bs []byte)int {
43      //TODO Your code here
44  }
45  func GetPartsOfBmp(img_path string)([]byte, []byte, []byte){
46      var file_header, bmpinfo_header, pixel_array []byte
47      //TODO Your code here
48  }
49  func HideText(hide_data []byte, pixel_array []byte)[]byte {
50      // TODO Your code here
51  }
52  func ShowText(pixel_array []byte)[]byte {
53      //TODO Your code here
54  }
55  func HideProcedure(src_img_path string, hide_file_path string,
    dest_img_path string){
56      fmt.Printf("Hide %s into %s ->%s\n", hide_file_path, src_img_path,
        dest_img_path)
57      file_header, bmpinfo_header, pixel_array :=GetPartsOfBmp(src_img_path)
58      hide_data :=ReadAllFromFile(hide_file_path)
59      new_pixel_array :=HideText(hide_data, pixel_array)
60      ProduceImg(dest_img_path, file_header, bmpinfo_header, new_pixel_array)
61  }
62  func ShowProcedure(src_img_path string, data_path string){
63      fmt.Printf("Show hidden text from %s, then write it to %s\n",
64          src_img_path, data_path)
65      _, _, pixel_array :=GetPartsOfBmp(src_img_path)
66      info :=ShowText(pixel_array)
67      WriteAllToFile(info, data_path)
68  }
69  func _print_usage(){
70      fmt.Fprintln(os.Stderr, "* hide args: hide <src_img_path>
        <hide_file_path>"+
```

```
71          "<dest_img_path>")
72      fmt.Fprintln(os.Stderr, " * show args: show <img_path><data_file>")
73  }
74  func main(){
75      if len(os.Args)<2 {
76        _print_usage()
77        return
78      } else {
79        action :=os.Args[1]
80        switch action {
81        case "hide":
82          {
83            if len(os.Args)<5 {
84              _print_usage()
85            } else {
86              HideProcedure(os.Args[2], os.Args[3], os.Args[4])
87            }
88          }
89        case "show":
90          {
91            if len(os.Args)<4 {
92              _print_usage()
93            } else {
94              ShowProcedure(os.Args[2], os.Args[3])
95            }
96          }
97        default:
98          _print_usage()
99        }
100     }
101 }
```

1. 代码 1～12 行

这段代码导入的 os 包提供了命令行参数变量(第 75、79、83、86、91、94 行)、文件操作
函数(第 29 行)、标准错误输出常量和退出程序函数(第 15、16、24、25、30、31、37、38、70～
72 行),io/ioutil 包提供了读写磁盘文件函数(第 14、23 行)。与前面编程练习的区别是:
程序中 const 语句定义了多个常数值,FILE_HEADER_SIZE 是 BMP 文件的文件头长
度,BMPINFO_HEADER_SIZE 是 bmp 文件的 BMPINFO 头的长度,LENGTH_FIELD_SIZE
是在 BMP 中存储文本文件长度所需要的字节数,INFO_UNIT_SIZE 是在 BMP 中存储
文本文件一个字节所需要的字节数。同学们在编写代码时可以直接使用这些常量,相当
于使用其对应的数值。

2. 代码 13～21 行

声明 ReadAllFromFile 函数,输入参数是指定文件路径,输出参数是字节切片,功能是读取指定文件的所有字节内容,以字节切片的类型返回。如果出现错误,将会调用 fmt. Fprintln(os. Stderr, err. Error())打印错误,然后通过 os. Exit(1)结束当前程序。该函数在第 58 行被调用,用以获取文本文件内容,在第 45～47 行的 GetPartsOfBmp 函数中,同学们也会调用 ReadAllFromFile 函数,获取图片的字节内容。

3. 代码 22～27 行

声明 WriteAllToFile 函数,输入参数为指定字节切片和文件路径,无输出参数,功能是将指定字节切片内容写到指定文件中。如果出现错误,将会打印错误,并结束当前程序。该函数在第 67 行被调用,用于将隐藏的文本内容写到指定文本文件路径。

4. 代码 28～41 行

声明 ProduceImg 函数,输入参数为目标图片文件路径、文件头的字节切片、BMPINFO 头的字节切片和像素阵列的字节切片,无输出参数,功能是将文件头、BMPINFO 头、像素阵列写入目标图片文件中。如果出现打开文件错误或者关闭文件错误,将会打印错误,并结束当前程序。该函数在第 60 行被调用,用于生成隐藏了文本的目标图片。

5. 代码 42～44 行

声明_4byte2int 函数,即 4 个字节转换为一个整数,为同学们需要填充的函数。输入参数是字节切片,输出参数是一个整数,功能是将字节切片内容前 4 个字节按照 little-endian 的方式转化为对应整数。此函数将会在 GetPartsOfBmp 函数中被调用,用于读取 BMP 图片中像素的长和宽的整数值。

6. 代码 45～48 行

声明 GetPartsOfBmp 函数,为同学们需要填充的函数,输入参数是图片文件路径,输出参数是三个字节切片,分别是文件头的字节切片、BMPINFO 头的字节切片和像素阵列的字节切片,第 46 行提前声明了这三个返回值。同学们通过 ReadAllFromFile 函数获取原图片的字节内容,然后按照 BMP 文件的格式将三个部分从图片的字节内容中分割出来,最后以字节切片的类型赋值给 file_header、bmpinfo_header、pixel_array,最后返回 file_header、bmpinfo_header、pixel_array 即可。

此函数在 HideProcedure 函数和 ShowProcedure 中被调用,用于在隐藏文件和显隐文件前做准备工作。

7. 代码 49～51 行

声明 HideText 函数,为同学们需要填充的函数,输入参数是文本文件的字节切片和原图片像素阵列的字节切片,输出参数为隐藏了文本文件字节内容的像素阵列切片。同学们应按照隐藏文本的算法将文本文件长度和文本内容存储在原像素阵列中,然后将修改了的像素阵列以字节切片的形式返回。

8. 代码 52～54 行

声明 ShowText 函数,为同学们需要填充的函数,输入参数是隐藏了文本的图片像素阵列的字节切片,输出参数为隐藏的文本字节切片。同学们应按照显隐文本的算法将文本内容从图片像素阵列中找出来,然后将文本内容以字节切片的形式返回。

9. 代码 55～61 行

声明 HideProcedure 函数,为该程序执行隐藏功能的入口,不需要同学们填写。输入参数为原图片文件的路径、文本文件路径、目标图片文件的路径,无输出参数。该函数将隐藏文本分为四个步骤,分别是第 57 行将原图片分割为三部分,第 58 行从文本文件中读取字节内容,第 59 行将文本内容隐藏到原图像素阵列中并返回含有文本内容的像素阵列,第 60 行将文件头、BMPINFO 头、含有文本内容的像素阵列写到目标图片文件中。

10. 代码 62～68 行

声明 ShowProcedure 函数,为该程序执行显隐功能的入口,不需要同学们填写。输入参数为隐含文本的图片文件的路径、目标文本文件路径,无输出参数。该函数将显隐文本分为三个步骤,分别是第 65 行将图片文件分割为三部分,第 66 行将从隐藏了文本内容的像素阵列中恢复隐藏文本,第 67 行将隐藏的文本信息写到目标文本中。

11. 代码 69～73 行

声明 _print_usage 函数,当命令行参数不满足规定的要求时,会打印出命令行参数的说明。

12. 代码 74～101 行

声明 main 函数,为该程序执行的主入口,功能是解析命令行参数(os. Args),从而选择调用隐藏文本(HideProcedure)或者显隐文本(ShowProcedure)的函数。os. Args 是os 包中的内置变量,其类型是字符串切片。当我们在终端中执行. /hide 时,os. Args 切片内容为[". /hide"],长度为 1。第 75～77 行代表命令行参数长度小于 2 时,即终端中只执行了. /hide 命令,76 行将调用_print_usage 函数打印命令行参数说明。第 79 行代表命令行参数长度至少为 2 时,将第 2 个参数的值赋值给 action 变量。第 80～99 行的switch case 语句通过 action 的值("hide"、"show"或其他值)来选择不同执行分支。当action 为"hide"时,执行第 82～88 行代码,命令行参数长度至少为 5 才会调用真正的HideProcedure 函数,将<src_img_path> <hide_file_path> <dest_img_path>以输入参数形式传入,否则在第 84 行代码中调用_print_usage 函数;当 action 为"show"时,和上述机制类似;当 action 为其他值时,直接调用_print_usage 函数。

5.5 习　题

1. 模块化方法倡导一个计算系统应该被分解成多个模块,或者说一个计算系统由多个模块组合而成。这意味着(请三选一):

(1) 模块外的系统不应该看见和操作该模块内部,而应该通过接口使用该模块;

(2) 模块外的系统应该看见和操作该模块内部,以便最大可能地优化性能;

(3) 两者皆可,由系统设计者决定。

2. 抽象化方法具有以下特点(请四选一):

(1) 从多种应用需求中提炼出共性技术;

(2) 用同一个学术抽象支持所有应用,包括尚未出现的未来的新应用;

(3) 学术抽象应该具体明确、能在计算系统中实现;

(4) 上述三者全对。

3. 操作系统通过同一个学术抽象支持所有应用软件的运行。这个抽象是什么?请三选一:

(1) 进程;

(2) 文件;

(3) 程序。

4. 判断 N 个输入一个输出的真值表一共有多少行。请三选一:

(1) N 行;

(2) $\log N$ 行;

(3) 2^N 行。

5. 判断两个输入一个输出的组合逻辑电路一共有多少个,真值表相同的电路被视为同一个电路。请三选一:

(1) 4 个;

(2) 8 个;

(3) 16 个。

6. 计算机处理器中有一个程序计数器(program counter,PC)。它的作用是(请三选一):

(1) 存放下一条待执行的指令的地址;

(2) 存放当前正在执行的指令的地址;

(3) 存放正在执行的程序的第一条指令地址。

7. 算法中往往需要做跳转操作。这个步骤在计算机硬件中是这样实现的(请三选一):

(1) 将跳转后执行的指令地址赋予程序计数器;

(2) 将跳转前执行的指令地址赋予程序计数器;

(3) 将跳转前与跳转后执行的指令地址的差值赋予程序计数器。

8. 下列部件是输入/输出设备的为(请五选一):

（1）硬盘；

（2）内存；

（3）处理器；

（4）三者全是；

（5）三者全不是。

9. 一个四位十六进制数 FFFF 等同于我们熟知的哪个十进制数？请三选一：

（1）$16-1=15$；

（2）$2^{16}-1=65\ 535$；

（3）$4^{16}-1=4\ 294\ 967\ 295$。

10. 一个程序的执行时间是 100s，其中 80％是处理器执行时间，20％是访问内存和硬盘时间。假设处理器的主频从 1GHz 升级到 1THz（1000GHz），请问该程序的执行时间大约是多少？请三选一：

（1）0.2s；

（2）2s；

（3）20s。

11. 画出串行加法器对应的时序电路图。

12. 给出哈佛体系结构与普林斯顿体系结构的两个差别。

13. 当代计算机开机之后执行的第一条指令是什么？为什么是这条指令？

14. 计算机中的"异常"和"正常"是什么？列出两种异常。

15. 参照 5.3.3 节的关系数据库内容，用伪代码写出三个查询程序，分别在网络数据库、层次数据库、关系数据库中找出"至少一门功课在 90 分以上的同学"名单。通过这个例子，总结出关系数据库的优点。

第6章

chapter 6

课 程 实 践

6.1 构造图灵机实验

6.1.1 实验目的和原理

本实验将利用 LEGO 积木实现一个图灵机,使其能够实现一进制加法和二进制加法的功能。拟通过该实验达到以下目的:

- 通过学习图灵机的原理和运行方式理解计算思维。
- 初步尝试一些简单的编程。

英国数学家图灵于 1936 年发表了《论可计算数及其在判定问题中的应用》一文,其中提出了一种十分简单而运算能力极强的理想计算装置,即图灵机,推动了计算机理论的发展。图灵机的工作原理如图 6.1 所示,就是用机器来模拟人们用纸和笔进行数学运算的过程。它把这样的过程看作一些简单动作的执行序列,即在纸上读当前位置的符号,写上或擦除当前位置符号,并同时把注意力从纸的当前注意位置移动到另一个位置。

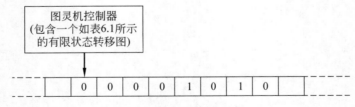

图 6.1 图灵机工作原理

更正式一些,每个位置(即小方格)可以有三个符号之一:0、1、空白。图灵机的每一个步骤涉及五个量:当前状态、读到的符号、写上的符号(擦除相当于写上空白符号)、读写头移动(左移或右移一格)、下一状态。例如,表 6.1 表示了三个具体步骤。

表 6.1　操作表

当 前 状 态	读到的符号	写上的符号	读写头移动	下 一 状 态
0	空白	空白	右	0
0	0	空白	右	0
0	1	1	右	1(终止)

这个图灵机的初始状态为 0,从一个可能是无穷长的纸带的某个位置开始(如第一个非空白的方格开始),从左到右扫描纸带的内容,将读到符号为 0 的方格擦除成空白,直到读到第一个 1 时停机。其中,读写头(head,图 6.1 中用粗箭头表示)包括读头和写头。表 6.1 定义了该图灵机的状态转移图。终止状态为 1。

6.1.2　实验内容、方法和步骤

在本实验中,实验人员要使用 LEGO 积木搭建一个图灵机,利用 LEGO 拼块实现纸带和写头的功能,利用颜色传感器实现读头的功能,利用 LEGO Mindstorm 的控制模块编写控制规则,实现读写、移动纸带等操作。具体的实验内容如下。

一进制加法:其中数据只用一个数码 1 表示,如 111+1111=1111111(代表十进制表示中的 3+4=7)。在实验中,可以使用相应 LEGO 部件的一种状态代表 1,另一种状态代表加号或者分隔符。

二进制加法:其中数据用两个数码 0 和 1 表示,如 0011+0101=1000(代表十进制中的 3+5=8)。在实验中,可以规定是 4 位二进制数加上 4 位二进制数,相应 LEGO 部件的两种状态分别表示两个数码 0 和 1。

实验方法和步骤如下。

(1)理论学习:了解图灵机的定义和原理,理解图灵机的抽象定义 $M=<Q,\ \Gamma,\ b,\ \Sigma,\ \delta,\ q_0,\ F>$。尝试针对一进制加法和二进制加法设计图灵机的状态转移。

(2)实验准备:配置软件环境,并熟悉 LEGO Mindstorm 控制模块的使用方法。掌握运动模块、传感器模块、循环模块、判断模块等的使用。

方法 1:使用 Lego Mindstorms NXT 软件(推荐)。请参考软件自带的英文帮助文档,或者 NXT 编程指南(中文)。

方法 2:使用 BricxCC 软件,有编程基础的同学可以尝试使用这种方法。请参考 BricxCC 编程指南。

(3)硬件搭建:可以参考 http://www.legoturingmachine.org/或者"乐高图灵机产品说明书"中搭建图灵机的方式。

(4)程序编写:在 NXT 软件或者 BricxCC 中完成一进制加法和二进制加法程序的编写。

(5)软硬件协同调试:如果调试有困难,建议使用声音模块、显示模块等方式进行辅助调试。

6.1.3　实验注意事项

（1）参考其他图灵机搭建方式的时候，请注意灵活运用，因为 LEGO 拼块并不完全相同。鼓励大家用不同的方式实现图灵机。

（2）最后除提交幻灯片之外，还需录制一进制加法和二进制加法运行过程的视频进行提交。请注意在视频中需展示相加的两个数是什么以及结果是什么。

（3）颜色传感器的读数受光线、距离等因素的影响较大，请注意避免误读。

（4）本实验是本书所有实验中唯一有硬件部分的实验，在软硬件协同调试的过程中可能会出现各种意想不到的问题，希望大家开动脑筋，灵活处理。但处理时不要损坏各个零件，也不要对以后的使用产生影响。例如，不要用胶条粘贴拼块。

6.1.4　成绩评定方法

1．基础分数（占 60%成绩）

组装的图灵机能够正确实现一进制加法，并利用幻灯片清楚展示设计思路和方法。

2．扩展分数（占 40%成绩）

（1）能正确实现二进制加法。

（2）实现的一进制加法和二进制加法能处理各种特殊情况，例如一进制加法能实现 0+3、3+0 等情况。

（3）图灵机的搭建方式有创新。

（4）能够实现真正的图灵机，可以读入状态转移表并进行计算。

（5）能够实现一些复杂的特殊功能，例如颜色传感器的自动校准。

6.1.5　思考题

能否用 LEGO 积木实现一个通用图灵机？即不仅可以实现一进制和二进制加法，而且可以针对任何纸带内容以及状态转移表格实现相应的功能。如果可以，需要在目前的设计上做出哪些改进？

6.2　算法游戏实验

6.2.1　实验目的和原理

本实验通过在线游戏形式展开，实验目的如下：

- 理解算法思维，并初步掌握如何设计正确算法。
- 学会如何用时间复杂度和空间复杂度衡量算法。

为了完成本实验，参与人员应学习简单算法设计的基本思路。若要进一步设计更为完善的算法,需要参与人员理解动态规划原理,即通过把原问题分解为相对简单的子问题的方式求解复杂问题的方法。

6.2.2　实验内容、方法和步骤

本实验中,参与者将利用游戏中的老鼠完成以下四种场景中的毒药测试,请思考合适的算法达到游戏获胜目标。

1. 场景 1(取最优成绩)

规则:你需要利用两只老鼠,测试出众多瓶子中混入的一瓶毒药。你每次可以通过混合不同瓶子的液体喂给一只老鼠,记为一个操作步。请注意,当老鼠食用了含有毒药的液体时,会立即死亡。

目标:使用最少的步数。

限制:你和你的队友总共有三次测试机会,实验成绩取最好结果。

2. 场景 2(取平均成绩)

规则:你需要利用两只老鼠,测试出众多瓶子中混入的一瓶毒药。你每次可以通过混合不同瓶子的液体喂给一只老鼠,记为一个操作步。请注意,当老鼠食用了含有毒药的液体时,会立即死亡。

目标:使用最少的步数。

限制:你和你的队友必须用尽全部五次测试机会,实验程序会取五次结果的平均值作为成绩。

3. 场景 3

规则:你需要用任意多的老鼠在一步之内寻找到瓶子中的唯一一瓶毒药。请注意,老鼠是否中毒死亡将在提交方案之后告知。

目标:使用最少的老鼠。

限制:你和你的队友总共有三次提交机会,实验成绩取最好结果。

4. 场景 4

规则:你需要利用两只老鼠,测试出众多瓶子中隐藏的一瓶毒药。不同于场景 1、2 的是,你可以在一个“游戏周”内同时测试多只老鼠,老鼠会在你确定进入“下周”后表现出是否中毒死亡。

目标:使用最少“周数”。

限制:你和你的队友总共有三次提交机会,实验成绩取最好结果。

登录实验网站后,请先在测试模式中进行训练,再进入提交模式中进行最终实验。其中,大部分操作通过可视化的拖动和单击操作完成(见图 6.2),更多详细操作信息可通过网站提示内容获得。

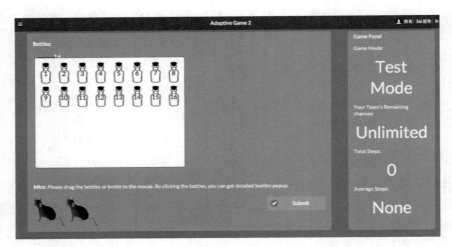

图 6.2　算法游戏实验界面示例图

6.2.3　实验注意事项

测试模式下可以进行无限次的测试,但问题的难度将会降低很多。进入提交模式后,问题难度增加,你和你的队友仅有少数的几次提交机会,所以请注意把握测试模式的锻炼机会。

6.2.4　成绩评定方法

本实验的最终成绩由在线实验成绩和报告成绩两部分组成,每部分各占据50%的分数。

另外,请以小组的形式提交实验报告和演示幻灯片,并详细阐述你们对实验目的的理解和实现,该部分将占50%成绩。实验报告等的规范撰写,深入或创新的实验思路,都会显著提高最终分数。

6.2.5　思考题

能否使用规范的书写语言(如伪代码)描述你的算法?你可以证明你的算法是正确的吗?能否使用时间复杂度和空间复杂度刻画你实现的算法?有基础的同学,是否可以选择一种编程语言实现其中的算法?

6.3　网络路由实验

6.3.1　实验目的和原理

本实验背景基于有中心服务器的视频会议的结构,即需要所有的客户端通过连接中心服务器进行实时的视频传输,类似于 QQ 中的多人视频会议。在此类网络拓扑中,不同级别的线路处理的流量上限有所不同,路由器对数据报文的转发非常重要,直接影响着网络拓扑整体的吞吐量和点对点的通信延迟,最终会影响到客户端的视频质量和时延。

实验人员通过组成五人小组合作完成路由表的填写,使得客户端到服务器形成通信通路,并在通信上获得更高的吞吐量和更低的延迟。本实验目的如下。

- 理解计算机网络的基础概念:网络拓扑、网络边界、路由表、网络延迟、传输速率、吞吐量、客户端/服务器模型。
- 体会网络协议在复杂庞大的计算机网络中的重要性,并以小组沟通的方式了解如何通过基于网络协议进行协同操作。
- 理解网络中对通信性能的度量标准,初步掌握量化分析和性能优化的能力。

本实验的应用架构是客户端/服务器模型,这是网络服务中常见的模型,客户端发送请求到服务器,服务器接收请求,处理得到的结果并返回给客户端。为了简化实验的复杂程度,本实验在模拟全网的网络流量时中只关心客户端发送视频数据给服务器这个过程,不考虑服务端对客户端的应答过程。

6.3.2　实验内容、方法和步骤

本实验的网络拓扑有客户端、服务器、链路和路由器四个元素,实验人员可以挑选实验系统生成的拓扑结构进行实验。

本次实验拓扑由三层路由器构成,总共 30 个路由器,最外层 10 个路由器连接客户端,最里层 10 个路由器连接服务器。由外到里的路由器吞吐量会依次增大,即节点能处理的流量会越来越大。每个实验中的路由器都对应着一个唯一的 ID,可映射到 IP 地址的概念,小组五个成员各会被随机分配六个路由器,进行路由表的填写,最基本的目标是使所有的路由器之间都能形成通路。

路由表由两列构成,分别是目标地址和下一跳路由器地址。目标地址可以为路由器 ID,也可以为多个路由器 ID 以逗号分隔的数组,例如 1,2,3,也可以为 default。路由器接收到数据报文后,将根据数据报文的目标地址,在路由表中从上到下进行匹配,匹配后即进行转发,其中 default(也就是默认配置)将匹配所有地址。下一跳地址由实验人员在当前路由器所直接相连的路由器 ID 中选择。一个可行的路由实例如图 6.3 所示。

实验人员可以随时使用模拟工具模拟八个客户端进行视频会议的数据发送过程,模拟工具首先会检测该网络拓扑中所有的路由器是否可以互相点对点通信。如果通过,就会随机在拓扑外层的 10 个路由器位置中随机选取八个分别作为八个客户端的第一跳路由器(first-hop router),内层也会随机选取一个路由器作为一个服务器的第一跳路由器,然后以颜色和数字来展示网络的延迟和吞吐效果。

为了得到更高的吞吐和更低的延迟,实验人员应通过模拟工具的展示效果,重复校正自己路由表的设置。

实验方法和步骤如下。

(1) 选择网络拓扑结构:系统会随机生成连通图的网络拓扑,小组成员内部讨论后

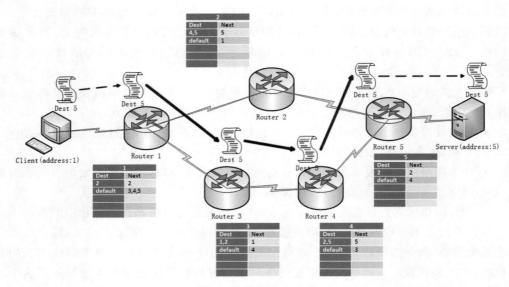

图 6.3　网络路由实例

确定当前选择或者更换网络拓扑。

　　(2) 填写路由表：上述步骤后，五个成员会分别得到六个路由器，每个成员需各自在其六个路由器上填写路由表。

　　(3) 测试和模拟网络通信：上述步骤中保存路由设计后，可测试路由器是否全局通信连通，测试通过后，会出现模拟八个客户端和一个服务器通信的结果。实验人员可多次模拟，或者再次进入步骤(2)修改自己的路由表。若测试未通过，会显示检测到的某一个路由不通的实例。

　　(4) 提交实验结果：系统会随机模拟 20 次实验，进行一次平均评估，并给出最终分数。用户可下载当前实验模拟的图像。注意：测试通过的实验才可以成功提交。

6.3.3　实验注意事项

　　(1) 模拟实验时，随机生成的客户端和服务器分别连接最外层的路由器和最里层的路由器，其作为客户端和服务器的第一跳路由器，即客户端或服务器发送的所有数据都会进入第一跳路由器，并由其转发。

　　(2) 路由表最多只能填五项，可以空项。由于 default 匹配所有地址，一般放在所填项的最后。

　　(3) 路由表中第二列"下一跳地址"，系统已经设置了可能的值，即次路由器直接相连的路由 ID。

　　(4) 在步骤(2)中，实验人员只能看到自己设计的路由器，无法看到其他人的路由设计。在步骤(3)中，可以查看到小组其他成员的路由表项。

6.3.4　成绩评定方法

本实验的最终成绩由在线实验成绩和报告成绩两部分组成,每部分各占据 50% 的分数。

其中,在线实验部分满分为 100 分,分为两个部分。

(1) 构建所有路由器相互间报文通信的通路,为 65 分。通路即 65 分,未通路为 0 分。

(2) 网络性能的分数,为 35 分。其中,所有对客户端的平均吞吐量的衡量占 20 分,对客户端到服务器的平均路径长度的衡量占 15 分。

另外,请以小组的形式提交实验报告和演示幻灯片,并详细阐述对实验目的的理解和实现。实验报告等的规范撰写,深入或创新的实验思路都会显著提高最终分数。

6.3.5　思考题

(1) 此实验中,是否存在一个路由协议,使得小组成员能无交流地填写路由表,并无试错地达成“网络拓扑中路由器通信通路”的目标?

(2) 若此实验中的视频会议是 P2P(peer to peer)的协议,该如何设计路由表使之达成低延迟的目标呢?

(3) 如果拓扑结构会发生改变,该如何动态调节路由表呢?

(4) 探索不同的拓扑结构对网络的延迟和吞吐的影响。

6.4　淝水之战系统实验

6.4.1　实验目的和原理

本实验试图理解分布式系统中的拜占庭将军问题。为了体现计算机科学研究中常常出现的“假想问题”现象(即通过一个假想问题或虚构问题反映出一类真实问题的本质需求),本实验故意使用了看起来是矛盾的命名“淝水之战”。本实验首先将虚构的拜占庭将军问题换成中国历史上真正发生过的淝水之战,但没有使用符坚、谢玄等历史真实人物,而是使用了三国人物作为角色。

本实验基于分布式系统中的拜占庭将军问题改编,希望实验人员通过团队合作达到以下目的。

(1) 理解系统的模块化、抽象化概念,能够使用多种模块组合完成一个独立抽象系统的构建,完成指定目标。

(2) 理解分布式系统与独立系统的关系,尝试约定一种协议来保障分布式系统的容错性。

本实验可能使用的概念如下。

(1) 拜占庭将军问题(Byzantine generals problem):由 Leslie Lamport 提出的点对

点通信中的基本问题。在分布式计算领域,不同的计算机通过信息交换,尝试达成共识;但在某些情形下,协调计算机或成员计算机可能因系统错误、恶意改变等原因交换错误的信息,导致影响最终的系统一致性。如何通过制定协议解决可能的出错情形即是拜占庭将军问题。

（2）分布式系统(distributed system)：指基于网络互联并通过传递消息进行通信和行为协调的计算系统。

（3）抽象化(abstraction)：指以缩减一个概念、屏蔽一个现象的信息含量来将其泛化(generalization)的过程。在计算机科学中,良好的抽象可以屏蔽实现细节,降低描述复杂度,提高概念的通用性。

（4）模块化(modulization)：在计算机科学领域,模块化是将一个复杂的硬件或软件系统,基于不同考虑分解(decompose)为若干模块的过程。

（5）容错性(fault tolerance)：针对分布式系统,容错性是指在系统出现一定错误的情况下,系统仍可正确有效运行的性质。

6.4.2　实验内容、方法和步骤

你需要与你的合作实验人员在同一个时间段,完成以下两个实验内容,并最终赢得淝水之战。

1. 部队子系统构建

部队子系统是本实验中单个实验人员所能控制的最小的抽象化操作单元。一个子系统由若干相应的模块、关系、接口、业务逻辑构成。为了使你的部队能够顺利参加即将开始的淝水之战,你需要构建具备如下功能的部队子系统。

- 有唯一的标示,可以区分你的部队子系统与其他人的部队子系统。
- 你的部队子系统能与其他人的部队子系统进行通信、决策。
- 你进行决策时,应该依据部队的状态进行调整,即整备状态与就绪状态。
- 部队状态是反映你的部队能否进行战斗的决定性指标,它受到粮草数量、士兵数量、天气状况的共同影响。你应该指明部队这三个外在变量变化满足什么样的条件时,部队状态如何被调整。值得注意的是,粮草数量、士兵数量、天气状态会在每一天到来时发生随机的变化(例如补给或消耗)。

现在可供你使用的模块、属性、接口已经在游戏模式中显示,请通过单击和拖动完成各部件的连接。把鼠标悬浮在相应的部件上,右侧区域将显示该部件的详细信息。

2. 淝水之战分布式系统

本场战役持续 N 天,每天的持续时间为现实时间 20min。战役由你的全部组员共五人参加,五人的身份之中,一人为奸臣,其余为忠臣。在新的一天到达时,每个部队的子系统状态都将发生变化,同时你的身份也将随机发生变化。你的子系统和其余子系统交互的方式仅限信鸽通信和制定决策(每一天只能做出一次决策)。其中通信用于告知自己或者其他部队的状态(通信过程无丢失,无错误,无消息泄密);各位玩家之间的拓扑连接为全互联；根据你判断到的全局状态做出开始攻击或拒绝攻击决策。

忠臣与奸臣有不同的作战目标：忠臣的目的为全力避免奸臣的误导做出决策，使忠臣们共同满足胜利条件，即满足容错性。奸臣的目的为全力破坏忠臣共同做出正确的决策，使得忠臣们不能满足胜利条件。

淝水之战分布式系统的容错性（即胜利条件）由游戏后台通过三个子条件共同判断。

- **一致性条件**：所有忠臣将军做出相同的决策。
- **有效性条件**：少数忠臣将军应服从多数忠臣将军的状态进行决策，数量相同时进行任意决策，在五人参与时如表 6.2 所示。

表 6.2　有效性条件在五人游戏时的详细情况

忠臣部队中处于就绪状态的数量	应做出决策
4	攻击
3	攻击
2	攻击或拒绝攻击
1	拒绝攻击
0	拒绝攻击

- **终止性条件**：所有忠臣将军都做出了决策，或达到游戏限制时间。

实验方法和步骤如下。

（1）第一阶段：构建部队子系统。

图 6.4 左上部分为游戏区，你需要在这里进行操作；下半部分为日志区，显示最近的事件；右部分显示当前的状态和提示信息，绿色的名字表示用户在线，灰色表示离线。你可以将鼠标悬浮在指定部件上，查看该部件的详细信息。其中深蓝色的部件为模块，可以与其他模块进行连接。浅绿色的部件为属性或接口，不可以连接，但可以放入其他模块中。浅白色的部件为最终构建的抽象子系统。当你把鼠标靠近某个模块的边缘时，可以从按住周围的四个连接点中抻拉出一条连接线，当释放鼠标在其他模块的某个连接点时，一条连接线就完成了。单击抽象子系统，你可以进一步设置其中的内部逻辑。

只有当你构建出唯一符合要求的系统结构图时，单击"构建完成"按钮才可进入第二阶段。

（2）第二阶段：进行淝水之战。

该阶段必须在全部组员同时在线时才可以进行，否则会停留在等待界面。

下面以一人向两人发送消息为例。赵云向诸葛亮发送了自己是整备状态，关羽是整备状态，刘备是整备状态的消息，如图 6.5 所示。但赵云向关羽发送了自己是就绪状态，张飞是就绪状态，诸葛亮是就绪状态的消息。在三个组员看来，每个人的视角都将因收到的消息不同而显示得不一致。

程序运行过程中绿色为就绪状态，红色为整备状态。以诸葛亮视角为例，赵云的头像背景的颜色为红色表示赵云声称自己为整备状态。赵云指向关羽的箭头为红色，表示

图 6.4　第一阶段操作界面

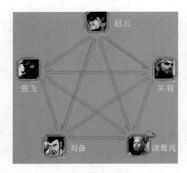

(a) 诸葛亮视角

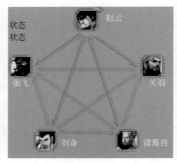

(b) 赵云视角

(c) 关羽视角

图 6.5　不同人员获取到的不同信息图

赵云声称关羽为整备状态。

　　游戏里的战役并不限制通信的次数,但在图例里,后一次同一链路的颜色会覆盖之前的链路颜色。玩家此时需要借助日志区的信息进行辅助判断。

　　经过若干轮的通信后,玩家便可依据胜利条件做出决策,进行攻击或者不攻击。若在指定时间内无法完成决策,系统将进入下一天。

6.4.3　实验注意事项

　　(1)你首先应该和你的组员共同阅读本指导手册,在进行充分理解后,进行测试模式。当你非常熟悉相关操作后,再进入提交模式。测试模式和提交模式请通过操作界面的左上角进入。注意:本游戏需要你的组员五人全部在线时才可进行游戏,因此你要保证你们的网络是畅通的。

　　(2)在进入提交模式后,请不要与队员进行其他方式的交流。

6.4.4　成绩评定方法

本实验的最终成绩由在线实验成绩和报告成绩两部分组成,每部分各占据 50% 的分数。

其中,每个组员在"第 0 天"初始分数均为 80 分,经过"5 天"后的分数为最终提交分数。

- 若在某天达到胜利条件:忠臣加 10 分,奸臣减 40 分。
- 若在某天没有达到胜利条件:忠臣减 10 分,奸臣加 40 分。
- 若在某天截止之前没有全部忠臣进行决策:所有玩家减 20 分。

需要注意的是,该部分分数将以个体形式计入你的实验成绩中,因此请各位扮演好自己的角色。

另外,请以小组的形式提交实验报告和演示幻灯片,并详细阐述你们对实验目的的理解和实现。实验报告等的规范撰写,深入或创新的实验思路都会显著提高最终分数。

6.4.5　思考题

(1) 如何利用抽象思维设计系统?

(2) 在本实验中,为什么要设置部分模块接口属性对外可见? 为什么有些不可见?

(3) 第一阶段与第二阶段如何通过子系统进行关联?

(4) 第二阶段中,奸臣做哪些举动可能导致忠臣判断失误? 可不可以利用现有的通信手段实现更为完善的容错保障?

6.5　班级快速排序实验

6.5.1　实验目的和原理

本实验在室外空地(如操场)上实践人体计算机执行快速排序算法,加深对算法思维和系统思维的理解,能够在实际操作中应用串行的快速排序算法。同时,也让同学们初步接触到计算机组成原理的内容。

本实验也让同学们初步了解计算过程并不一定需要通过电子计算机执行,也可以通过人体计算机执行,从而接触到人体计算(human computation)等三元计算概念。

中国科学院大学 2015 级共有 11 个班,每班大约有 30 名同学。这 11 个班同时在室外空地上执行各自的快速排序计算过程,将按学号排序的一行同学变换成按身高排序的一行同学。需要证明如下三个正确性:

- 结果正确(排序结果确实是正确的)。
- 算法正确(正确执行了快速排序算法)。
- 系统正确(确实是串行执行)。

6.5.2　实验内容、方法和步骤

中国科学院大学 2015 级共有 11 个班,每个班的选课同学(共 n 名)组成一个人体计算机。每个计算机包含一个 8 人控制组,其他 $n-8$ 名同学组成一个数据组。数据组同学同时也担当运算器功能。

控制组由 8 名同学组成,分工如下。

- 两名班长担任监督器,确保计算机串行执行快速排序算法,出现偏差时立即叫停,并分析错误,返回上一步骤执行。
- 一名同学担任控制器,另一名同学担任备份控制器。主要任务是控制执行,以及身高比较、确保数据组同学正确执行了换位操作。
- 一名同学担任监控器,另一名同学担任备份监控器。主要任务是拍照,留下执行记录。
- 一名同学担任计数器,另一名同学担任备份计数器。主要任务是计数,即统计出执行过程一共经历了多少步骤。

每个人体计算机按照如下方式执行快速排序算法。

- 准备阶段:给定数据输入,即数据组 $n-8$ 名同学按照学号从低到高排列好。
- 执行阶段:班级计算机串行执行快速排序算法,其结果是 $n-8$ 名同学按照身高从低到高排列好。
- 课后阶段:每个班的两名班长汇总材料,准备 5min 汇报,向全班报告,包括做出评价与思考(学到了什么)。

假设"计算机科学导论"课程是在周五上午 10:00 上课,则可如下安排。

- 课前阶段:各班需在周四晚 24 时前准备好各自的排序策划,包括执行算法的具体方法以及三个正确性的证明方法,并准备好人员分工及实践材料(记录材料、拍照工具等)。
- 课中阶段:

10:00 各班在操场集合,清点人数后开始做正式实验前的试验。

10:15 各班按照自己的策划进行排序。

11:00 各班再做一次排序,验证执行的正确性。

11:40 下课。

- 课后阶段:各班班长汇总整理的汇报材料电邮给年级长(或大班长),由他们统一安排在下周课上向全班汇报。如果时间允许,最好由各班长分别直接向全班汇报。

6.5.3　实验注意事项

(1)实验的准备工作很重要。没有准备好排序策划的人体计算机很难按时完成实验,得到正确的排序结果。实验过程会出现意想不到的情况。

(2)注意快速排序的非线性时间复杂度。每个人体计算机的排序数据规模不宜太

大。排序 40 条数据需要的计算时间可能会超过两个课时。

（3）从实验前的策划到实验后的汇报，都需要考虑如何保证三个正确性。

6.5.4　成绩评定方法

本实验的最终成绩由在线实验成绩和报告成绩两部分组成，每部分各占据 50% 的分数。

6.5.5　思考题

- 你们如何确保三个正确性？
- 实验过程出现了哪些意想不到的情况？你们是如何应对的？
- 计算机为什么应该有寄存器？快速排序实验的答案是什么？
- 快速排序算法为什么要有随机选择？

6.6　莱布尼茨问题实验

6.6.1　实验目的和原理

本实验的论题是：莱布尼茨发明二进制是否受了伏羲八卦影响？

本实验有两个目的。最主要的目的是为了更加深入地理解"二进制数字符号"这个学术概念。实验涉及历史文献研究，但不是为了历史考据。第二个目的是让同学们体验到，如何在含有不确定、不完备因素的环境下，仍然努力保证科学研究的严谨。严谨性的一个体现是同学们通过研究有依据的文献资料，形成自己的思考和见解，而不是人云亦云。

本实验的论题是科技史领域与计算机科学相关的一个重要论题，尚未形成最终的结论，网络上更是充斥着不严谨的断言。伏羲八卦是一个二进制数字符号体系吗？如果是，为什么不说伏羲发明了二进制，而说莱布尼茨发明了二进制？如果说伏羲八卦是一个二进制数字符号体系，依据何在？为什么莱布尼茨要说"伏羲的算术"？

同学们在本次实验中将对文献资料进行研究，重点在严谨性。同时，还要锻炼以百科词条的方式严谨地陈述研究结果。

6.6.2　实验内容、方法和步骤

建议本实验以学术辩论的形式展示同学们的思考和见解。建议的辩题如下。
- 正方辩题：莱布尼茨独立发明了二进制，没有受伏羲八卦影响。
- 反方辩题：莱布尼茨受伏羲八卦影响发明了二进制。

辩论各方需做如下工作。
- 文献研究。收集与实验论题相关的文献资料，并筛选出有依据的文献资料（如莱布尼茨二进制算术论文的法文原文、英文译文、中文译注）。

- 原文翻译。将莱布尼茨论文的法文原文翻译成中文。
- 撰写维基。选择相关维基百科词条,修改词条,或选择新词条,撰写上线。
- 现场辩论。面向全班同学进行辩论。其目标不是赢得辩论,而是更深入地理解"二进制数字符号"概念,同时为论题提供依据、证据链、新的思考或见解。

6.6.3　实验注意事项

(1)二值数字符号并不是只涉及加、减、乘、除算术运算,也不等同于二进制算术。例如,布尔逻辑运算涉及二值数字符号,但不是二进制算术。

(2)在计算机科学相关的英文语境中,"二值"与"二进制"这两个概念往往都用同一个英文 binary 表示,有时容易引起误解。

(3)既然文献中已经有了莱布尼茨论文的中文翻译了,为什么还要同学们翻译?最重要的原因是,同学们需要了解什么是"第一手资料"。

6.6.4　成绩评定方法

原文翻译、撰写维基、现场辩论各占三分之一的分数。

6.7　信息隐藏编程实验

6.7.1　实验目的和原理

本实验通过四个编程子任务,在一个学期内实现信息隐藏和恢复的程序,达成如下目的。

(1)初步了解程序语言的数据类型、控制流、函数等基本概念,通过编程能实现简单的数字处理、复杂度测量和 I/O 操作,进而完成较复杂的信息隐藏的任务。

(2)初步了解 Linux 平台上 Go 程序的编辑、编译和命令行运行。

(3)通过上述动手动脑编程练习,更加具体地理解"操作数字符号的信息变换"、逻辑思维、算法思维、网络思维、系统思维等基本概念。

本实验在 VirtualBox 虚拟机上安装 Ubuntu 16.04 x64 系统(一种流行的 Linux 发行版本),在 Ubuntu 上使用 Golang 1.8 进行编程实践,运用 Golang 基本语句完成多项编程任务,结合实践来巩固学生对于本书的知识掌握,从直观上了解和认知计算机思维。

在进行信息隐藏任务前,有三个简单的任务让学生们熟悉编程语言和运行环境:①数字符号的操作;②时间复杂度和空间复杂度测量;③磁盘和网络的 I/O 操作。它们对应第 1 章的数字符号部分、第 3 章的算法思维和第 4 章的网络思维,编程过程让学生们体会到第 2 章的计算模型和逻辑思维。最终学生要完成的信息隐藏任务较为复杂,需要将前面的三种思维和系统思维结合起来,完成信息隐藏的编程实践。

为了简化同学们对于关键知识的掌握,避免过多纠缠程序语言上的细节问题,在前面三个子任务中,我们会进行简单的 Go 程序语言介绍;在信息隐藏的任务中,我们提供了程序框架,学生们只需要在核心区域完成所需的程序片段。

6.7.2 实验准备

1. 安装和熟悉实验环境

导入 Linux Ubuntu 系统如图 6.6 所示。

图 6.6 导入 Linux Ubuntu 系统

在网页 https://www.virtualbox.org/wiki/Downloads 上,根据个人的操作系统(如 Mac OS X 或 Microsoft Windows 平台)下载和安装对应的 VirtualBox 软件。选择"管理"→"导入虚拟电脑"命令,选择已经准备好的 Linux 镜像(Computer_Intro.ova),导入成功后,选中该 Computer_Intro 虚拟电脑,即可运行该虚拟系统。

本实验中需要使用两款软件,分别是 gedit 和终端。gedit 是 Linux 系统中提供的文本编辑器,在本实验中将会使用其作为代码编辑器,在终端输入命令 gedit <filename> 打开对某文件的编辑。终端(字符终端)提供了此实验的基本工作环境,在终端下通过执行命令来指挥计算机工作,表 6.3 是本实验中会使用的命令列表。

表 6.3 命令列表

命 令	作 用	备 注
ls	查看目录中的内容	
cd	更换当前目录,又称进入目录	cd .. 更换到上一层目录
cat	将文件内容打印到标准输出(standard output)	

命　　令	作　　用	备　　注
go build	将 Golang 的源代码编译成可执行的文件	
display	显示图片文件	按 Ctrl＋Q 组合键可关闭图片,回到终端窗口
gedit	打开针对当前文本文件的编辑器	按 Ctrl＋S 组合键可保存对文本的更改。 按 Ctrl＋Q 组合键可关闭编辑器,回到终端窗口,建议关闭前先保存

图 6.7 显示了通过 VirtualBox 启动 Linux 后,打开终端进行的一系列命令操作。在终端中进入目录 workspace/go/src/project,编译 hello_world. go 程序,产生可执行文件 hello_world。然后通过. /hello_world 来执行该文件(运行当前目录下生成的可执行文件需要在文件名前加上. /)。最后通过 gedit name_to_number. go 打开对 name_to_number. go 的代码编辑界面,编辑完成后要注意使用 Ctrl＋S 组合键进行保存,再通过 Ctrl＋Q 组合键关闭 gedit,回到终端继续其他操作。

图 6.7　Linux 工作环境(左边窗口是终端,右边窗口是 gedit)

所有 Golang 源代码的文件名均以. go 为扩展名,下面以 hello_world. go 程序为例进行分析。

第一行标注该程序代码所在的包(包含一系列函数和变量等内容),在本实验新写的所有程序都在 main 包中,fmt 包提供了格式化输入和输出函数,os 包提供了对文件的读写操作,math/rand 包提供了随机数生成函数,time 包提供时间函数,runtime 提供了内存状态查询的函数,net/http 包提供了访问网络资源的函数,详细内容可参见 https://golang. org/pkg。

第五行声明了 main 函数(function),函数是用来描述对输入参数执行一系列的步骤、最后输出结果的计算过程。main 函数总是 func main()的形式,没有输入和输出参数,程序运行都是从此函数的第一个语句开始执行。main 函数大括号间的内容为执行代码段,这里只有一行代码,即打印"Hello, World!"到标准输出。

代码 1 hello_world.go。

```
1 package main
2
3 import "fmt"
4
5 func main() {
6     fmt.Println("Hello, World")
7 }
```

由于 Golang 是编译型语言,因此需要将源代码编译为可执行文件,然后再运行可执行文件。进行如下操作: go build hello_world.go 是将 hello_world.go 源代码编译为 hello_world 可执行文件。若没有语法错误,将会在当前目录出现 hello_world 文件, ./hello_world 是在终端下运行该可执文件。

以上介绍了 Golang 源代码结构,以及如何编辑代码、编译代码、运行可执行程序,下面简单介绍本实验需要的 Golang 编程知识。

2. Golang 编程知识

以下 Golang 编程知识并非完全独立,应和实验内容结合学习,更系统的 Golang 编程知识参见 https://tour.golang.org/。

(1) Golang 的数据类型和操作(见表 6.4)。

表 6.4 **Golang 的数据类型和操作**

类 型		大小/B	取 值	zero value	操 作
布尔值	bool	N/A	true/false	false	&&、||、!(与、或、非)
整数	byte	1	$[0,255]$	0	+、−、++、−−、*、/、%、&、|、^ (加、减、递增、递减、乘、除、取余、按位与、按位或、按位取反)
	int	8	$[-2^{63}, 2^{63}-1]$	0	
	uint	8	$[0,2^{64}-1]$	0	
浮点数	float64	8	使用 IEEE-754 64 位标准	0.0	+、−、*、/(加、减、乘、除)

布尔值一般会在比较数的时候产生,布尔值之间可进行与、或、非运算,从而构成复杂的语句,可作为稍后要讲的选择流和循环流中的判断条件(回忆第 2 章的布尔逻辑)。

本实验中要使用的整数类型为 byte 和 int 两种。要注意字符串的单个字符是 byte 类型,其值就是字符对应的 ASCII 编码,以下示例中声明了初始值为'a'的变量 y 和初始值为 97 的变量 z,两者的值是相同的,都是整数值 97。在磁盘文件和网络文件中,文件内容都会按照 byte 类型进行处理。

为了在程序中使用上述类型,我们需要声明指定类型的变量,没有声明的变量不能进行赋值和访问。变量用 var 关键字来修饰,变量名后面为该变量的类型;变量声明时若没有赋初始值,那么初始值为对应类型的 zero value。示例如下:

```
var i int // zero value: 0
var x float64 // zero value: 0.0
var y byte = 'a' // one-byte integer: 97
var z byte = 97 // one-byte integer: 97
var buf []int = make([]int, 10) // int slice with length 10
```

以上示例中 buf 变量的类型[]int 称为切片类型,make 函数是 Golang 内部提供的,此处代表申请 10 个连续 int 元素的 int 数组(每个元素值为 zero value),并返回指向这个 10 个元素的切片,稍后将会介绍数组和切片类型。

Golang 中除了上述声明变量的方法,还提供了更简单的声明方式,在本实验中会大量使用,被称为 short variable declaration。语法格式是<variable>：＝expression,相比上述声明,省略了 var 和变量名后的类型,变量的类型由后面的表达式值的类型来确定。示例如下:

```
i := 10 // i: int
buf := make([]byte, 1024) // buf: []byte
data, err := ioutil.ReadFile(filepath) // data: []byte, err: error
```

(2) 数组、切片和字符串。

编程中常会使用连续的存储空间来保存有限个、固定数目的同类型元素,称之为数组类型。为了关注数组中某一连续部分的访问,还需要引入切片类型,描述数组存储的某连续的部分。

在 Golang 中,申请连续的存储空间的方法有如下两种:第一种是通过指定数组类型声明数组变量,例如 var byte_array [5]byte,如果不进行赋值,则数组中每一个元素为 0;第二种是使用 make 函数产生连续的存储空间,元素类型和数量在 make 函数中以参数形式传入,由于 make 是函数,那么必然有返回值,其返回值就是对应这段连续存储空间的切片,一般会将 make 函数的返回值赋值给某切片变量。值得注意的是,如果没有对声明为切片的变量进行赋值,那么该变量的值为切片类型的默认值 nil。

字符串底层实际是 byte 的数组,每个元素的值为对应字符的 ASCII 编码。字符串可以通过 fmt. Println、fmt. Print 函数打印出字面值。本实验中需要操作的排序数据、文件数据、字符串数据都存放在连续的以字节为单元的内存空间中。以下分别是数组、切片和字符串的声明和初始化方法。

```
var byte_array [5]byte = [5]byte{72, 101, 108, 108, 111} // byte array of
size 5
var byte_slice1 []byte = make([]byte, 4) // byte slice, via make function
var byte_slice2 []byte = byte_array[1:4] // byte slice, via slice
operation
var byte_slice3 []byte = byte_slice2 [1:3] // byte slice, via slice
operation
var str1 string = "Hello World!" // directly declaration
var str2 string = string(byte_array[0:]) // string, transformed from byte
array
```

无论是数组、切片还是字符串,都有容量(此实验不关注)和长度属性,通过 len

（＜array/slice/string＞）方法获得其所含元素的个数；三种类型可以通过［＜index＞］来访问索引指向的某个元素，三种类型的元素的索引都是从 0 开始，所以最后一个元素对应的索引为其长度减去 1。要注意的是，切片底层存储是数组，故切片与原数组共享一些元素，来源于同一个数组的切片也可能会共享某些元素，如果修改某切片的某索引对应的元素，那么底层数组或者其他共享该元素的切片也可以看到这些改变。

　　图 6.8 是切片、数组和字符串在内存中的存储结构，同学们不必深究切片的结构为何是由三部分构成。图中 byte_slice1 切片指向了有四个 byte 元素数组的整个部分，byte_slice2 和 byte_slice3 都是通过在数组或切片上做切片操作获得。切片操作的结果为切片类型，是在原数组或原切片变量后加上［start：end］，表明新的切片指向的元素是从原数组或原切片的索引 start（包含）到索引 end（不包含），如果省去 end，代表从 start（包含）到其最后一个元素（包含）。故 byte_slice2 切片长度为 3，索引 0 对应 byte_array 的索引 1，索引 2 对应 byte_array 的索引 3；byte_slice3 切片长度为 2，对应 byte_slice2 的索引 1（包含）到 3（不包含），指向的底层存储实际是 byte_array 的索引 2（包含）到索引 4（不包含）部分。

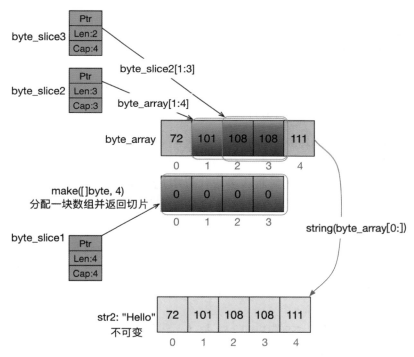

图 6.8　数组、切片和字符串在内存中的存储结构

　　要注意的是，数组无法直接赋值给元素类型相同的切片，反过来也不可以（Golang 不同类型不能赋值）；同元素类型的切片变量可以互相赋值。

　　str1 是直接赋值字符串字面量；str2 是将 byte_array[0：]切片转化为 string 类型。在第一个子任务中，我们先使用这种方法在整数转化为字节切片，再将其转化为字符串打印出来。

（3）不同类型的转化。

Golang 是强类型的，不同类型之间的赋值语句会导致程序无法正确编译。如果函数调用或者操作符中使用的变量与声明的类型不符，同样会出现编译错误。不同类型之间需要显式地进行转换。本实验中有 byte 和 int 类型的转换，[]byte 和 string 类型的转换，如下示例。

```
// Type cast
var b byte = 1
var i int = int(b) // byte -> int
b = byte(i) // int -> byte, may lose precision

// ascii code of "Hello"
var bs []byte = []byte{72, 101, 108, 108, 111}
// the underlying storage of string is []byte
var hello string = string(bs) // []byte -> string
fmt.Println(hello)
var hello_bytes []byte = []byte(hello) // string -> []byte, should be
equal to bs

// transform integer 34 to string "34"
var ascii_array []byte = make([]byte ,2)
var k1 byte = 3
var k1_ascii byte = k1 - 0 + '0'
var k2 byte = 4
var k2_ascii byte = k2 - 0 + '0'
ascii_array[0] = k1_ascii
ascii_array[1] = k2_ascii
fmt.Println(string(ascii_array))
```

（4）Golang 的控制流。

程序有三种基本的控制流，即顺序流、选择流和循环流。顺序流按照代码的编写顺序执行；选择流依照运行时条件判断从多块代码中选择某一部分执行，而其他部分则直接跳过；循环流依照运行时的循环判断来决定是否重复执行某一块代码。

if…else…是常用的选择流。<simple statement>为普通的程序语句，在进行条件判断之前执行，常常是为条件判断的变量做初始化。条件判断按照从前到后进行判断，如果满足某一个条件判断，则执行对应的代码段，执行完毕后跳过整个选择流；如果所有条件都无法满足，则执行 else 对应的代码段。语法结构如下：

```
// if else statement
if <simple statement>; <condition exp 1> {
    <code block 1>
} else if <condition exp 2> {
    <code block 2>
} ... else if <condition exp n-1> {
    <code block n-1>
} else {
    <code block n>
}
```

for 循环流的语法结构分为如下三部分：＜init statement＞、＜condition exp＞和＜post statement＞。

```
// normal for statement
for <init statement>; <condition exp>; <post statement> {
    <code block>
}
```

执行顺序如下。

步骤 1：循环开始时，首先执行＜init statement＞。

步骤 2：判断＜condition exp＞。如果为真，继续下面步骤；否则，终止循环。

步骤 3：执行循环体中的代码段。

步骤 4：执行＜post statement＞。

这四步说明 for 循环第一次迭代的过程。其中步骤 1 只在循环开始时执行一次，步骤 2～步骤 4 重复执行直到＜condition exp＞为假时终止。

以下是通过循环流对数组求和的程序片段：

```
// example snippet
var nums []byte = []byte{1, 3, 5}
var sum int = 0
for i := 0; i < len(nums); i++ {
    sum += int(nums[i])
}
fmt.Println(sum)
```

（5）函数的声明和调用。

Golang 中对函数的声明有四部分：函数名、输入参数、输出参数、代码块。

```
// function declaration
func <function name> (<param 1 name, type>, <param 2 name, type>...)
[(<result 1 type>, <result 2 type>...)] {
    <code block>
}
```

输入参数列表表示该函数输入参数的标识符和类型，可以为空列表，用（）表示。输入参数在函数代码段可以进行取值和赋值，在函数外无法访问。

输出参数列表表示该函数输出参数的类型，若函数没有输出，则该部分可省略。有输出参数的函数代码段通过 return 语句返回相应的结果，返回的数据类型和声明的输出参数的类型必须一一对应。

代码块为程序的执行逻辑，按照控制流执行，直到遇见 return 或者代码段结束，该函数才会结束。

在函数代码段中可以调用源代码文件中的其他函数，函数调用的语法结构和其他语言一致，即将实际参数传递给函数，语法结构如下：

```
// function call
<function name>(<param 1>, <param 2> ...)
```

若该函数有输出参数，可以将该函数调用赋值给变量，变量个数、类型和函数声明的输出参数保持一致。我们常常在函数调用时采取"：＝"的方式将函数返回值赋值给变量,函数声明的返回类型就是赋值变量的类型。例如,如下代码片段中调用 GetPartsOfBmp 函数的赋值变量 file_header, bmpinfo_header, pixel_array 的类型为[] byte。

```
func GetPartsOfBmp(img_path string) ([]byte, []byte, []byte) {
    var file_header, bmpinfo_header, pixel_array []byte
    // initializing process
    return file_header, bmpinfo_header, pixel_array
}

var src_img_path string = "ucas.bmp"
file_header, bmpinfo_header, pixel_array := GetPartsOfBmp(src_img_path)
```

3. 本实验中涉及的符号

表 6.5 所示为本实验涉及的符号,包含算术操作符、比较操作符、逻辑操作符和其他符号。

表 6.5　本实验涉及的符号

符号类型	符　　号	含　　义	举　　例
算术操作符	+、-、*	加法、减法、乘法	2+1 值为 3 2-1 值为 1 400 * 300 值为 120000
	/、%	除法(除数不能为 0)和取余。整数 x 和 y 之间的商 $q=x/y$ 和余数 $r=x\%y$ 满足如下关系:$x=q*y+r$ 且 $|r|<|y|$	5/3 值为 1 5%3 值为 2
	++	递增,i++ 相当于 i=i+1	var i int=1 i++ 值为 2
	&	按位与	0xED & 0xFC 值为 0xEC,二进制表示为 11101101 & 11111100 = 11101100(将最后两位清 0 的常用手段); 0xED & 0x03 值为 0x01,二进制表示为 11101101 & 00000011=00000001(保留最后两位的常用手段)
	|	按位或	0xEC | 0x01 值为 0xED,二进制表示为 11101100 | 00000001=11101101(覆盖最后两位的常用手段)
	<<	左移,将二进制符号往左移,右边补 0	0x36 << 3 值为 0xB0,二进制表示为 00110110 左移 3 位为 10110000

续表

符号类型	符　　号	含　　义	举　　例
算术操作符	>>	右移,将二进制符号往右移;无符号数左边补 0,有符号数左边补符号位	无符号数 0x36 >> 2 值为 0x0D,二进制表示为 00110110(十进制 54)右移 2 位即为 00001101 十进制 13); 有符号数 0x36>>2 值为 0x0D,二进制表示为 00110110(十进制 54)右移 2 位仍为 00001101(十进制 13); 有符号数 −0x4A>>2 值为 −0x13,二进制表示为 10110110(十进制 −74)右移 2 位为 11101101(十进制 −19)
比较操作符	==、!=	相等、不相等	1==1 值为 true 1 !=1 值为 false
	>、> =、<、<=	大于、大于等于、小于、小于等于	1 > 1 值为 false 1 >=1 值为 true 2 < 3 值为 true 2 <=3 值为 true
逻辑操作符	&&	布尔与,值为 true 当且仅当两操作数都为 true	true && true 值为 true false && true 值为 false false && false 值为 false
	||	布尔或,值为 false 当且仅当两操作数都为 false	true || true 值为 true true || false 值为 true false || false 值为 false
其他符号	=	赋值	var v int=1 v=3
	:=	声明变量和赋值	i:=1 相当于 var i int=1
	.	点操作符(dot notation),从一个名字空间内取出一个对象,例如访问包内函数或变量,也可访问结构数据内的字段或方法	fmt. Println("hello, world") os. Stderr httpresp, err : = http. Get ("www. baidu. com") httpresp. StatusCode ioutil. ReadFile("ucas. bmp")
	a[x]	a 为数组、切片、字符串,a[x]表示 a 中索引处 x 的元素。可以取值,也可以向其赋值。字符串某个索引元素不能进行复制	var a []byte=make([]byte, 4) a[0]=1 var v byte=a[1]
	a[low: high]	构建指向 a(可以是数组、切片或字符串)中从索引 low(包含)到 high(不包含)连续存储空间的切片	var a []byte=make([]byte, 4) var b []byte=a[1:3]
	&	取变量地址	var m0 runtime. MemStats runtime. ReadMemStats(&m0)

续表

符号类型	符 号	含 义	举 例
其他符号	"%d"	格式化字符串中的数字占位符	var v int＝1 fmt. Printf("v is %d"，v) 将会打印： v is 1
	"%c"	格式化字符串中的 ASCII 字符占位符	var c byte＝107 fmt. Printf("c is %c"，c) 将会打印： c is k
	"\n"	回车符（carriage return）	fmt. Printf("hello，world\n") 将会打印： hello，world

6.7.3　实验内容、方法和步骤

1. 数字和字符操作

用 Golang 实现将自己的姓名字符串转化为数字字符串的程序，具体过程如下：遍历姓名的字符串的每一个字符，对所有字符 ASCII 编码求和得到整数值，然后将整数转化为字符串，最后打印结果。供参考的程序代码在文件 name_to_number. go 中，见代码 2。字符串"Xu Zhi Wei"的 10 个字符（包含两个空格）所对应的 ASCII 数值分别为：88，117，32，90，104，105，32，87，101，105，求和得到十进制的值 861，再转化为三个 byte 的字符"8"、"6"、"1"，最后在终端打印出来，显示"861"。图 6.9～图 6.11 阐释了代码的执行步骤。

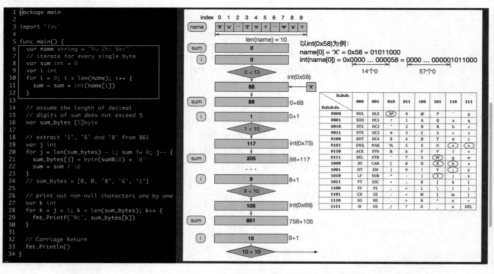

图 6.9　name_to_number. go 第一部分分析

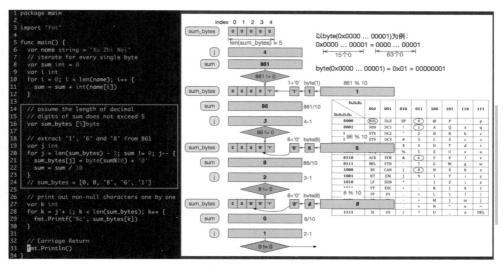

图 6.10　name_to_number. go 第二部分分析

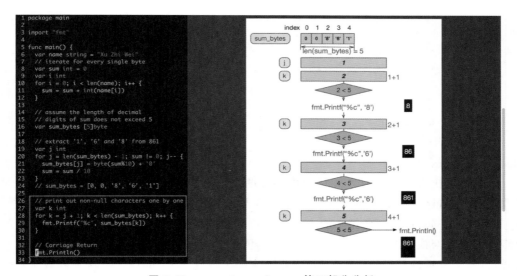

图 6.11　name_to_number. go 第三部分分析

代码 2　name_to_number. go。

```
package main

import "fmt"

func main(){
  var name string="Xu Zhi Wei"
  //iterate for every single byte
  var sum int=0
```

```go
var i int
for i=0; i<len(name); i++{
  sum=sum+int(name[i])
}

//assume the length of decimal
//digits of sum does not exceed 5
var sum_bytes [5]byte

//extract '1', '6' and '8' from 861
var j int
for j=len(sum_bytes)-1; sum !=0; j--{
  sum_bytes[j]=byte(sum%10)+'0'
  sum=sum / 10
}
//sum_bytes=[0, 0, '8', '6', '1']

//print out non-null characters one by one
var k int
for k=j+1; k <len(sum_bytes); k++{
  fmt.Printf("%c", sum_bytes[k])
}

//Carriage Return
fmt.Println()
}
```

　　假设姓名拼音所对应的 ASCII 数值的和的十进制表示不超过五个十进制位。通过修改代码,用自己的姓名字符串编写符合上述要求的程序,了解符号和数字之间的操作。

　　由于这是同学们编写的第一个 Go 程序,上述图解很细致,显示了每一个语句、每一个步骤的符号变换情况,并列出了相关变量的值的变化。图中区分了三种最基本的数字符号,以初步显示计算机科学的“通过操作数字符号变化信息”的思想。这三种数字符号是:'8'等 ASCII 字符,0x58 等十六进制数字符号,以及 0、3、861 等整数。它们都是数字符号。

　　当同学们初步适应 Go 编程语言之后,应当会下意识地理解代码中的这些数字符号,就不用这么细致地画图理解了。

2. 算法复杂度估计

　　本子任务以快速排序算法为例进行算法复杂度的理论估计和实际测量。代码 3 提供了同学们可参考的不完全的、快速排序复杂度测试代码,图 6.12 介绍了此代码的执行流。实验内容和步骤如下。

　　(1) 完成代码 algo_complexity. go 中的 quicksort 函数(增序),参考快速排序伪代

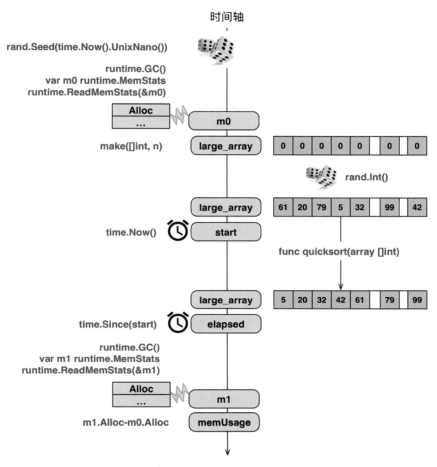

时间轴

rand.Seed(time.Now().UnixNano())

runtime.GC()
var m0 runtime.MemStats
runtime.ReadMemStats(&m0)

Alloc
...

m0

make([]int, n)   large_array

| 0 | 0 | 0 | 0 | 0 | | 0 | | 0 |

rand.Int()

large_array

| 61 | 20 | 79 | 5 | 32 | | 99 | | 42 |

time.Now()   start

func quicksort(array []int)

large_array

| 5 | 20 | 32 | 42 | 61 | | 79 | | 99 |

time.Since(start)   elapsed

runtime.GC()
var m1 runtime.MemStats
runtime.ReadMemStats(&m1)

Alloc
...

m1

m1.Alloc-m0.Alloc   memUsage

fmt.Printf("Sort took %d milliseconds\n", elapsed/1000/1000)
fmt.Printf("Cost memory %d KB\n", memUsage/1024)

图 6.12　algo_complexity.go 执行流分析

码。提示：quicksort 函数不要使用新的数组或切片空间，以便节省内存空间。

（2）完成 main 函数中的检测数组是否有序的代码片段（此部分不计入算法复杂度的理论分析和实验测量）。

（3）理论分析含有 134 217 728（1024×1024×128）个 int 元素的数组的快速排序程序所消耗的执行时间（多少毫秒）和内存空间大小（多少千字节）。

（4）学习 algo_complexity.go 源代码中，针对某一代码片段测量其消耗的执行时间和内存空间的方法，进而通过实验测量快速排序算法所消耗的时间（多少毫秒）和内存空间（多少千字节）。其中，消耗的时间是排序时间，不包含初始化数组的时间；消耗的内存空间包含排序前存放数组的内存空间。

（5）分析理论消耗时间和内存与实际测量值之间的关系。

代码 3　algo_complexity.go 测量程序消耗时间和内存空间，数组的初始化采用了随机数生成的方法。

```go
package main

import(
  "fmt"
  "math/rand"
  "runtime"
  "time"
)

func main(){
  rand.Seed(time.Now().UnixNano())

  //calculate the memory occupation state
  runtime.GC()
  var m0 runtime.MemStats
  runtime.ReadMemStats(&m0)

  var large_array=make([]int, 128 * 1024 * 1024)
  //array initialization, 1024 MB space
  for i :=0; i<len(large_array); i++{
    large_array[i]=rand.Int()
  }

  //sort the array in a ascending order
  start :=time.Now()

  //n * log_2(n)=3623878656
  quicksort(large_array[0:])

  elapsed :=time.Since(start)

  //calculate the memory occupation state again
  runtime.GC()
  var m1 runtime.MemStats
  runtime.ReadMemStats(&m1)
  memUsage :=m1.Alloc-m0.Alloc

  fmt.Printf("Sort took %d milliseconds\n", elapsed/1000/1000)
  fmt.Printf("Cost memory %d KB\n", memUsage/1024)

  //Check whether the array is ordered
  //TODO Your code here
}
```

```
//sort the array in place, the array will be
//ordered after the return of the function
func quicksort(array []int){
  //TODO Your code here
}
```

3. 网络读取文件

本子任务使用表 6.6 中的函数访问远程文件,并写入到本地磁盘。实验内容和步骤如下。

表 6.6　网络读取文件要使用的函数

包	函　　　数	语　　　义
net/http	func Get(url string)(resp * Response, err error)	访问 url 所指示的文件,返回 Response 包含 http 状态和文件内容
io/iotuil	func ReadFile(filename string)([]byte, error)	从指定路径的磁盘文件读取数据,数据为 []byte 类型
	func WriteFile(filename string, data []byte, perm os.FileMode)error	向指定路径的磁盘文件写入数据。flag 和 perm 参数可以参考示例程序
	func ReadAll(r io. Reader)([]byte, error)	读取数据缓冲区中的所有数据,用于读取 httpresp. Body 中的内容

(1) 阅读 remote_txt.go(见代码 4)和对应的执行流(见图 6.13),学习如何访问远程文件。

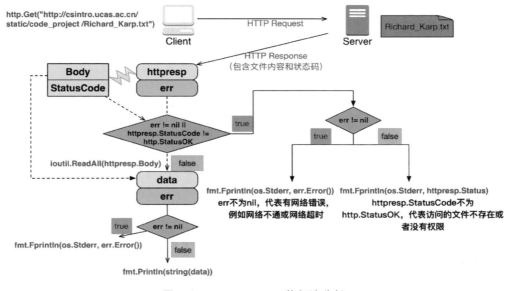

图 6.13　remote_txt.go 执行流分析

(2) 阅读 write_disk.go(见代码 5),学习如何写磁盘文件。

(3) 编写代码,从 http://csintro. ucas. ac. cn/static/code_project/ucas. bmp 获取文

件内容,并写入本地磁盘的 ucas. bmp 文件中,然后通过 display ucas. bmp 命令显示图片。

代码 4   remote_txt. go 访问服务器读取文件。

```go
package main

import(
  "fmt"
  "io/ioutil"
  "net/http"
  "os"
)

func main(){
    if httpresp, err :=http.Get("http://csintro.ucas.ac.cn/static/code_project/
    Richard_Karp.txt"); err !=nil || httpresp.StatusCode !=http.StatusOK {
      if err !=nil {
        //HTTP protocol error
        fmt.Fprintln(os.Stderr, err.Error())
      } else {
        //http response status is not ok
        fmt.Fprintln(os.Stderr, httpresp.Status)
      }
      return
    } else {
      //http response status is ok
      if data, err :=ioutil.ReadAll(httpresp.Body); err !=nil {
        //file read error
        fmt.Fprintln(os.Stderr, err.Error())
      } else {
        //file read ok, transform the ascii bytes to string
        fmt.Println(string(data))
      }
    }
}
```

代码 5   write_disk. go 写磁盘文件示例。

```go
package main

import (
    "fmt"
    "io/ioutil"
    "os"
)

func main() {
    var content string = "Hello, world"
```

```
// Write method only support []byte type, so we must
// transform the string to []byte in ASCII style
var byte_content []byte = []byte(content)

// 0666: linux file permission
var path string = "hello.txt"
if err := ioutil.WriteFile(path, byte_content, 0666); err != nil {
    // file write error
    fmt.Fprintln(os.Stderr, err.Error())
    return
}
}
```

4. 信息隐藏

本子任务通过模块化的编程方法,读取和分析本地磁盘上的 BMP 文件,将文本文件 Richard_Karp.txt 的数据按照要求的算法隐藏到 BMP 文件中,并能从 BMP 文件中恢复出隐藏的文本文件。

本子任务提供了 hide.go 的代码框架,见代码 6,其函数的执行流如图 6.14 所示。

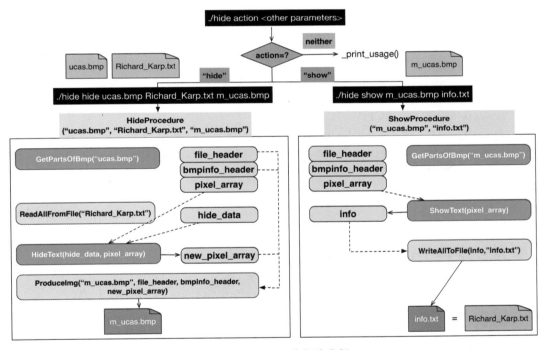

图 6.14　hide.go 执行流分析

代码 6　hide.go。

```
package main

import(
    "fmt"
```

```go
    "io/ioutil"
    "os"
)

const(
    //all in byte
    FILE_HEADER_SIZE     =14 //standard size of file header
    BMPINFO_HEADER_SIZE  =40 //standard size of bmpinfo header
    LENGTH_FIELD_SIZE    =16 //size of occupancy in bmp for the length of hidden data
    INFO_UNIT_SIZE       =4  //size of occupancy in bmp for a byte of hidden data
)

//Read all bytes from a file
func ReadAllFromFile(path string) []byte {
    if all, err :=ioutil.ReadFile(path); err !=nil {
        fmt.Fprintln(os.Stderr, err.Error())
        os.Exit(1)
        return []byte{}
    } else {
        return all
    }
}

//Write all data to a file
func WriteAllToFile(data []byte, path string){
    if err :=ioutil.WriteFile(path, data, 0666); err !=nil {
        fmt.Fprintln(os.Stderr, err.Error())
        os.Exit(1)
    }
}

//Output the bmp file through the indepensible three parts
//@param imp_path. Output path for the bmp image
//@param fh, bh, pixel_array. File header, bmpinfo header, pixel array
//@return the possible errors for output
func ProduceImg(img_path string, fh []byte, bh []byte, pixel_array []byte) error {
    if f, err :=os.OpenFile(img_path, os.O_RDWR|os.O_CREATE, 0660); err !=nil {
        fmt.Fprintln(os.Stderr, err.Error())
        os.Exit(1)
    } else {
        f.Write(fh)
        f.Write(bh)
        f.Write(pixel_array)
        if err :=f.Close(); err !=nil {
```

```
        fmt.Fprintln(os.Stderr, err.Error())
        os.Exit(1)
    }
  }
}


//Transform bytes to an integer in a little-endian way
//@param bs. The byte slice
//@return the integer value transformed by the slice
func _4byte2int(bs []byte)int {
  //TODO Your code here
}


//Retrieve three parts of the bmp file: file header, bmpinfo header and pixel
//array. Note the bmp file may contain other parts after the pixel array
//@param imp_path. The bmp file path
//@return file_header. File heder of 14 bytes
//@return bmpinfo_header. Bmpinfo header of 40 bytes
//@return bytes of pixel array
func GetPartsOfBmp(img_path string)([]byte, []byte, []byte){
  var file_header, bmpinfo_header, pixel_array []byte
  //TODO Your code here
}


//Hide information into the pixel array
//@param hide_data. The text to be hidden
//@param pixel_array. The original pixel array
//@return the modified pixel data, which hides text
func HideText(hide_data []byte, pixel_array []byte)[]byte {
  //TODO Your code here
}


//Restore the hidden text from the pixel array
//@param pixel_array. Pixel array in bmp file
//@return the hidden text in byte array
func ShowText(pixel_array []byte)[]byte {
  //TODO Your code here
}


func HideProcedure(src_img_path string, hide_file_path string, dest_img_path
string){
  fmt.Printf("Hide %s into %s ->%s\n", hide_file_path, src_img_path, dest_img_
  path)
  file_header, bmpinfo_header, pixel_array :=GetPartsOfBmp(src_img_path)
```

```
    hide_data :=ReadAllFromFile(hide_file_path)
    new_pixel_array :=HideText(hide_data, pixel_array)
    ProduceImg(dest_img_path, file_header, bmpinfo_header, new_pixel_array)
}

func ShowProcedure(src_img_path string, data_path string){
    fmt.Printf("Show hidden text from %s, then write it to %s\n",
      src_img_path, data_path)
    _, _, pixel_array :=GetPartsOfBmp(src_img_path)
    info :=ShowText(pixel_array)
    WriteAllToFile(info, data_path)
}

func _print_usage(){
    fmt.Fprintln(os.Stderr, "* hide args: hide <src_img_path><hide_file_path>"
    +"<dest_img_path>")
    fmt.Fprintln(os.Stderr, "* show args: show <img_path><data_file>")
}

func main(){
    //please do not change any of the following code,or do anything to subvert it
    if len(os.Args)<2 {
      _print_usage()
      return
    } else {
      action :=os.Args[1]
      switch action {
      case "hide":
        {
          if len(os.Args)<5 {
            _print_usage()
          } else {
            HideProcedure(os.Args[2], os.Args[3], os.Args[4])
          }
        }
      case "show":
        {
          if len(os.Args)<4 {
            _print_usage()
          } else {
            ShowProcedure(os.Args[2], os.Args[3])
          }
        }
      default:
        _print_usage()
      }
```

```
    }
  }
```

图 6.15(a)和图 6.15(b)分别是原图片(ucas.bmp)和正确隐含文本信息的图片
(m_ucas.bmp)。所有的实验代码都在(~/workspace/go/src/project/hide.go)hide.go
程序框架中完成,实验步骤如下。

(a) 原图

(b) 无明显视觉差异
文本的2b覆盖像素阵列1B的最低两位

(c) 视觉差异明显
文本的2b覆盖像素阵列1B的最高两位

(d) 视觉差异明显
文本的1B覆盖像素阵列的1B

图 6.15 不同的隐藏方法对 UCAS 图片的影响

(1) 了解 little-endian 对 4 字节整数的存储方法,实现_4byte2int 函数(此函数在解
析 BMPINFO 头中长和宽的像素数时使用),使 4 字节的 little-endian 的数据能够转化为
对应的整数。

(2) 学习 BMP 文件的格式,实现 GetPartsOfBmp 函数(需要调用 ReadAllFromFile
函数来读取 BMP 文件的所有数据,在隐藏文本和显示文本的功能中都需要调用此函
数),使其将 BMP 文件数据拆成三个部分:文件头、BMPINFO 头和像素阵列。

(3) 学习本实验中信息隐藏的算法,学习隐藏信息和恢复信息的伪代码(见代码 4),
实现 HideText 函数和 ShowText 函数。

(4) 测试实验:在线上实验平台下载测试图片(所有同学都一样)和文本文件,分别
保存为 ucas.bmp 和 Richard_Karp.txt,在 hide.go 代码编译成功后,能够顺利完成如下
操作:使用命令./hide hide ucas.bmp Richard_Karp.txt m_ucas.bmp 生成隐藏信息的

图片 m_ucas. bmp,然后使用命令 display m_ucas. bmp 查看此图片,在视觉上应和 ucas. bmp 无显著差异;使用命令. /hide show m_ucas. bmp info. txt 将 m_ucas. bmp 中隐藏的信息恢复到 info. txt 中;执行 diff Richard_Karp. txt info. txt 命令,没有任何输出(说明 Richard_Karp. txt 和 info. txt 文件是相同的,否则说明两文件有差异)。

(5) 正式实验:在线上实验平台下载分配给当前同学的原图片(每位同学都不一样)。以学号为 20170001 的同学为例,将图片保存为 ucas_20170001. bmp,在 hide. go 代码编译成功后,能够顺利完成如下操作:使用命令. /hide hide ucas_20170001. bmp Richard_Karp. txt m_ucas_20170001. bmp 生成隐藏信息的图片 m_ucas_20170001. bmp,然后使用命令 display m_ucas_20170001. bmp 查看此图片,在视觉上和 ucas_20170001. bmp 无显著差异;使用命令 hide show m_ucas_20170001. bmp info_20170001. txt 将 m_ucas_20170001. bmp 中隐藏的信息恢复到 info_20170001. txt 中;执行 diff Richard_Karp. txt info_20170001. txt 命令,没有任何输出(说明 Richard_Karp. txt 和 info_20170001. txt 文件是相同的,否则说明两文件有差异)。

(6) 提交完整的 hide. go 代码、m_ucas_20170001. bmp。

little-endian 的存储方式是:数的最低有效位对应最低索引位,如图 6.16 所示。4 个字节的数据按照从索引低位到高位为 20 03 00 00,转换为十进制整数为 $0x20+0x03\times256+0x00\times256^2+0x00\times256^3=800$。

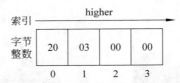

$$0x20+0\times03\times256+0x00\times256^2+0x00\times256^3=800(十进制)$$

图 6.16　little-endian 存储 4 字节整数

BMP 文件以二进制的方式存储数据,按照数据组织顺序分为四个部分:文件头 (FILE HEADER)、BMPINFO 头(BMPINFO HEADER)、像素点阵列(Pixel Array)和其他部分(像素点阵列后还有文件内容,但是不在我们讨论范围之内,我们的实验中图片没有该部分)。

(1) FILE HEADER,14 个字节。前两个字节分别是字符 B 和字符 M 的 ASCII 码,是 BMP 文件的显著特征。

(2) BMPINFO HEADER,共 40 个字节。前 12 个字节分别是 BMPINFO HEADER 的大小、宽度上的像素数、高度上的像素数,都是 4 个字节的整数,按照小端 (little-endian)顺序存储。BMPINFO HEADER 构成如表 6.7 所示。

(3) Pixel Array,像素字节阵列。像素点按照图片从左到右、从下到上的顺序排列。每一个像素由 R(Red)、G(Green)、B(Blue)三原色的值组合而成,R、G、B 每一个值各占一个字节,取值范围为 0~255,值越大代表对应原色越深。像素点值为 0xFFFFFF 代表白色,为 0x000000 代表黑色。因为一个像素由连续的三个字节组成,所以像素阵列的字节数为高度×宽度×3。

表 6.7 **BMPINFO HEADER 构成**

大小/B	含 义	备 注
4	the size of this header(40B)	整数值为 40
4	the bitmap width in pixels(integer)	高度×宽度＝图像的像素数
4	the bitmap height in pixels(integer)	像素数×3＝点阵的字节数
2	the number of color planes(must be 1)	本实验不关心
2	the number of bits per pixel, which is the color depth of the image. Typical values are 1, 4, 8, 16, 24 or 32	本实验中全部使用 24，即 R、G、B 各一个字节
4	the compression method being used	本实验不关心
4	the image size	
4	the horizontal resolution of the image	
4	the vertical resolution of the image	
4	the number of colors in the color palette	
4	the number of import colors used	

下面介绍将文本文件内容隐藏到像素阵列的算法思路。

以一个字节为例，需要将 8b 的数据完整保存在图片中，既不造成图片的显著视觉差异，又能逆向恢复出来 8b 的数据。一个像素点是由 R(红)、G(绿)、B(蓝)三个字节组成的，如果直接将文本一个字节替换到像素阵列中对应一个字节，可能会导致对应原色值差异多达 255(例如替换 0x00 到 0xFF)，这样将会导致该像素点颜色差异非常大(见图 6.15(c))。如果将文本的 8b 分为 4 部分，每 2b 覆盖到原色值的 2 个最高有效位，同样会导致颜色差异非常大(见图 6.15(d))。如果只替换 2 个最低有效位的呢? 原色值差异最多只有 3，图像视觉上无显著差异(见图 6.15(b))。

图 6.17 显示了如何将 ch 两个字符隐藏到像素阵列中 8 个字节中。以两位为单元表示一个字节的直观方法是用四进制来表示。

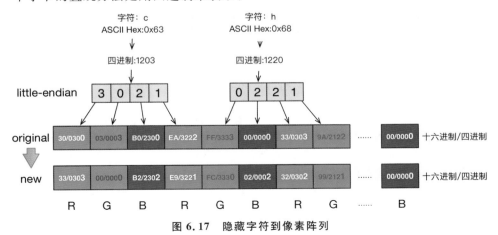

图 6.17 隐藏字符到像素阵列

现在考虑恢复隐藏文本的过程,需要了解隐藏的文本到底有多少个字节(称为文本文件的长度),否则无法知道像素阵列中哪些字节中隐藏了信息。所以需要在隐藏文本文件内容之前先隐藏文本文件的长度,在恢复的过程中才能了解像素阵列中哪些区域是有隐藏文本的。在本算法中,我们假设文本内容大小不超过 $2^{31}-1$ 字节,即用 4 字节的整型就可以表达,故其需要隐藏在 16 个原色值中。在隐藏了文本长度后,再顺序进行文本内容的隐藏,隐藏信息的像素阵列如图 6.18 所示。

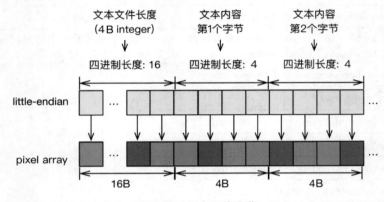

图 6.18　文本文件隐藏

信息隐藏和恢复的伪代码见代码 7,将 4 字节的整数和 1 字节的字符写入对应的字节切片的过程抽象为 insert_data 过程,将字节切片中的 4 字节的整数和 1 字节的字符恢复的过程抽象为 restore_data 过程。本伪代码中两个过程使用位运算来计算,也可以用除法和取余完成,转换为 Golang 代码时要注意 byte 和 int 的转换。

代码 7　信息隐藏的伪代码。

```
Procedure HideText(pixel_array){
  content=read all bytes of text file
  length=length of the content
  insert_data(length, pixel_array[0:16], 16)
  for i=0 to len(content)-1 {
    v=content[i]
    //the offset of pixel array
    offset=16+i*4
    //the corresponding slice that will be used
    insert_data(byte, pixel_array[offset: offset+4], 4)
  }
}
//hide the integer data into the byte slice
//using the first n bytes of the slice
Procedure insert_data(data, byte_slice, n){
  for i=0 to n-1 {
    _2bit=data & 0x3
  byte_slice[i]=byte_slice[i] & 0xFC
```

```
    byte_slice[i]=byte_slice[i] | _2bit
    data=data >>2
  }
}
Procedure ShowText(pixel_array){
  length=restore_data(pixel_array[0:16], 16)
  content=create a byte slice with the specific length
  for i=0 to length-1 {
    //the offset of pixel array
    offset=16+i * 4
    //the corresponding slice that will be translated to a byte
    content[i]=restore_data(pixel_array[offset: offset+4], 4)
  }
}
//restore the integer data from the byte slice
//using the first n bytes of the slice
Procedure restore_data(byte_slice, n){
  data=0
  for i=n-1 to 0 {
    _2bit=byte_slice[i] & 0x3
    data=data <<2
    data=data | _2bit
  }
}
```

6.7.4　实验注意事项

1. 数字和字符操作实验

(1) ASCII 字符和其 ASCII 码都用 byte 类型表示,而且是等同的,例如变量 var x byte='0'和 var y byte=48 的语义是相同的。

(2) 最终的打印结果是按照从数字的高位到低位的顺序,所以要考虑好字节数组中存储字符的顺序。

(3) 由于不同的名字拼音长度不一样,对应 ASCII 码的整数和的长度也不一样,故不一定都是三位。例如,Li Chun Dian 的 ASCII 码的和为 1023,长度有四位。所以要使用 byte 切片来存储每一位对应的 byte 字符,而不能三个变量来存储对应的值。

2. 算法复杂度估计实验

(1) 数组的生成必须采用调用 make 函数的方式,生成 int 类型的切片来指向其底层的数组,才能测量出内存空间的使用情况。

(2) 实现 quicksort 函数时,如有需要可以声明并调用新的函数(如 partition)。

(3) 在检测排序列表是否有序的代码中,如果检测到无序情况,应该打印无序的值和对应的索引等状态到终端,并使用 return 语句立即终止程序,然后再检测代码的逻辑问题。

3. 网络读取文件实验

实验过程中,若想重新运行代码在磁盘上写入 hello. txt 或 ucas. bmp,需要先删除已写入的磁盘文件,可以使用 Linux 的 rm <filename>命令删除当前目录下的指定文件。

4. 信息隐藏实验

(1) 像素阵列是不等同 BMP 文件头和 BMPINFO 头之后的字节内容,因为 BMP 文件中像素阵列后可能还会有其他部分,所以像素阵列的大小必须由 BMPINFO HEADER 的相关内容算出。

(2) 实验提交中隐藏信息的图片必须是基于分配给每个学生的原图片和文本,不能使用其他同学的文件。

(3) 需要独立和正确地完成_4byte2int、GetPartsOfBmp、HideText、ShowText 四个函数(标注 TODO Your code here),函数的功能、输入和返回值的意义都在函数上方的注释上标识。注意:函数如有返回值,需要按照要求返回正确类型的值,否则 hide. go 无法通过编译。

(4) GetPartsOfBmp、HideText、ShowText 三个函数在已提供的 HideProcedure 和 ShowProcedure 函数中调用;_4byte2int 和 ReadAllFromFile 会在 GetPartsOfBmp 实现中被调用。

(5) 实现 HideText 和 ShowText 函数时,如有需要可以声明并调用新的函数(如 insert_data 和 restore_data)。

(6) 程序框架中的 main、_ print _ usage、HideProcedure、ShowProcedure、ProduceImg、ReadAllFromFile 和 WriteAllToFile 函数不能被修改。

6.7.5　成绩评定方法

此实验有四个子任务,前三个子任务不打分。信息隐藏任务将会根据提交的代码和目标图片进行评分。若提交的代码无法通过编译,则评分为 0 分;若编译通过,则评分为以下三部分之和,前两部分将会使用不同于实验中给出的图片和文本,进行隐藏和显隐的功能测试;第三部分是测试同学们的独立完成度,每个同学的答案是不一样的。

(1) 执行隐藏功能,将文本文件隐藏到 BMP 图片中,检查生成的图片是否和预期图片文件一致。若一致为 35 分,否则此部分为 0 分。

(2) 执行显隐功能,将隐藏文本的图片中的文本抽取出来,检查隐藏的文本内容是否和预期文本一致。若一致为 25 分,否则此部分为 0 分。

(3) 检查提交的 BMP 文件(m_ucas_<学号>. bmp)是否正确,即使用 ucas_<学号>. bmp 隐藏 Richard_Karp. txt 文本后生成的图片是否和预期一致。若一致为 40 分,否则此部分为 0 分。

附录 A
计算机科学技术中常用的倍数和分数

计算机科学技术中常用的倍数和分数如表 A.1 所示。

表 A.1　计算机科学技术中常用的倍数和分数

倍数和分数		汉语词头	符号	英语词头	例　子
底数为 10	底数为 2				
10E24	2E80	尧	Y	Yotta	
10E21	2E70	泽	Z	Zetta	ZB(泽字节),全球数据总量
10E18	2E60	艾	E	Exa	Exa FLOPS 超级计算机运算速度
10E15	2E50	拍	P	Peta	1~100PB(1~100 拍字节) 单套大数据系统容量
10E12	2E40	太	T	Tera	TB(太字节),硬盘容量
10E9	2E30	吉	G	Giga	Gb/s,局域网带宽
10E6	2E20	兆	M	Mega	MW(兆瓦) 单台超级计算机功耗
10E3	2E10	千	K	kilo	kg(千克) 笔记本电脑重量
10E2		百	H	Hecta	
10E1		十	da	deca	
10E−1		分	d	deci	100ms(100 毫秒) 良好交互式响应时间
10E−2		厘	c	centi	
10E−3		毫	m	milli	mm(毫米) 半导体芯片尺寸
10E−6		微	μ	micro	μs(微秒) 高性能计算机节点间通信延迟
10E−9		纳	n	nano	nm(纳米) 半导体电路工艺水平
10E−12		皮	p	pico	pJ(皮焦耳) 算术运算能耗

续表

倍数和分数		汉语词头	符号	英语词头	例　子
底数为 10	底数为 2				
10E—15		飞	f	femto	fs(飞秒)，激光波长
10E—18		阿	a	atto	
10E—21		仄	z	zepto	朗道原理：消除 1 比特信息所需能量为 zeptoJoule(仄焦耳)
10E—24		幺	y	yocto	

同一倍数和分数，底数为二与底数为十时，会有不同的实际数值。例如，底数为二时：

$$T = 1.00 \times 2E40 = 1\ 099\ 511\ 627\ 776 \approx 1.10 \times 10E12 \neq 1.00 \times 10E12$$

$$G = 1.00 \times 2E30 = 1\ 073\ 741\ 824 \approx 1.07 \times 10E9 \neq 1.00 \times 10E9$$

$$M = 1.00 \times 2E20 = 1\ 048\ 576 \approx 1.05 \times 10E6 \neq 1.00 \times 10E6$$

$$K = 1.00 \times 2E10 = 1024 \approx 1.02 \times 10E3 \neq 1.00 \times 10E3$$

这个区别造成用户觉得有些厂商降低了产品指标。例如，某些厂商提供 1TB 硬盘，实际只有 10E12＝1 000 000 000 000 字节容量，而不是 1 099 511 627 776 字节，少了近 100GB。

附录 B

原文阅读列表

本课程鼓励同学们阅读文献原文(包括一些经典文章),提供如下原文阅读列表。

1. 关于计算思维

[1] Karp R M. Understanding science through the computational lens[J]. Journal of Computer Science and Technology,2011,26(4):569-577.

[2] Wing J M. Computational thinking[J]. Communications of the ACM,2006,49(3):33-35.

[3] Xu Z,Li G. Computing for the masses[J]. Communications of the ACM,2011,54(10):129-137.

[4] Xu Z W,Tu D D. Three new concepts of future computer science[J]. Journal of Computer Science and Technology,2011,26(4):616-624.

2. 关于二进制数字符号

Leibniz G. Explication de l'Arithmétique Binaire[J]. Mémoires de mathématique et de physique de l'Académie royale dessciences,1703:85-89[2017-07-01]. https://hal. archives-ouvertes. fr/ads-00104781/document.

英文翻译:Strickland L. EXPLANATION OF BINARY ARITHMETIC[EB/OL].[2017-07-01]. http://www. leibniz-translations. com/binary. htm.

中文翻译:李文潮. 论只使用符号 0 和 1 的二进制算术,兼论其用途及它赋予伏羲所使用的古老图形的意义[J]. 中国科技史料,2002,23(1):54-58.

3. 关于抽象计算机

Turing A M. On computable numbers, with an application to the Entscheidungsproblem[J]. Proceedings of the London mathematical society,1937,2(1):230-265.

4. 关于真实计算机

[1] Haanstra J W,Evans B O,Aron J D,et al. Processor Products-Final Report

of the SPREAD Task Group，December 28，1961［J］. Annals of the History of Computing，1983，5(1)：6-26.

［2］Codd E F. A relational model of data for large shared data banks［J］. Communications of the ACM，1970，13(6)：377-387.

［3］Kahan W. What might Alan Turing say about the Inevitable Fallibility of Software?［EB/OL］.［2017-07-01］. http：//people. eecs. berkeley. edu/～wkahan/15June12. pdf.

5. 关于计算机应用

［1］吴文俊. 几何定理机器证明［J］. 自然科学进展，1992，1：1-14.

［2］Richards D F，Krauss L D，Cabot W H，et al. Atoms in the Surf：Molecular Dynamics Simulation of the Kelvin-Helmholtz Instability using 9 Billion Atoms［J/OL］. (2008-10-16)［2017-07-01］. https：//arxiv. org/abs/0810. 3037.

参 考 文 献

[1] CRINGELY R X. Accidental Empires：How the Boys of Silicon Valley Make Their Millions，Battle Foreign Competition，and Still Can't Get a Date[M]. Harper Business，1996.

[2] DASGUPTA S, PAPADIMITRIOU C, VAZIRANI U. 算法概论（注释版）[M]. 钱枫，邹恒明，译. 北京：机械工业出版社，2012.

[3] DAVID J. MALAN. 哈佛大学计算机科学导论课程[EB/OL]. [2017-07-01]. http://cs50.harvard.edu.

[4] JACKSON T. Inside Intel：Andy Grove and the Rise of the World's Most Powerful Chip Company[M]. Dutton Adult，1998.

[5] KAPLAN D A. The Silicon Boys：And Their Valley of Dreams[M]. Harper Collins，1999.

[6] KUNTH D E. 计算机程序设计艺术（卷 1）：基本算法[M]. 3 版. 苏运霖，译. 北京：国防工业出版社，2002.

[7] PAGE D, SMART N. What Is Computer Science?：An Information Security Perspective[M]. Switzerland：Springer International Publishing，2014.

[8] SEGALLER S. Nerds 2. 0. 1[M]. TV Books，1998.

[9] SHERWIN E B. The Silicon Valley Way[M]. Prima Publishing，1998.

[10] WALDROP M M. The Dream Machine[M]. Viking Adult，2001.

[11] 陈国良，王志强，毛睿，等. 计算思维导论[M]. 北京：高等教育出版社，2012.